晒黄烟拱棚育苗1

晒黄烟拱棚育苗2

晒黄烟团棵期田间长势1

晒黄烟团棵期田间长势2

晒黄烟旺长期田间长势1

晒黄烟旺长期田间长势2

晒黄烟常规晒制1

晒黄烟常规晒制2

晒黄烟棚内晒制1

晒黄烟棚内晒制2

晒黄烟设施晒制1

晒黄烟设施晒制2

张义志　李　帆　蔡宪杰／主编

中国农业出版社
北　京

图书在版编目（CIP）数据

宁乡晒黄烟 / 张义志，李帆，蔡宪杰主编 .—北京：
中国农业出版社，2019.4
ISBN 978-7-109-25202-8

Ⅰ.①宁… Ⅱ.①张… ②李… ③蔡… Ⅲ.①烟叶—
栽培技术—研究—宁乡县 Ⅳ.①S572

中国版本图书馆 CIP 数据核字（2019）第 018910 号

中国农业出版社出版
（北京市朝阳区麦子店街 18 号楼）
（邮政编码 100125）
责任编辑　全　聪　李昕昱

———————————

中国农业出版社印刷厂印刷　　新华书店北京发行所发行
2019 年 4 月第 1 版　　2019 年 4 月北京第 1 次印刷

———————————

开本：700mm×1000mm　1/16　印张：19　插页：2
字数：370 千字
定价：68.00 元
（凡本版图书出现印刷、装订错误，请向出版社发行部调换）

编　委　会

　　宁乡县位于湖南省北部属中亚热带向北亚热带过渡的大陆性季风湿润气候区，四季分明，光照充足，热量丰富，雨水充沛，无霜期长。全县年日平均气温 16.8℃，1 月日平均气温 4.5℃，7 月日平均气温 28.9℃；年平均无霜期 274d，年平均日照 1 737.6h；境内雨水充足，年均降水量 1 358.3mm，年平均相对湿度 81%。气候类型多样，具有多种类型的局部气候或小气候，具有生产优质特色的烟叶优越气候条件。宁乡县土壤类型多样，全县分为水稻土、红壤、紫色土、黑色石灰土、潮土、黄壤 6 个土类，11 个亚类，37 个土属，80 个土种。全县适宜烟叶生产的土壤主要有红壤和水稻土两大类。红壤是宁乡县旱土面积最大的土类，全县共有红壤 1.3 万 hm²，占旱土面积的 98.4%，有机质含量中等，土壤呈微酸性反应，耕作土壤的有效微量元素含量普遍高于自然土壤，适合于烟叶生长。宁乡县耕地面积 92 787hm²，占总面积的 31.93%，其中水田面积 79 580hm²、旱土面积 13 207hm²。耕地资源丰富，而且地层发育较齐全，从土壤质地、酸碱度、土壤肥力等指标综合评价宁乡烟叶种植区划，适宜烟叶栽培的面积有 41 333hm²，发展特色烟叶生产具有很大的潜力。宁乡县晒黄烟种植历史悠久，至今有近 200 年的历史，独特的晒制方法和良好的自然资源条件造就了独具地方特色的宁乡晒黄烟叶。以"寸三皮"为代表的宁乡晒黄烟品质上乘，色泽金黄，香醇馥郁，气味醇香，余味舒适，燃烧性强，烟灰洁白。

　　然而，近年来，全行业晒黄烟生产技术和工业利用研究整体相对滞后，晒黄烟栽培调制技术研究没有得到足够重视，这就造成了晒黄烟生产模式相对粗放。当前的种植模式主要通过一代一代的言传身教和口口相传，在一种自发的无意识的状态下传播和继承，没有形成系统的栽培调制技术，加上晒黄烟生产抵御自然灾害的能力太弱，调制过程时间长，纯粹依靠自然光线调制，如遇连续阴雨天气，产量和质量就会遭受巨大损失，可以说当前晒黄烟完全是"靠天吃饭"，这就进一步造成了晒黄烟质量的稳定性和可用性持续降低，面对这些问题，宁乡烟草人坚持科技是第一生产力，积极推进现代烟草农业建设，开展提纯复壮、施肥技术、采收成熟度、调制技术、工业可用性方面研究。尤其随着消费者健康意识的增强，中式卷烟降焦减害压力越来越大，低焦油烤烟型卷烟品牌的快速发展，工业企业对晒黄烟的需求量将会有所改变，这为晒黄烟进一步发展提供了契机。本书系统梳理了宁乡晒黄烟生产技术体系的构建过程及相应成果，以供相关晒黄烟产区及人员参考。

全书共分为十章，第一章简述了全国烟草简介烟草的起源、发展、类型、分布以及我国烟草的生态环境；第二章讲述了我国晒黄烟的种类、分布和当前生产现状；第三章从热量、降雨、光照、植烟土壤状况、主要自然灾害状况等方面讲述了宁乡烟区生态基础；第四章从宁乡植烟土壤养分丰缺状况、晒黄烟栽培及施肥技术、晒黄烟标准化生产技术、主要病害及其防治技术等方面讲述了宁乡晒黄烟栽培体系构建；第五章讲述了宁乡晒黄烟优质特色品种 寸三皮提纯复壮体系的构建；第六章从晒黄烟调制过程中的物理化学变化与致香成分关系及调制设施对烟叶质量的影响等方面讲述了宁乡晒黄烟调制体系的构建；第七章讲述了晒黄烟的分级标准；第八章讲述了宁乡晒黄烟工业可用性研究；第九章讲述了对宁乡晒黄烟生产有重大影响的专利技术；第十章简述了宁乡晒黄烟生产现状并对其进行展望。

本书在编写过程中得到了长沙市烟草公司长沙市公司、中国农业科学院烟草研究所、上海烟草集团有限责任公司物资采购中心领导、专家和技术人员的大力支持和配合，在此借本书向他们表示衷心的感谢。本书的出版过程中，得到中国农业出版社的大力支持，特此诚挚感谢！

　　编委们以严谨认真的态度对待本书的编写，由于编写人员水平有限，书中难免存在一些疏忽和错误，有待我们今后改进和完善，敬请专家、学者及广大读者批评指正。

CONTENTS 目 录

序言

第一章 全国烟草简介

第一节 烟草的起源和发展

一、烟草的起源

烟叶生产和烟制品被人们吸用的历史相当悠久，很早以前，人们便开始种植烟草。作为野生的烟草，大约在 2 000 多年前便被人们所认识，其特殊的气味和香气，对人类颇有吸引力。烟草有一个美丽的音译别名，就是人们常说的"淡巴菰"，它是从西班牙语"Tobacco"翻译而来的，现在世界上通用的也就是这个名字。

记载烟草的文字最早出现在 1492 年 10 月 12 日，克里斯托弗·哥伦布抵达西印度群岛的圣隆尔瓦多海滩时，土著人拿来了水果，木矛以及散发着一种独特香气的"某种干叶片"。后来，航海者发现烟草的利用在新大陆是相当普遍的，从加拿大北部到巴西较低的边境地区的南美洲都在种植，烟草也在以雪茄、卷烟、鼻烟和斗烟的形式被吸用。

"烟草"这个词最初是当地土著人用以指吸食烟叶的烟管或烟斗。1531 年，西班牙人从墨西哥获得烟草种子，并在海地开始人工种植烟草，后来又扩大到附近其他岛屿。1580 年，古巴开始种植烟草，不久传入圭亚那和巴西，与此同时，烟草的种植，很快传到欧洲，亚洲和非洲。据说，当时是由美国人把烟草种子带到欧洲，1556 年，在法国种植，1558 年到 1559 年，分别在葡萄牙和西班牙种植，1565 年传入英国，到 17 世纪中叶，欧洲各国吸烟空气已相当盛行，并开始大量种植。由于烟草生长的适应性很强，相继传到世界各地。现在烟草的种植已经遍及全世界近百个国家，其中以中国、俄罗斯、印度，罗德西亚与尼亚萨兰联邦等国产量较大。

二、烟草及其制品的发展和变化

"烟草"通常是指采摘下来的新鲜烟叶，由于烟草变成烟制品需要经过不同的处理过程，所以从新鲜烟叶到可吸食的产品之间各个不同加工过程的烟叶也都叫做"烟草"。在过去的近 1 个世纪中，烟草品质有了许多质的改进，其中有不少改进是由于烟草制品消费方式的变革而引起的。

早期的烟草制品主要有旱烟、丝烟、嚼烟、鼻烟和雪茄烟，纸卷烟是后来才有的。1880年，英国人蓬萨克（Bonsack）制造了第一台卷烟机，这台卷烟机每分钟只生产14支卷烟，但却是当时一个手工卷烟者卷烟量的几十倍。现在新一代的高速卷烟机每分钟可生产卷烟8 000支，不久将超过10 000支。卷烟机的进化和发展，势必对烟叶有更高的要求。

抽吸卷烟是目前世界上最普遍的烟草消费方式，年消费量约占年烟草消费量的80%以上，而在100年前，估计不足5%，50年前，也只有30%左右。

据估计，100年前世界卷烟产量已突破10亿支，1940年达到4 900亿支，1950年又比1940年翻了一番，目前，世界卷烟产量接近5万亿支。20世纪80年代以来，卷烟消费增长的势头有所减缓，其原因在于价格上涨，税收的增加，人们对吸烟危害健康的认识提高和世界性的经济衰退等。工业发达国家近几年来卷烟生产量持平或有减少，但消费量下降了；发展中国家卷烟生产量和消费量大都有所增加。我国烟草种植的总面积、总产量以及卷烟的生产量均居世界首位，占世界卷烟总量的比例较大，有着举足轻重的作用。但每个人的平均量与发达国家相比还是少的，甚至只是发达国家人均量的一半。

世界上最重要的卷烟配方用烟是美式烟、英式烟、东方型烟、深色烟和马里兰烟。目前，美式混合型卷烟最受欢迎。20世纪后半叶至21世纪上半叶，叶片是烟叶用于卷烟生产的唯一原料，近几十年来，已能将茎、梗和碎叶等加工成均匀的薄片用于卷烟。此外，膨胀烟（梗）丝技术也在卷烟生产中得到广泛应用。这些新技术降低了原料成本，大幅度减少了单支卷烟的耗叶量，对烟叶的需求量和产品质量有相当的影响。20世纪50年代滤嘴烟的出现，强烈地影响着卷烟的质量，滤嘴和各种香料的使用，作为新的生产工艺，促进了中等和低等烟叶的利用。滤嘴烟产量增加很快，1955年滤嘴烟占卷烟产量的10%，60年代初期占1/3左右，目前许多国家，如西德、美国、英国等，滤嘴烟已占90%以上。

100多年来，世界卷烟产品类型也发生了重大变化，烟草行业从20世纪50年代开始就在大力降低卷烟焦油含量。美国卷烟烟气中的焦油量，50年代多达30～35mg/支，甚至更高，现在已减少到13mg/支。卷烟烟气中尼古丁的含量亦在降低，50年代每支卷烟为23mg，甚至更高些，目前已降低到1.2mg或更低。从卷烟的类型变化来看，混合型卷烟增加，烤烟型、晒烟型或香料型卷烟则相对减少。我国独创的新混合型卷烟（药物烟）的牌号已超过30多种，其中有的牌号已出口创汇，销量有望逐步扩大。烟草制品的消费转向直接影响着烟草品质和种类。

1个世纪以前，全世界仅生产几亿千克烟草，而且主要是深色烟草。随着淡色卷烟的普及，世界烟草产量迅速提高，到1950年约达2.7亿kg，60年代初，约达3.4亿kg，估计目前世界烟草总产量约为61.5亿kg。烤烟是美式混合型卷烟的主要成分，1913年世界烤烟产量约1亿kg，60年代初增加到10亿多kg，据估计，现在已接近 27 亿 kg，占世界烟草总产量的一半。由于美式混合型卷烟受到吸烟者的青睐，从而增加了对白肋烟的需求，许多国家扩大了白肋烟的生产，目前世界白肋烟产量已达 5.6 亿 kg。

近年来，由于改进了烟草品种，提高了对病虫害的控制，采用了化学法控制烟权，如采用抑制腋芽生长的 MH（顺丁烯二酸酰肼、或称马来酰肼）等具有触杀或内吸效应的药剂来控制烟权机械法收割和堆积式调制等措施，也有助于增加烟草的产量和烟草品质的改良。1 个世纪以来，烟叶的加工和包装改进很大，烟草贮存中的虫害得以有效控制，现在已研制出多种控制烟草贮存中虫害的化学药剂及物理杀灭方法（如电离辐射）。

可以预料，在未来的一段时间内，继续趋向于用淡色烟草生产卷烟，从而导致对烤烟、白肋烟和东方型烟草需求量的增加；深色烟草制品的消费将继续下降。从现在起到 2020 年，世界卷烟产量可能增加 1%～2%。可以预料，由于高税率和反吸烟运动，多数发达国家的卷烟产量将略有下降，而一些发展中国家的卷烟产量仍将持续增长。对烟草的研究将加强，烟草品质会进一步改进，卷烟质量亦将继续提高。研究成果的应用在提高烟草质量方面必定会发挥重要的作用。烟草生产是自然再生产过程和经济再生产过程结合起来的物质生产。自然条件、社会需求和社会经济技术条件是制约烟草生产的重要因素。可能性与必要性结合决定了烟草生产及其规模大小。烟草对环境条件的变化十分敏感，环境条件的差异不仅影响烟草的形态特征和农艺性状，而且还直接影响烟叶的化学成分和质量。利用生物工程培育或引进抗病害能力强、适应性良好、不易退化的优质高产品种的工作仍将受到重视，并会不断取得成果。多年来，人们对烟草的质量状况十分关注，提高烟草及其制品质量的各种措施必将继续采用，并不断变革。为了得到理想的经济效果，必须严格遵循自然规律和经济规律发展烟草生产，提高烟草及其制品的质量。

三、我国烟草及烟草工业的发展

我国种植烟草，大约始于 16 世纪中期，明朝万历年间，也就是 1582 年，意大利传教士利玛窦到京师，把烟草作为特产向中国皇帝贡献，使中国开始有了鼻烟。明代名医张介宾著《景岳全书》中有记载"此物自古未闻也，近自明万历时始出于闽广之间，自后吴楚间皆种植矣。"清朝同治八年（1869），会籍人赵之谦著《勇庐闲诘》载有"鼻烟来自大西洋意大里亚国，明万历九年利玛窦汎海入广东，旋至京师献万物，始通中国。"当然，也还有另外两种说法：一种认为烟草从印度尼西亚，越南传入我国广东；另一种认为烟草从朝鲜传入我国东北，时间都在 16 世纪，品种都局限于晒烟。

1839 年，美国北卡罗来纳州卡期韦尔县斯拉德农场一个人在火要熄灭时，又加上木炭，以重新发出的热量调制烟叶，结果获得了比平常更黄的烟叶，这种橙色烟叶出售价为平常晒烟的4倍。斯拉德农场利用加热，使烟叶变黄，然后在烘干，这就是通常说的"烤"烟的开始。1823年，美国另一家种植主利用户外火炉，用石头砌炉膛道，输送热量加热，这就成了"烘房"，1832年，戴维斯注册登记了一项在密封烤房使用火炉的调制方法的专利。后来又出版了小册子，与现代实际操作相当接近，这就是烤烟的来历了。

适宜制作烤烟的烟草，在我国种植的时间大约在1900年。开始在台湾省，1913年，在山东省潍坊市附近种植成功，以后在河南省襄县，辽宁省风城县及云南，贵州等省相继试种成功。这些地区，在新中国成立前，已成为我国的主要产烟区，新中国成立以后，种植面积逐年扩大，并适当开辟了新的产区。现在南北方均已普遍种植。

随着烟草种植业的迅速发展，大约在18世纪中叶，人们便开始兴办烟草加工工业。以前人们对烟草的使用只限于嚼烟，鼻烟，手工卷叶烟，旱烟和水烟。到1878年，法国举行的时间博览会上，展出了世界上第一台卷烟机器，这台机器是杜兰德发明的，卷烟方法是先将卷烟纸制成空心圆管，再用烟丝填进管内，就像现在灌香肠一样。这种卷烟机每分钟能生产25支卷烟，虽说生产效率不高，但是开始了使用机器生产卷烟后来古巴的苏西尼发明了一台每分钟能生产60支香烟的卷烟机。随着机械工业的发展，卷烟机得到不断改进和创新。1887年，美国人帮萨克发明了每分钟生产250支卷烟的卷烟机，并获得了专利制造权，从此卷烟工业逐步兴起和发展。这样，欧美国家的卷烟开始向世界推销。到1920年，卷烟消费量已经占了各类烟草制品的首位。

1899年，我国商人在湖北宜昌集资创办了茂大雪茄烟厂，从事雪茄烟的生产，这是我国商办的第一家烟草工厂。1890年，上海老晋隆洋行开始在我国推销卷烟，最初运入我国的是10支装的品海牌卷烟，盒上印刷简单图案，即一枚横放的大头针。1893年，美国烟草公司，美商坎迪勒烟草公司分别在上海和香港建立卷烟厂。接着俄国商人老巴夺烟草公司在哈尔滨也建立了卷烟厂。从此揭开了中国卷烟工业的兴起和发展的序幕。

1903年，英国烟草公司，后更名为颐中烟草公司，收买了美国烟草公司在上海开设的花旗烟厂，并先后在上海、天津、青岛、牛庄、沈阳和哈尔滨开办卷烟厂，其产量占了中国市场的最大份额。同年，我国烟商也在天津开办了北洋烟厂，在北京开办了大众烟厂，在上海开办了三星和德麟两家烟厂。从这以后，我国商人开办的卷烟厂也越来越多。

南洋兄弟烟草公司，是我国烟草工业发展史上最有影响力的公司，这家公司建立于1950年，最初成立在香港，由简照南担任总经理，初办时注册资金只有10万港元，规模较小。1916年在上海设厂，1918年公司注册资金增加到500万元，也由香港迁到上海。简照南去世后由他的弟弟简玉阶接任总经理，先后在武汉，广州设立分厂，并在河南、山东建立原料生产基地，兴建复烤厂。他们生产的卷烟产品，除了在国内销售外，还远销到中国香港、澳门和南洋群岛等地区，与外商开办的卷烟厂抗衡。

抗战胜利以后，国内卷烟生产获得进一步发展。仅仅是上海，就有大小卷烟厂160多家，不过卷烟市场仍被外商垄断着。新中国成立以后，一部分烟厂关停并转，1953年英国烟草公司所辖颐中烟草公司，由英商转让我国。1956年，全国私营烟厂实行公私合营。1963年，试办托拉斯，中国烟草工业公司成立，集中管理烟叶原料和工业生产，通过调整合并，全国有烟草工业生产厂54家，1968年又撤销中国烟草工业公司，企业划归地方领导。

1982年，中国烟草总公司成立，实行全行业的人、财、物、产、供、销、内、外贸统一管理的经济实体。1983年9月23日，国务院颁发烟草专卖条例，并成立国家烟草专卖局，经批准的合法烟厂和雪茄烟厂达146家。我国的烟草业不但逐渐形成，而且获得了稳步的发展。

第二节　烟草的类型和分布

一、烟草的类型

根据调制方法的不同，可以把烟草划分为若干类型。所谓调制就是将由大田收获的新鲜叶片变黄干燥的过程。在调制过程中，应有适宜的温度和湿度，使叶片逐渐达到干燥，并使其不仅具有利于工业制品的外观同时还表现出内在品质因素。各类型烟叶的品质特征，是由品种、栽培条件和调制方法综合作用的结果，而调制是农业生产上的最后一个重要环节。工业上可根据不同烟草类型和品质特点，进行适当的调配，生产出不同类型的烟草制品。

（一）烤烟

烤烟原产于美国的弗吉尼亚州，所以也有人称之为弗吉尼亚（Virginia）型烟的，是世界上种植面积最大的烟草类型。烤烟调制主要是通过火管传热，叶片不直接与火接触，所以又称为火管烤烟。火管设置在烤房内，用人工来调节温度和湿度，受气候条件影响较小，而且可以缩短调制时间。烤烟的品种较多，生产上应用的品种，一般是叶片在植株上分布疏散而均匀，叶片厚薄适中，以植株中部叶品质最好，栽培时不宜施用过多的氮肥，分次采收烘烤。烤后的烟叶以成熟度好、组织疏松、颜色以橘黄为主、叶片厚薄适中为好。

烤烟是卷烟工业的主要原料，世界烤烟生产国家主要有中国、美国、印度、巴西、加拿大和津巴布韦等。我国云南、贵州、河南、山东和湖南等省份种植面积较大，辽宁、黑龙江、四川、吉林、广东和广西等省份近年来发展较快。

（二）晾烟

晾烟的制作是采取自然调制法，晾制时一般不直接放在阳光下，而是在烟叶收获后，用线穿或绑在烟杆上放在通风的室内或室外适当场所，完成其自然变黄和干燥过程，是一个缓慢的调制过程。根据品种、栽培方法的不同，可以把晾烟分为以下几种。

1. 普通晾烟

在中部烟叶基本成熟时，将整个植株割倒，在地面上放置一段时间，散失部分水分，待叶片呈萎蔫状态后再移至通风室内，整株挂起，直至叶片和主脉全部干燥时再摘叶。广西武鸣的晾烟也是整株挂在室内，遇阴雨时也适当人工加热，主要是用烟熏。国外有深色晾烟和淡色晾烟，尤以深色晾烟生产较多。我国晾烟以广西武鸣品质较好，此外，浙江桐乡和云南永胜等地也有晾烟生产。

2. 白肋烟

白肋烟是 1864 年美国俄亥俄州白郎郡的一个农场在小白肋品种的苗床中发现的突变品种。刚开始由于它的叶色太淡而被抛弃，后来再发现时就把它保留并繁殖下来。该品种除叶是浅绿色外，其叶脉和基部均为乳白色，所以就将这种烟草品种形象地命名为白肋烟。事实上是白郎郡（Burley）的音译，在卷烟配方时加入一些白肋烟，可以吸收较多的香料或其他加料，而且因其叶片较薄，弹性好，在切丝卷烟后增加烟支的孔隙度，有利于增强烟支的燃烧性。

白肋烟的栽培方法接近烤烟，但适宜于较肥沃的土壤，对氮素要求较烤烟高。其调制方法是逐叶收获后串在绳上，挂在晾棚或晾房干燥。近年来国外大多在植株中部叶片成熟时，将其自田间拔起，放置田间使其散失一部分水分成凋萎时挂入晾房晾制。其特点是化学成分中烟碱和总氮较烤烟高，含糖量较烤烟低。

白肋烟的生产国家主要是美国（肯塔基州为集中产区），日本、意大利、加拿大、墨西哥等国也有一定的生产。我国由于卷烟工业的需要，近年来在鄂西的建始、恩施、宣恩等县和四川、重庆等地生产较多。

3. 雪茄

雪茄是英文 cigar 的译音。雪茄烟叶根据工业具体材料又分为三个小类：一是填心，是内部填充用的称，颜色棕褐，要求有良好的燃烧性，香味浓，生产这种烟叶而且品质较好的国家是巴西和菲律宾。二是内科，是填心外面包的一层，要求有较强的韧性，叶薄而大，支脉细小，组织细致，具有特殊的香味和吃味。生产这类烟叶品质较好的国家是古巴、印度尼西亚和美国。三是外裹，是雪茄最外面裹的一层，要求色泽均匀且美观，叶片薄而有一定的弹性。国外为了取得品质优良的烟叶，采用遮阴栽培，在大田罩上比较稀的纱布或遮阳网，使烟草在布幕下生长，幕下湿度较大，烈日不直接照射，以便生产身份较薄而组织细致的叶片。

一般来说，一株烟的烟叶可以生产填心、内束和外裹。不过国外专用遮阴栽培生产外裹，要求较高。

我国雪茄的原料基地，以四川的什邡、新都等县为主，其他省份如浙江桐乡、松阳等地也有一定的生产，主要是晒红烟。

4. 马里兰烟

它是美国的一种淡色晾烟，原产于美国马里兰州（Maryland），也是古老的类型，叶片较薄而粗糙，烟碱含量低，燃烧性强。这种烟需要的土壤和白肋烟相似，但不宜太肥，我国吉林、安徽、湖北等省也有试种。

5. 波力克（perique）烟

这是美国路易斯安那州一个特殊类型的烟草，已被当地农民种植多年，其栽培方法近似熏烟，每株留叶 12～14 片，整株采收后，挂在房内晾制。

（三）晒烟

这种方法是全靠太阳辐射将烟叶晒干，也是一种古老的调制方法。过去中南美洲的印第安人主要是用这种方法来调制烟叶的。在烟草传入我国之后烤烟未传入我国之前，烟叶几乎全是晒制。但这种方法也不是直接在烈日下将烟晒干，因为直接在烈日下晒会使叶片青干而影响品质，因此应避免烈日直射，减缓其干燥速度，待完成其内部应有变化后，再将叶片干燥，使所希望的颜色和内在品质固定下来。

在各地自然条件、栽培技术和晒制方法不同的情况下，形成许多晒烟类别，按晒后颜色的不同可分为晒红烟和晒黄烟（相当于国外的深色晒烟和浅色晒烟）。晒烟除作为制造斗烟、旱烟、卷烟原料外，还可作为雪茄、鼻烟、嚼烟等制品的原料。

1. 晒红烟

晒红烟一般在土壤较黏重、施肥较多、打顶较低、留叶较少的条件下形成，晒后叶呈黄褐色或红褐色，其化学成分中含糖量低，而蛋白质和烟碱含量较高，因此香味浓，劲头大。

2. 晒黄烟

晒黄烟一般是在土壤肥力不太高而打顶较高和施肥较少的条件下形成的，其化学成分近似烤烟。

晒黄烟和晒红烟在世界上主要产烟国家均有一定数量的生产。我国的晒黄烟以广东的南雄、湖南宁乡、吉林蛟河、湖北黄冈、江西广丰的品质较好，晒红烟以四川什邡、广东高鹤、云南蒙自等地品质较好。

3. 香料烟

香料烟又称东方型或土耳其型烟，在普通烟草中叶片最小，只有 5～20cm 长，每株着生叶 30 片左右，株高 80～100cm，叶片具有特殊的浓香，尤其是植株上部的叶片香味最浓，所以称为香料烟。油分充足呈正黄、深黄或浅棕色，是混合型卷烟的重要原料，也可以配合入斗烟或丝烟。

香料烟适宜种植在有机质少、含石灰质较多、肥力不高、表土不厚的山坡或丘陵的沙砾质土上，适宜生长在雨量较小的地区。应控制氮肥用量，适当施用磷、钾肥，不打顶。其调制方法是半晾半晒，晾至凋萎变黄时，再进行暴晒。其化学成分特点是含烟碱低，含糖量也较低。

香料烟主要产地是地中海沿岸的几个国家，如希腊、土耳其、保加利亚等国。我国于20世纪50年代引进，先在浙江新昌试种，近年来在湖北十堰、云南保山、新疆伊宁等地试种都取得了良好效果，并且已成为我国香料烟的主产地。

4. 黄花烟

黄花烟是烟草属中的另一种（*Nicotiana rustica*），因其生长期短，耐寒性较强，适宜种植在高纬度或高海拔和无霜期短的地区。我国甘肃省兰州、皋兰的"水烟"、黑龙江"蛤蟆烟"和新疆的"莫合烟"，均以品质优良而驰名。吸用时主要用其叶子，但新疆的莫合烟则是将烟叶和茎秆混合捣碎，制成颗粒供吸用。

黄花烟在国外以俄罗斯种植较多。黄花烟的商品性很差，以当地生产、当地使用为主。单株叶片少，叶片呈深绿色，每株10片叶左右，化学成分的特点是烟碱含量高（4%～8%），总氮及蛋白质含量也高，而糖分含量较低。

（四）熏烟

熏烟也称为明火烤烟，是美洲调制烟叶的古老方法之一。早期殖民者为了将烟叶远运欧洲，长途防霉，在船上生火将烟叶熏后再行运输。现在有的国家仍有应用，但略有改进。其方法是直接在房内生煤火或木柴火，将烟叶熏干，所以叫熏烟。烟叶直接接触烟气，调制后颜色深暗，有一种浓郁的杂酚油特殊香味，在卷烟时作为配合原料之一，在制作嚼烟和鼻烟以及雪茄烟时也有配合应用的。现在美国烟草公司制作的"Copenhagen LONGCUT"牌嚼烟中仍有大量使用。

熏烟的品种一般用深色晾烟，有时也用烤烟品种，适宜较黏重的土壤，行、株距较大而打顶较低，留叶12～16片，调制后烟叶含氮物质含量较高，含糖量低。在美国、加拿大、西班牙、意大利和津巴布韦等国，现在仍有用这种方法调制的。

二、烟草制品

（一）卷烟

1518年，西班牙探险家发现阿兹台克人和玛雅人用空芦苇吸烟草，西班牙人也学着吸起来，这是卷烟的雏型。纸卷烟约始于1875年美国北卡罗来纳州。经多年发展，现在全部机械化大规模生产，以满足广大消费者的需要。

纸卷烟根据原料不同可分为几种类型：一是烤烟型，以烤烟为主要原料，掺入少量淡色晒晾烟叶；二是混合型，除烤烟外掺入较多的晒晾烟，1913年出现于美国。目前我国和英国生产的卷烟主要是烤烟型，混合型卷烟不仅使卷烟的安全性有所提高，而且在香气和吃味上也能为烟民广泛接受，是研制安全型卷烟，解决"吸烟与健康"矛盾的一条极为重要的途径。除此之外，混合型卷烟可节约原料，成本低，能增加高档烟的生产，经济效益高。

1954年过滤嘴卷烟出现。过滤嘴滤掉了一部分尼古丁和焦油，可以减少吸烟对人体健康的影响。在进行卷烟过滤嘴化的同时，各国烟草制造厂家在过滤嘴的花样、品种和材料方面也进行了不断地改进，推出了加长型过滤嘴、异型过滤嘴，还有的在过滤嘴中加入活性炭，做成复合型过滤嘴。1976年美国开始生产低焦油卷烟，这是烟草业的又一次革命。

2000年世界卷烟总生产量约为11 000万箱，我国约为3 300万箱，居世界第一位。

（二）斗烟

斗烟是专供使用烟斗吸用的烟草制品，我国较早应用，其主要原料是晒烟或晾烟和烤烟混合后掺入少量的香料或植物油。但现在我国用烤烟制成的较多。近年来由于卷烟及雪茄的应用较为方便，我国斗烟叶吸用已较少，国外仍有少量应用。

（三）水烟

通过水烟管吸用的烟叶制品叫做水烟。烟气通过水可以滤去一些有害物质，是我国较早的吸用方法之一，其他国家尚未发现记载，但因携带不便而逐年减少。我国兰州在1785—1845年生产的兰州水烟，原料是黄花烟再加入香料、植物油及其他物质，曾销往全国，制成品为块状，便于运输，吸用时再揉碎，现在也逐渐减少，为纸烟所替代。此外，福建所生产的"皮丝"也是很有名的水烟，其主要产地为永定、上杭、武平等县，用普通烟草中的晒烟做原料，切丝后再加入少量香料、植物油等。现在福建的烤烟面积逐年扩大，多用纸卷烟，皮丝烟也渐渐减少。

（四）雪茄

属叶卷烟。16世纪古巴人首先卷制，后来传遍世界各国，我国20世纪初开始生产。雪茄所用的原料主要为晒红烟，含糖量低而烟碱和蛋白质等含氮物质较高，生理强度较大，所以其安全性较好，焦油含量少，但燃烧性不及卷烟，然而应用较为普遍。雪茄烟的生产单位为支，世界雪茄烟的年均总产量自20世纪60年代以来约230亿支以上。我国雪茄烟的制造自20世纪60年代初先后在上海、广东和四川的什邡开始，现在仍以四川的什邡、新都、中江等地为主，其他省份也有些生产。目前我国的雪茄烟主要销在国内，少量销往国外。

（五）嚼烟

在采矿和轮船上不能燃火的地方，嚼烟可供有吸烟习惯的人应用。其主要原料是白肋烟、雪茄烟叶，也有用烤烟烟叶制成的嚼烟。其成品为烟饼或烟绞，制造时除用烟叶外再加入甘草和糖等原料。世界上生产嚼烟较多的有美国、阿根廷和巴基斯坦等国，我国尚无这种应用习惯。

（六）鼻烟

在哥伦布发现新大陆时，印第安人就有应用鼻烟的，现在世界上仍有应用。其原料是晒红烟，将烟叶碎成粉末，再加茉莉花或其他香花及香料制成，应用时不用烟具，可直接涂于鼻孔。我国的蒙古族、满族等少数民族有应用的习惯。在国外以美国、巴基斯坦、南非和阿尔及利亚较多。

第三节　中国烟草生态环境

一、中国典型烟区地形地貌

我国烤烟产区分布广泛，涉及的地形地貌类型多样，基本涵盖了我国主要地貌类型。典型的烟区地貌包括高原、低山、丘陵、平原和盆地等。我国典型的烟区地形地貌单元包括云贵高原、黄土高原、秦岭—大巴山地、武陵山地、武夷山—南岭山地、鲁中南低山丘陵、东南丘陵、黄淮平原和东北平原丘陵等。

（一）云贵高原地貌及其特征

云贵高原是我国和世界海拔最高的烟区，具有独特的地貌特征。其中，云南高原平均海拔 2 000m，贵州高原平均海拔 1 000m。滇东高原是云贵高原的主体，北高南低，高原地形比较完整。高原上石林、溶洞、伏流河等岩溶地形广泛分布，山间盆地众多。云贵高原地貌突出的特征是地貌单元垂直分布的地带性，"十里不同天"是云贵高原气候条件的真实写照。

云南、贵州地处云贵高原的斜坡地带，属我国地势的第二阶梯。地形特征由坡状起伏的高原面、峡谷、盆地及峡谷与高原面之间的台面组成。由于碳酸盐岩分布面积占总面积大约 70%，喀斯特地貌是云南、贵州的典型地貌类型。总的地貌形态可分为高原、山地、山塬、丘陵、盆地等类型。烤烟生产分布在斜坡区、高原区和山塬—丘陵区。云贵高原是我国优质烤烟最重要、最集中的产区。

（二）黄土高原地貌特征

黄土高原地貌是我国与优质烤烟相关的另一种高原地貌。黄土为地貌单元主要构造，包括陕西省渭北高原和豫西黄土高原。平均海拔 900～1 200m，黄土覆盖层较厚，土层一般在 100m 左右，塬面平坦。但经过长期侵蚀，塬面的完整程度受到一定破坏，塬周沟壑密布，一般下切深度 75～150m。与黄土高原相邻的渭河盆地，以渭河干流为中轴，地势向南北两侧呈台阶式升高，可见 3～4 级台塬。冲积黄土台塬平均海拔 500～800m，曾经是陕西烤烟的集中产地。

（三）秦岭—大巴山地地貌特征

秦巴山地包括秦岭褶皱中的南秦岭和大巴山两部分，由一系列东西走向的平行山岭和中间镶嵌着一些山间盆地组成。重庆、四川北部、陕西南部和湖北西北部烟区分布在秦岭—大巴山地。秦岭南坡的坡度较缓，坡长大致 100～120km 并分布有断陷盆地。而一些河谷盆地的阶地后缘常见波状线丘高阶地，即所谓梁塬地貌。大巴山山势较缓和，多浑圆或梁状山丘，山间有宽谷、坝子交替出现。秦巴山地的地貌以山坡、坡塬和川道为主。气温适宜，雨量丰富，光热资源较好，土壤质地适中，肥力适度。

（四）武陵山地地貌特征

属中国由西向东逐渐降低第二阶梯之东缘，位于湖南西北部及黔、鄂、湘三省边境。湘西烟区、鄂西南烟区和黔东部分烟区分布在武陵山区。武陵山地主脉自贵州中部呈北东—南西走向。武陵山地为中国新华夏系第三隆起带的一部分，属于向北西突出的弧形构造，有一系列的褶皱和断裂。具有自西北向东南掀斜上升的性质，山岭丛聚、沟壑纵横，喀斯特地貌发育；宏观地形高差不显著，其间残留若干较平缓的山顶面，东南侧切割甚深、边坡陡峭，属湘、鄂、黔山原台地的组成部分。因成土母质、地势和水热条件的影响，主要发育石灰土和黄壤以及山地黄棕壤。

（五）鲁中南低山丘陵区地貌特征

鲁中南低山丘陵区位于沂沭大断裂带以西，黄河、小清河以南，京杭大运河以东。海拔千米以上的一系列山峰构成该区脊部。脊部两侧为海拔 500～600m 的丘陵。丘陵外缘是山麓堆积平原，海拔 40～70m，地表倾斜平坦，土层深厚，蕴水丰富。河流均源于山丘岭表，呈辐射状向四周分流，形成众多宽窄不等的河谷地带。区内石灰岩分布广泛，喀斯特地貌发育。

（六）东南丘陵区地貌特征

东南丘陵区主要分布在第三级阶梯地形面上，集中在雪峰山以东、长江以南的广大地区。包括长江以南、南岭以北的江南丘陵、南岭以南，两广境内的两广丘陵和武夷山以东、浙闽两省境内的浙闽丘陵。我国烟区中湘中、湘南、粤北、闽西、江西等产区分布于此。东南丘陵主要分布在一系列北东走向的中、低山的两侧，其间错落排列着大大小小的红岩盆地，地表形态主要表现为绝对高度低、相对起伏小的丘陵。由于各地岩性不同，在江南丘陵分布着厚层红色砂岩和砾岩；浙闽丘陵花岗岩、流纹岩分布范围大；两广丘陵西部，石灰岩分布面积广，喀斯特地貌发育。其中，武夷山—南岭山地周边的湘南、赣南、闽西、粤东等山区丘陵地带，海拔多在100～800m，其地貌特征主要在平岗低丘，是我国优质烤烟种植的重要地区。

（七）黄淮平原地貌特征

黄淮平原主要由黄河、淮河冲积而成，海拔多在100m以下，略呈东南倾斜，地势平坦，河流交错，曾是我国烤烟种植面积最大，产量最高的主产区。

二、中国典型烟区气象条件

（一）温度条件

烟草生长发育需要的积温范围为3 200～3 600℃（Sebanek，1992）。移栽后1～4周内，如果温度过低，烟草的根系延伸将受到抑制，从而影响了烟株的成活。移栽后5～8周是烤烟烟叶生长和开片的关键时期，日平均气温以最低温18℃、最高温32℃最为理想。如果气温在27℃上下，而且阳光充足，移栽后80～90d就可以达到成熟；而较冷的地区，需要100～120d才能达到成熟。烟草适宜的最低、最适和最高温度分别为13℃、28℃和35℃；大田生长期最适宜温度为25～28℃；成熟期最适宜气温为20～25℃，至少持续30d以上。

1. 西南烟区

我国典型烟区中，西南部云南、贵州和四川南部烟区热量资源较为丰富，但地区之间差异大。西南烟区年平均气温在10～24℃。云南年均温的纬向分布规律常常被破坏，经向分布规律比较明显，全省各地年平均气温在4.7～23.7℃，气温年际变化较大，省内东部地区气温最高年与最低年差值在1.5℃以上，西部哀牢山以西地区最暖年份与最冷年份差值一般在1.2℃以下。年平均气温年内变化特点是春季升温迅速，夏季温暖而不炎热，秋季降温剧烈，冬季温和而无严寒。贵州大部年平均气温在14℃以上，东部边缘为16～17℃，北部和南部局部可达18℃，年平均气温最高的罗甸为19.6℃，而最低的威宁仅在10.5℃。四川省西南部的攀西地区年均温 14～19℃，全年气候温和，夏无酷暑，冬无严寒。该区大部分是我国热量资源优越且最为丰富的地区。

西南烟区代表站点烤烟大田生育期平均气温 21.8℃，比年平均气温高5.1℃。其中，四川攀枝花最高达 26.0℃。主要生育阶段中以旺长期平均温度最高，达 22.2℃，成熟期次之，为 22.1℃。除云南曲靖外，大田期平均温度均高于 20.0℃，处于烤烟生长的最适温度范围内（表 1-1）。

表 1-1　西南典型烟区烤烟生育期平均温度（单位：℃）

烟区	移栽伸根期	旺长期	成熟期	大田期平均	全生育期	全年
云南曲靖	17.6	19.1	19.8	19.0	18.0	14.3
云南玉溪	20.5	21.0	20.7	20.7	20.3	16.0
云南文山	22.4	22.7	22.1	22.4	22.6	18.0
贵州毕节	17.9	20.6	21.1	20.0	19.0	12.8
贵州遵义	20.8	23.9	24.5	23.3	22.0	15.3
四川攀枝花	26.1	25.9	24.6	25.4	26.0	20.8
平均	20.9	22.2	22.1	21.8	21.3	16.2

2. 东南烟区

湖南省烟草种植区根据气候条件可以分为湘南、湘西和湘中 3 个区，湘南热量丰富，雨热同季，平均气温 15.4～18.6℃，3 月中、下旬日平均气温稳定在10℃以上，11 月下旬终止，≥10℃年活动积温 4 644～5 851℃。无霜期 235～310d。湖南西部年平均气温为 16.0～17.3℃，日平均气温稳定在 10℃以上的时间在 4 月上旬，7 月平均气温一般在 28℃以上，比该省其他地区偏低。8 月以后由于太阳辐射减弱，湘西地势较高，秋季降温迅速；气温垂直变化显著，季节随高度的变化而异。无霜期比同纬度以东地区长，海拔 500m 以下无霜期 261～307d，海拔 500～800m 无霜期 250～260d，海拔 800m 以上无霜期 230d。≥10℃年积温 4 900～5 150℃，4～10 月平均昼夜温差 8.2℃以上。湘中年平均温度16.9～18.0℃，≥10℃年活动积温 5 330～5 680℃，稳定通过 10℃以上一般始于3 月下旬，终日在 11 月下旬，年无霜期 266～301d。从代表性站点生育期平均温度分析，基本处于烤烟生长最适温度，湘南地区为避开后期高温，移栽期在 3 月上旬，导致移栽伸根期温度相对较低。烤烟大田生育期平均气温 23.2℃，比年平均气温高 6.0℃。其中，湘西吉首最高达 26.0℃。主要生育阶段中以成熟期平均温度最高，达 26.7℃，旺长期次之，为 23.0℃（表 1-2）。成熟期温度略高于烤烟最适生长温度，但属于适宜温度范围内。

表 1-2　东南典型烟区烤烟生育期平均温度（单位：℃）

烟区	移栽伸根期	旺长期	成熟期	大田期平均	全生育期	全年
湖南郴州	16.5	21.8	27.0	22.7	19.7	17.9
湖南吉首	22.4	26.0	26.9	25.4	23.8	16.6
湖南浏阳	15.1	21.1	26.1	21.6	18.6	17.2
福建泰宁	16.0	20.6	24.9	21.2	18.6	17.1
福建南平	15.6	20.5	25.0	21.1	18.9	19.4
福建龙岩	16.9	21.1	24.9	21.6	19.8	20.0
平均	17.1	21.9	25.8	22.3	19.9	18.0

福建省烟区根据气候条件分为闽西南和闽西北两个区域。闽西南地区海拔
1 000m 左右，气候地域差异大，垂直分布明显，年平均气温 18.5～20℃，
≥10℃年活动积温 5 800～6 500℃，最冷月平均气温 8～11℃。闽西北属中亚热
带，分凉区和温区，两者气温差异较大，山地阴凉潮湿、盆地丘陵温暖湿润。热
量资源相对该省其他区域和周边烟区较低。年平均气温 17～19.5℃，≥10℃年
活动积温 5 150～6 150℃，无霜期 220～300d。福建烟区代表站点烤烟大田生育
期平均气温 21.3℃，比年平均气温高 2.5℃。其中，闽西南的龙岩最高达
21.6℃。主要生育阶段中以成熟期平均温度最高，达 24.7℃，旺长期次之，为
20.9℃。大田期平均温度处于烤烟生长的最适温度范围内（表 1-2）。

3. 长江中上游烟区

我国长江中上游烟区包括湖北、重庆和陕西南部等省份。其中湖北省烟草主
要分布在该省西部地区，地形地貌复杂，海拔垂直差异大，立体气候明显。烤烟
多分布在海拔 500m 以下的低山和 500～1 000m 的中山区，年均温 11～18℃，
≥10℃的年积温在 3 863～5 724℃。其中，低山区年均温 16～18℃，≥10℃的年
积温在 5 000℃左右，三峡河谷最高达 5 500℃。10℃初日至 20℃终日为 180d 以
上。中山区年均温 13～15℃，≥10℃的年积温 4 000℃左右，10℃初日至 20℃终
日为 140d。重庆烟区主要分布在东部，沿长江河谷年温多为 18℃左右或以上
（綦江、云阳最高为 18.8℃）。其中，东南部产区年平均温度在 13.8～17.7℃，
东北部产区年均温在 13.8～18.3℃。陕西南部烟区年均气温为 11～15℃。烟
区代表站点烤烟大田生育期平均气温 22.0℃，比年平均气温高 5.4℃。其中湖北
宜昌最高达 26.0℃。主要生育阶段中以成熟期平均温度最高，达 27.1℃，旺长
期次之，为 25.6℃。大田期平均温度略高于烤烟生长的最适温度，成熟期温度
普遍较高（表 1-3）。

表1-3 长江中上游典型烟区烤烟生育期平均温度（单位：℃）

烟区	移栽伸根期	旺长期	成熟期	大田期平均	全生育期	全年
湖北恩施	19.5	23.3	26.7	23.7	21.6	16.2
湖北宜昌	23.2	26.8	27.4	26.0	24.5	16.9
重庆彭水	22.6	26.2	27.5	25.7	24.4	17.6
陕西安康	22.5	26.2	26.7	25.3	23.7	15.7
平均	22.0	25.6	27.1	25.2	23.6	16.6

4. 黄淮烟区

黄淮烟区年平均气温为10～14℃，5～9月的日平均气温在20～27℃，受纬度的影响，自南向北递减，同一纬度，随海拔的增高而降低。无霜期在170～240d，≥0℃的积温4 100～5 200℃，≥10℃的积温3 600～4 700℃，其分布从北向南递增。其中，山东省的胶东半岛≥0℃的积温为4 500～5 000℃，山东省西南部、河南省大部≥0℃的积温为5 000～5 250℃，河南省南部、安徽省的淮北地区≥0℃的积温为5 200～5 500℃。从≥10℃的积温的分布看，山东省的胶东半岛≥10℃的积温为3 700～4 500℃，山东省西南部、河南省大部、安徽省的淮北地区≥10℃的积温为4 500～5 000℃。代表性站点烤烟大田生育期平均气温25.2℃，比年平均气温高10.8℃。其中，河南省烟区平均在25.5℃左右，山东省临沂市在24.0℃左右。主要生育阶段中以旺长期平均温度最高，达26.5℃，成熟期次之，为26.0℃。大田期平均温度略高于烤烟生长的最适温度，旺长期和成熟期温度普遍高于烤烟最适生长温度，但在适宜范围之内（表1-4）。

表1-4 黄淮典型烟区烤烟生育期平均温度（单位：℃）

烟区	移栽伸根期	旺长期	成熟期	大田期平均	全生育期	全年
河南洛阳	23.5	27.2	26.0	25.6	23.7	14.6
河南许昌	23.0	27.0	26.1	25.4	23.4	14.6
河南南阳	22.8	26.7	26.3	25.4	23.5	14.9
山东临沂	21.3	25.1	25.6	24.2	22.1	13.3
平均	22.7	26.5	26.0	25.2	23.2	14.4

5. 北方烟区

北方烟区属温带、寒温带湿润、半湿润气候，冬季气温低，≥0℃积温2 500～4 100℃，≥10℃积温2 000～3 600℃，无霜期130～170d，夏季平均温度在20～25℃，适于烤烟生长发育的有效积温（≥10℃）日数和积温，北部120d左右，积温2 000℃，南部170d左右，积温3 200℃。代表性站点烤烟生育期平均温度在18.8～21.0℃。主要生育阶段中移栽伸根期平均温度14.1～

18.9℃，旺长期平均温度 19.2～22.8℃，成熟期为 21.6～23.0℃。除大田前期平均温度略低外，旺长期和成熟期温度适宜烤烟生长（表1-5）。

表1-5　北方典型烟区烤烟生育期平均温度（单位:℃）

烟区	移栽伸根期	旺长期	成熟期	大田期平均	全生育期	全年
黑龙江牡丹江	14.1	19.2	21.6	18.8	15.2	4.0
辽宁宽甸	18.6	22.8	23.0	21.7	19.1	7.9
内蒙古赤峰	18.5	22.5	21.8	21.0	18.5	7.2
陕西延安	18.9	22.3	21.6	21.0	19.2	9.7
平均	17.5	21.7	22.0	20.6	18.0	7.2

（二）中国典型烟区水分条件

水是烤烟生长的基本因子。水分对烤烟的生长发育和优质烟叶的形成具有十分重要的作用。据研究，每生产 1kg 干烟叶，约需水 3 000kg，以烟叶单产 1 800～2 400kg/hm² 计，共需水 360～480m³，折合降水量 540～720mm。根据国内和国际优质烟叶产区全生育期降水量统计，烤烟全生育期总降水量以 500～900mm、月平均降水量 100～120mm 为宜。烤烟移栽期，需要充足的水分供应，保证成活还苗。伸根期要求雨量偏少，一般约需降水量 80～100mm。旺长期需水最多，需 200～260mm。烟叶成熟期烟株主要生理活动为干物质合成、积累和转化，所需降水量逐渐减少，一般需 120～160mm。

1. 西南烟区

我国西南烟区降水量大部为 1 000mm 左右或以上。川西南山地年降水量多达 1 400mm，攀西河谷仅为 700～800mm。云南全省年降水量为 570～2 740mm。滇中年降水量为 900～1 100mm，滇中以北及金沙江河谷区为 600～800mm；滇西北大理、丽江一带为 900～1 000mm，怒江河谷北部一带为 1 200～1 600mm；滇西腾冲、梁河一带在 1 400mm 左右，龙陵附近达 2 100mm，保山、临沧北部为 900～1 100mm；滇西南地区一般在 1 500mm 以上，河谷地区在 1 100～1 300mm；滇南、滇东南区南部在 1 600mm 以上，蒙自、开远和元江河谷一带为 700～800mm；滇东、滇东北区分别为 1 400mm 以上和 700～800mm。云南有多雨区和少雨区各 4 个，多雨区在滇西南、滇南边境、怒江河谷北部和罗平附近，少雨区在金沙江河谷、元江中上游河谷、迪庆高原和滇东北。云南降水的年际变化不大，降水相对变率的年内季节变化，雨季在 50% 以上，干季在 60% 以上。春季降水的地区差别较大，夏季是一年中降水量最多的季节，一般在 500mm 以上，秋季大部地区的降水量在 200～400mm，冬季是一年中降水量最少的季节，一般为 30～50mm。贵州年降水量多在 1 100～1 300mm，年降水量的相对变率较小，一般在 10%～15%。该省有两个多雨区，其一在南北盘江上游的六枝、普安晴隆一兴义一带；另一在都柳江上游的丹寨、都匀一带，年降水量均在 1 400mm 以上，晴隆多达 1 607.8mm。该省少雨区在沿大娄山西北坡自东北道真、正安向西南延伸至毕节、赫章、威宁及舞阳河上游的施秉、镇远一带，年降水量为 900～1 100mm，赫章最少为 854.1mm。

西南烟区代表站点烤烟大田生长期平均降水量 605.0mm，占年降水量的 63.6%。其中，移栽伸根期降水量 126.2mm，占大田期雨量的 20.9%；旺长期雨量 165.5mm，占大田期雨量的 27.3%；成熟期雨量 313.4mm，占大田期雨量的 51.8%（表 1-6）。大田期降水总量充足，但分配不均，成熟期雨量偏多。

表 1-6　西南典型烟区烤烟生育期降水量（单位：mm）

烟区	移栽伸根期	旺长期	成熟期	大田期合计	全生育期	全年
云南曲靖	75.1	164.5	345.5	585.1	606.7	968.7
云南玉溪	99.7	149.8	318.9	568.4	606.2	895.0
云南文山	141.7	168.3	329.2	639.2	734.8	988.3
贵州毕节	148.6	161.2	282.0	591.8	688.3	922.8
贵州遵义	202.2	179.4	237.1	618.7	759.5	1 081.6
四川攀枝花	89.8	169.6	367.6	627.0	649.0	849.4
平均	126.2	165.5	313.4	605.0	674.1	951.0

2. 东南烟区

湖南省年均降水量 1 424.5mm，湘中年降水量 1 320～1 508mm，但分布不均，4～6 月为多雨季节，7～9 月为旱季。湘南年降水量 1 275～1 663mm。湘西年均降水量 1 200～1 700mm，其中，70%集中在 3～8 月。福建省年均降水量 1 624.6mm，闽西北年降水量 1 550～1 900mm，4～6 月占全年降水量的 50%～60%。闽西南龙岩地区年降水量平均 1 700mm。代表站点烤烟大田生长期平均降水量 858.8mm，占年降水量的 53.8%。其中，移栽伸根期降水量 226.4mm，占大田期雨量的 26.4%；旺长期雨量 218.5mm，占大田期雨量的 25.4%；成熟期雨量 413.8mm，占大田期雨量的 48.2%（表 1-7）。大田期降水总量偏多，旺长期雨量充足，移栽伸根期和成熟期雨量偏多。

表 1-7　东南典型烟区烤烟生育期降水量（单位：mm）

烟区	移栽伸根期	旺长期	成熟期	大田期合计	全生育期	全年
湖南郴州	209.6	196.3	306.8	712.7	907.4	1 484.6
湖南吉首	249.8	212.3	267.5	729.6	980.9	1 409.3
湖南长沙	205.7	174.9	421.2	801.8	981.6	1 546.6
福建泰宁	265.6	274.3	457.8	997.7	1 247.9	1 772.2

（续）

烟区	移栽伸根期	旺长期	成熟期	大田期合计	全生育期	全年
福建南平	222.2	233.2	503.8	959.2	1 120.4	1 662.6
福建龙岩	205.5	220.0	525.8	951.3	1 107.8	1 696.1
平均	226.4	218.5	413.8	858.8	1 057.7	1 595.2

3. 长江中上游烟区

湖北省年均降水量 1 398.7mm，烟区主要分布的西部地区年降水量 1 100～1 500mm。重庆市年均降水量 940～1 375mm，东北部年降水量 940～1 150mm，东南部雨量大，降水量为 1 000～1 375mm。陕西省年均降水量 611.5mm。代表站点烤烟大田生长期平均降水量 653.3mm，占年降水量的 56.4%。其中，移栽伸根期降水量 168.2mm，占大田期雨量的 25.7%；旺长期雨量 175.1mm，占大田期雨量的 26.8%；成熟期雨量 310.0mm，占大田期雨量的 47.5%（表 1-8）。除陕西安康外，大田期降水总量充足，移栽伸根期和成熟期雨量偏多。

表 1-8　长江中上游典型烟区烤烟生育期降水量（单位：mm）

烟区	移栽伸根期	旺长期	成熟期	大田期合计	全生育期	全年
湖北恩施	194.1	210.3	396.6	801.0	935.0	1 450.3
湖北宜昌	159.4	185.3	336.8	681.5	829.2	1 158.6
重庆彭水	212.9	183.1	280.0	676.0	859.0	1 225.3
陕西安康	106.4	121.8	226.6	454.8	553.7	801.0
平均	168.2	175.1	310.0	653.3	794.2	1 158.8

4. 黄淮烟区

黄淮烟区年降水量 480～800mm，自东南向西北减少，大致以黄河为界，黄河以南降水量大于 650mm，包括鲁西南、河南大部、安徽淮北等地区。黄河以北的绝大部分地区，除了沿着燕山山脉的山麓平原以外，年降水量都不足 650mm。黄河以南的东部平原由于受海洋的影响，空气中水汽较多，因此，相应雨量稍多。如山东年平均降水量为 778.0mm，河南省年均降水量 662.9mm 其中，烤烟生长季节内（6 月中旬至 9 月上旬）总降水量为 341.2～454.3mm。该区的降水规律与烤烟需水规律大体吻合，该区 5 月下旬降水量为 20.7mm，多数县 6 月中旬平均降水量仅为 16.5mm，影响烤烟旺长。豫西 5 月下旬至 6 月上旬的降水量为 37mm 左右，6 月中旬至 9 月中旬的总降水量为 340.1～435.9mm，多为 364mm 左右。豫南信阳、驻马店 6 月上旬至 9 月中旬降水量为 487～637mm，其中，西南部大于东北部。南阳盆地烤烟生长季节内总降水量为 341.2～454.3mm。其中，东南部的桐柏、唐河降水量均在 440mm 以上；西峡、南召和南阳等县的降水量在 400mm 以上；白河以西，丹江以东的内乡、邓县浙川、镇平以及方城县的降水量在 380mm 以下。

代表站点烤烟大田生长期平均降水量 782.4mm，占年降水量的 64.6％。其中，移栽伸根期降水量 78.0mm，占大田期雨量的 16.2％；旺长期雨量 135.9mm，占大田期雨量的 28.2％；成熟期雨量 268.6mm，占大田期雨量的 55.7％（表 1-9）。除山东临沂外，大田期降水总量欠缺。移栽伸根期和旺长期降水量偏低。

表 1-9 黄淮典型烟区烤烟生育期降水量（单位：mm）

烟区	移栽伸根期	旺长期	成熟期	大田期合计	全生育期	全年
河南洛阳	63.0	99.4	198.8	361.2	420.8	602.7
河南许昌	77.0	120.8	252.5	450.3	524.0	718.6
河南南阳	94.3	145.7	260.8	500.8	585.9	799.7
山东临沂	77.5	177.6	362.2	617.3	683.1	864.4
平均	78.0	135.9	268.6	482.4	553.5	746.4

5. 北方烟区

北方烟区全年降水量 400~800mm，从西向东递增，60％集中在 7~9 月。其中，黑龙江、吉林平原丘陵地区年均降水量为 400~650mm；辽宁省降水量 440~1 130mm，东部 600~1 000mm、中部平原 500~600mm，多集中在 7、8 两月，降水从东南至西北渐减。西部低山丘陵 400~500mm，多集中在 7、8 两月，烤烟生长季节降水量占全年降水的 95％；内蒙古赤峰市年降水量 350~450mm，6~8 月降水量占全年的 70％左右；陕北全年降水量 350~700mm。代表站点烤烟大田生长期平均降水量 459.1mm，占年降水量的 71.8％。其中：移栽伸根期降水量 66.4mm，占大田期雨量的 14.5％；旺长期雨量 117.5mm，占大田期雨量的 25.6％；成熟期雨量 275.2mm，占大田期雨量的 59.9％（表 1-10）。除辽宁宽甸外，大田期降水总量欠缺。移栽伸根期和旺长期降水量偏低，辽宁宽甸成熟期降水量偏高。

表 1-10 北方典型烟区烤烟生育期降水量（单位：mm）

烟区	移栽伸根期	旺长期	成熟期	大田期合计	全生育期	全年
黑龙江牡丹江	61.2	90.4	221.3	372.9	404.9	548.4
辽宁宽甸	93.8	206.1	516.8	816.7	891.3	1 105.3
内蒙古赤峰	53.3	86.6	152.9	292.8	315.5	371.2
陕西延安	57.3	86.9	209.7	353.9	400.5	533.1
平均	66.4	117.5	275.2	459.1	503.1	639.5

（三）中国典型烟区日照条件

烤烟是喜光作物，从生长发育特性来看，烤烟需要强烈的光照，才能生长旺盛。但从烟叶品质和栽培角度出发，充足而不强烈的光照更有利于优质烟叶的形成。烤烟苗期和移栽伸根期要求天气晴朗，日照充足。成熟采收期要求天气多云，光照和煦。充足而和煦的光照是生产优质烟叶的必要条件。如果光照不足，叶片细胞分裂慢，纵向伸长，细胞间隙所占比例大，机械组织发育差，叶片组织疏松，叶大而薄。干物质积累少，香气不足，油分少。烤烟底部叶片质量比中上部差与其长期处于荫蔽状态、光照不足有关。

光照对烟叶质量的影响，主要表现在日照时数的多少和日照百分率的大小。一般认为烤烟全生育期日照时数 1 000～1 500h，日照百分率 40％以上为宜。苗期 350～500h，大田期 500～700h。移栽到旺长为 200～300h，成熟期为 280～400h。

1. 西南烟区

我国西南烟区就年日照时数而言，云南省平均为 2 245.3h，贵州省为 1 302.8h，四川省为 1 490.9h。全国多云中心的川、黔地区，也是全国日照最少的中心，年日照时数在 1 400～1 600h，而且四川盆地西南和黔东北还不到 1 200h该区西部年日照时数除滇西三江河谷地稍少外，一般都在 1 600h 以上，云南大部可达 2 000～2 200h，高原西北部及金沙江中游谷地超过 2 400h，宾川一元谋干热河谷地区达 2 600h 以上。

代表站点烤烟大田生长期平均日照时数为 640.5h，占年总日照时数的 34.1％。其中，移栽伸根期平均日照时十数为 201.6h，占大田日照时数的 31.5％；旺长期日照时数149.8h，占大田期日照时数的 23.4％；成熟期日照时数 289.1h，占大田期日照时数的 45.1％（表 1－11）。四川攀枝花是日照时数最多的烟区，全年日照时数达到 2 675.2h，大田期日照时数也达到了 816.5h。西南烟区总体而言大田期日照时数能满足烟叶生长需要，部分产区成熟期日照时数略有欠缺。贵州省典型站点苗期日照时数不足 200h，一定程度上影响壮苗培育。

表 1－11　西南典型烟区烤烟生育期日照时数（单位：h）

烟区	移栽伸根期	旺长期	成熟期	大田期合计	全生育期	全年
云南曲靖	252.0	142.7	233.0	627.7	994.5	2 062.9
云南玉溪	233.9	134.2	236.9	605.0	969.7	2 134.5
云南文山	200.7	141.9	269.4	612.0	939.1	1 993.0
贵州毕节	127.4	140.3	323.7	591.4	778.9	1 278.2
贵州遵义	119.1	141.3	330.0	590.4	738.0	1 112.7
四川攀枝花	276.2	198.5	341.8	816.5	1239.9	2 675.2
平均	201.6	149.8	289.1	640.5	943.4	1 876.1

2. 东南烟区

湖南省日照时数 1 493.9h。其中：湘中年日照时数为 1 550～1 800h，湘南年平均日照 1 750h 左右；湖南西部山多云量大，日照不足，年日照时数为 1 273～1 642h，且大部分地区在 1 500h 以下。福建省平均日照时数为 1 937.4h。其中：闽西南日照时数在 1 900h 以上；闽西北日照时数 1 600～1 700h。代表站点烤烟大田生长期平均日照时数为 532.6h，占年总日照时数的 33.6%。其中：移栽伸根期平均日照时数为 109.8h，占大田日照时数的 20.6%；旺长期日照时数 122.9h，占大田期日照时数的 23.1%；成熟期日照时数 299.9h，占大田期日照时数的 56.3%（表 1-12）。东南烟区总体而言大田期日照时数处于烤烟生长最佳日照的临界范围，移栽到旺长期日照时数满足 200～300h 的需求。部分产区大田期平均日照时数不足 500h，也存在苗期日照时数不足的问题。

表 1-12 东南典型烟区烤烟生育期日照时数（单位：h）

烟区	移栽伸根期	旺长期	成熟期	大田期合计	全生育期	全年
湖南郴州	99.3	110.2	328.1	537.6	629.4	1 491.7
湖南吉首	132.7	159.3	374.9	666.9	808.4	1 322.1
湖南长沙	97.8	121.6	292.9	512.3	604.5	1 456.7
福建泰宁	103.0	111.6	289.4	504.0	621.3	1 606.7
福建南平	109.4	117.6	256.8	483.8	620.6	1 713.0
福建龙岩	116.4	117.2	257.1	490.7	661.1	1 918.8
平均	109.8	122.9	299.9	532.6	657.6	1 584.8

3. 长江中上游烟区

湖北省全省平均日照时数为 1 498.0h，湖北西部日照时数 1 200～1 300h，阴湿山区年日照时数更少。重庆市平均日照时数 1 181h。代表站点烤烟大田生长期平均日照时数为 652.2h，占年总日照时数的 46.9%。其中：移栽伸根期平均日照时数为 155.1h，占大田日照时数的 23.8%；旺长期日照时数 156.4h，占大田期日照时数的 24.0%；成熟期日照时数 340.7h，占大田期日照时数的 52.2%（表 1-13）。长江中上游烟区长江以北烟区大田期日照时数满足烤烟生长需要，长江以南烟区处于烤烟生长最佳日照的临界范围。移栽到旺长期日照时数可以满足烤烟生长需求。

表 1-13 长江中上游典型烟区烤烟生育期日照时数（单位：h）

烟区	移栽伸根期	旺长期	成熟期	大田期合计	全生育期	全年
湖北恩施	134.4	130.3	328.8	593.5	722.3	1 266.2
湖北宜昌	178.3	176.3	360.4	715.0	915.9	1 625.9

（续）

烟区	移栽伸根期	旺长期	成熟期	大田期合计	全生育期	全年
重庆彭水	109.7	127.6	300.4	537.7	659.5	992.6
陕西安康	198.0	191.5	373.2	762.7	988.1	1 682.1
平均	155.1	156.4	340.7	652.2	821.5	1 391.7

4. 黄淮烟区

黄淮烟区光照充足，5月至6月上、中旬，天气以晴为主，日照时数多，天空云量少，光合有效辐射日总量大。6月下旬至8月下旬是黄淮烟区的雨季，天空云量增多，辐射强度下降。河南省平均日照时数2 255.7h，其中，豫中平原6月中旬至9月中旬的总日照时数均在600h以上，为638.7～941.4h。豫南信阳和驻马店地区，烤烟生长期间的总日照时数为756～827h。南阳盆地6月中旬至9月中旬的总日照时数除南召县以外，均在600h以上，为638.7～941.4h。豫西烤烟生长期间的总日照时数为806.5～914.9h。山东省和陕西省平均日照时数分别为2 588.3h和2 287.6h。代表站点烤烟大田生长期平均日照时数为842.3h，占年总日照时数的38.2%。其中，移栽伸根期平均日照时数为260.8h，占大田日照时数的31.0%；旺长期日照时数214.9h，占大田期日照时数的25.5%；成熟期日照时数366.6h，占大田期日照时数的43.5%（表1-14）。黄淮烟区大田期日照时数完全满足烤烟生长需要。

表1-14　黄淮典型烟区烤烟生育期日照时数（单位：h）

烟区	移栽伸根期	旺长期	成熟期	大田期合计	全生育期	全年
河南洛阳	273.2	226.1	357.4	856.7	1 160.8	2 221.8
河南许昌	253.6	215.5	358.8	827.9	1 115.7	2 124.7
河南南阳	231.0	203.1	367.4	801.5	1 067.3	2 002.8
山东临沂	285.2	214.8	382.9	882.9	1 226.3	2 463.5
平均	260.8	214.9	366.6	842.3	1 142.5	2 203.2

5. 北方烟区

辽宁省日照时数为2 270～2 990h，日照百分率51%～67%。黑龙江省日照时数在2 300～2 900h之间，夏季日照时数在700h以上，为全年最高季节，日照百分率（以7月为代表）是一年中最低季节，也达到55%左右。吉林省全年日照时数在2 200～3 000h之间。5～9月日照时数占全年的40%左右。代表站点烤烟大田生长期平均日照时数为898.4h，占年总日照时数的35.2%。其中，移栽伸根期平均日照时数为286.3h，占大田日照时数的31.9%；旺长期日照时数224.8h，占大田期日照时数的25.0%；成熟期日照时数387.3h，占大田期日照时数的 43.1% （表 1-15）。北方烟区大田期日照时数完全满足烤烟生长需要。

表 1-15 北方典型烟区烤烟生育期日照时数（单位：h）

烟区	移栽伸根期	旺长期	成熟期	大田期合计	全生育期	全年
黑龙江牡丹江	274.5	228.9	385.1	888.5	1 237.5	2 463.1
辽宁宽甸	276.4	183.3	330.3	790.0	1 151.6	2 425.3
内蒙古赤峰	316.0	255.1	455.2	1 026.3	1 423.6	2 888.6
陕西延安	278.4	231.9	378.5	888.8	1 212.8	2 437.4
平均	286.3	224.8	387.3	898.4	1 256.4	2 553.6

第二章　晒黄烟介绍

第一节　晒黄烟的种类和分布

一、晒黄烟类型与品质

我国晒黄烟生产历史悠久，种类繁多。1986—1988年全国晒晾烟资源普查共收集到54个晒黄烟样品，其中质量档次"好"的有7个，"较好"的16个，"中等"的31个。根据晒黄烟的颜色可分为淡色晒黄烟和深色晒黄烟，目前我国淡色晒黄烟生产量相对较大，而深色晒黄烟的生产量很小。

（一）淡色晒黄烟

按调制方法分为3种类型，一是半晒半烤淡黄烟，其代表产地是广东南雄县一带，代表品种是青梗；二是折晒淡黄烟，代表产地是湖北黄冈、湖南宁乡等地，主要品种是千层塔和寸三皮；三是索晒淡黄烟，如云南蒙自刀烟。

淡色晒黄烟外观颜色呈金黄、橘黄，光泽鲜明，身份薄到中等。一般淡色晒黄烟总糖含量在11.5%～20.4%，平均为15.72%，还原糖为7.06%～18.43%，平均为13.18%，略低于烤烟；总氮为1.48%～3.91%，平均为2.33%，与烤烟相近；烟碱为1.29%～4.65%，平均为3.24%，略高于烤烟（表2-1）。晒黄烟在化学成分上与烤烟有相近之处但又有所不同，晒黄烟是在温度较低的自然条件下晒制，一些挥发性较强的香味物质损失较少，因此晒黄烟具有烤烟所不能代替的香气特点，主要用于烤烟型卷烟和混合型卷烟配方中。

表2-1　我国主要淡色晒黄烟品种化学成分

产地	品种	总糖（%）	还原糖（%）	总氮（%）	蛋白质（%）	烟碱（%）	糖碱比
江西广丰	小牛舌	11.5	7.06	3.40	16.22	4.65	2.5
湖北黄冈	千层塔	12.31	/	1.78	9.75	1.29	9.5
广东南雄	青梗	23.35	/	1.53	7.83	1.54	15.2
广东丰开	细膊熟	17.59	/	2.76	12.59	4.43	4.0
云南蒙自	歪尾巴	17.59	15.83	1.90	8.53	3.08	5.7
江西广丰	铁骨烟	11.86	8.88	2.06	9.62	3.00	3.9

（续）

产地	品种	总糖 (%)	还原糖 (%)	总氮 (%)	蛋白质 (%)	烟碱 (%)	糖碱比
浙江新昌	东路密梧	12.50	9.03	2.37	9.76	4.65	2.7
广西贺县	大宁烟	17.66	17.25	2.03	9.87	2.61	6.8
广西贺县	公会烟	20.04	18.43	1.48	6.34	2.69	7.5
广西岭溪	犁头烟	11.84	10.42	3.17	14.34	5.07	2.3
广西武宣	狼村晒烟	15.21	15.09	1.97	9.00	3.05	5.0
云南大理	天堂烟	13.25	12.26	1.96	8.94	3.09	4.3
云南施甸	由旺烟	19.72	17.54	3.91	21.31	2.91	6.8
平均		15.72	13.18	2.33	11.08	3.24	5.9

（二）深色晒黄烟

深色晒黄烟是介于淡色晒黄烟和晒红烟之间的一种烟草类型。根据调制方法不同，深色晒黄烟可分为折晒深黄烟、索晒深黄烟、半捂半晒深黄烟、生切架晒烟丝 4 个类型。

深色晒黄烟颜色深黄至棕黄，身份较厚。总糖含量为 5.0%～13.99%，平均为 7.65%，还原糖含量为 3.33%～13.73%，平均 7.48%，均低于烤烟和淡色晒黄烟；烟碱含量为 2.26%～5.45%，平均为 3.89%，总氮 2.32%～3.64%，平均为 2.74%，均高于淡色晒黄烟（表 2-2）。深色晒黄烟主要用作斗烟和水烟原料。

表 2-2　我国主要深色晒黄烟品种化学成分

产地	品种	总糖 (%)	还原糖 (%)	总氮 (%)	蛋白质 (%)	烟碱 (%)	糖碱比
吉林蛟河	香怀一号	13.75	10.00	2.85	13.19	4.30	3.19
广东连县	密托	8.40	8.31	2.32	10.37	3.83	2.19
福建沙县	夏茂烟	13.99	13.73	2.69	14.31	2.33	6.00
福建福鼎	大叶烟	7.37	7.36	2.43	12.38	2.62	2.81
广东连县	小皱叶	6.56	4.92	2.57	11.11	4.59	1.43
安徽桐城	黄梅烟	8.58	8.50	2.98	14.25	4.06	2.11
广东灵山	灵山大膀烟	6.38	4.75	2.93	12.89	5.02	1.27
山东菏泽	菌烟	12.68	10.41	2.20	11.29	2.26	5.61
浙江桐乡	督叶尖杆硬叶子	5.75	3.56	3.64	16.84	5.45	1.05
山东蓬莱	薄烟	5.0	3.33	2.82	12.88	4.40	1.13
平均		7.65	7.48	2.74	12.95	3.89	2.68

二、晒黄烟的主要品种及分布

(一) 寸三皮

(1) 产地。寸三皮是分布在湖南省宁乡县地方晒烟品种。

(2) 特征特性。株形塔形，叶形长椭圆，叶尖渐尖，叶面较皱，叶缘波浪，叶色黄绿，叶耳大，叶片主脉粗，叶片较厚；花序密集、球形，花色白，花冠尖有；种子椭圆形、深褐色，蒴果卵圆形；株高 97.0cm，茎围 10.1cm，节距 3.6cm。叶数 17.4 片，腰叶长 74.4cm，腰叶宽 31.2cm，无叶柄；主侧脉夹角大，茎叶角度大；花冠长度 5.3cm，花冠直径 2.3cm，花萼长度 2.7cm；千粒重 0.099 4g；移栽至现蕾天数 47d，移栽至中心花开放天数 55d，全生育期 144d。

(3) 抗病虫性。抗黑胫病，中感青枯病、TMV 和 CMV，中抗赤星病和 PVY。抗性综合评价指数 2.5，属于三级抗性综合优异种质。

(4) 外观质量。原烟颜色棕色，色度中，油分有，身份稍厚，结构稍密，得分 7.18，综合评价中一。

(5) 评吸质量。香型风格晒黄香型，香型程度有＋，香气质较好，香气量较足，浓度较浓，余味较舒适，杂气较轻，刺激性有，劲头适中＋，燃烧性中等，灰色灰白，评吸得分 72.30，质量档次中等。

(6) 经济性状。产量 102.90kg/667m²，上中等烟比例 84.05%，综合评价中。

(二) 小牛舌

(1) 产地。是江西省广丰县地方晒烟品种，因叶片比大牛舌小，故名小牛舌。为广丰"紫老烟"主要栽培品种，栽培历史较长，具有特殊的龙眼香味，可做雪茄烟心叶和外包叶。

(2) 特征特性。株形筒形，叶形长卵圆，叶尖急尖，叶面平，叶缘平滑，叶色绿，叶耳中，叶片主脉粗细中，叶片较厚，花序松散、倒圆锥形，花色淡红，株高 172.2cm，茎围 7.4cm，节距 4.7cm 叶数 30.0 片，腰叶长 42.0cm，腰叶宽 20.8cm，叶柄 66cm，主侧脉夹角中，茎叶角度大，花冠长度 5.4cm，花冠直径 2.2cm，花萼长度 1.4cm，千粒重 0.076 6g，移栽至中心花开放天数 74d。

(3) 抗病虫性。感黑胫病、青枯病、CMV 和 PVY，中抗根结线虫病，抗赤星病，中感 TMV，高感烟蚜。

(4) 外观质量。原烟颜色红棕，色度强，油分有，身份中等，结构尚疏松，得分 8.72，综合评价优一。

(5) 评吸质量。香型风格晒红调味香型，香型程度有，香气质较好，香气量尚足，浓度中等＋，余味舒适，杂气有，刺激性有，劲头大，燃烧性较强，灰色灰白，评吸得分 76.6，质量档次较好－，属于品质优异种质。

（6）经济性状。产量 140.04kg/667m²，上等烟比例 14.41％，上中等烟比例 90.94％，综合评价中。

（7）栽培调制。要点一般栽植 1 800～2 000 株/667m²，单株留叶 10～14 片。分次采收，放 3～4d，待叶片主脉萎软时，按叶片大小分别上烟夹，日晒夜露。

（三）青梗

（1）产地。青梗是广东省南雄市地方晒黄烟品种。南雄晒黄烟历史悠久，自清初开始种植，以品质优良著称。调制方法是半晒半烤。

（2）特征特性。株形塔形，叶形长卵圆，叶尖尾状，叶面较平，叶缘波浪，叶色黄绿，叶耳无，叶片主脉细，叶片厚薄中等，花序松散、菱形，花色淡红，花冠尖有，种子卵圆形、褐色，蒴果卵圆形，株高 171.6cm，茎围 8.5cm，节距 6.8cm 叶数 18.6 片，腰叶长 60.4cm，腰叶宽 24.8cm，叶柄 8.6cm，主侧脉夹角大，茎叶角度中，花冠长度 4.6cm，花冠直径 2.7cm，花萼长度 2.1cm，千粒重 0.054 0g，移栽至现蕾天数 65 天，移栽至中心花开放天数 73d，全生育期 152d。

（3）抗病虫性。中抗黑胫病和 PVY，感青枯病、根结线虫病、赤星病和 CMV，高感烟蚜。

（4）外观质量。原烟颜色淡棕，色度中，油分多，身份中等，结构尚疏松，得分 7.92，综合评价中。

（5）评吸质量。香型风格晒黄香型，香型程度有，香气质较好，香气量较足，浓度较浓，余味较舒适，杂气较轻，刺激性有，劲头适中，燃烧性中等，灰色灰白，评吸得分 73.4，质量档次中等＋。

（6）经济性状。产量 9 562kg/667m²，上等烟比例 7.54％，上中等烟比例 79.69％，综合评价中。

（四）大叶密合

（1）产地。大叶密合是广东省封开县地方晒烟品种。

（2）特征特性。株形筒形，叶形宽卵圆，叶尖钝尖，叶面皱，叶缘波浪，叶色绿，叶耳小，叶片主脉细叶片较厚，花序密集、球形，花色淡红，花冠尖有，株高 145.0cm，茎围 8.5cm，节距 3.9cm，叶数 29.0 片，腰叶长 48.0cm，腰叶宽 28.0cm，叶柄 4.0cm，主侧脉夹角大，茎叶角度大，花冠长度 2.9cm，花冠直径 2.2cm，花萼长度 1.6cm，千粒重 0.085 4g，移栽至中心花开放天数 54d。

（3）抗病虫性。中抗黑胫病，感青枯病和根结线虫病，中感赤星病、TMV、CMV 和 PVY。

（4）外观质量。原烟颜色红棕，色度强，油分多，身份中等，结构尚疏松，得分 91.8，综合评价优。

（5）评吸质量。香型风格晒红香型，香型程度较显，香气质较好，香气量尚足，浓度中等，余味尚舒适，杂气微有，刺激性微有，劲头较大，燃烧性强，灰色白色，得分 75.7，质量档次中等＋，属于品质优异种质。

（6）经济性状。产量 13 685kg/667m²，上等烟比例 15.38％，上中等烟比例 88.65％，综合评价优。

（五）公会晒烟

（1）产地。公会晒烟是广西壮族自治区贺县地方晒烟品种。

（2）特征特性。株形塔形，叶形椭圆，叶尖渐尖，叶面平，叶缘波浪，叶色绿，叶耳大，叶片主脉粗细中，叶片较薄，花序密集、球形，花色淡红，花冠尖有，株高 160.6cm，茎围 11.0cm，节距 2.6cm 叶数 46.0 片，腰叶长 46.8cm，腰叶宽 23.0cm，无叶柄，主侧脉夹角大，花冠长度 6.4cm，花冠直径 2.6cm，花萼长度 2.1cm，千粒重 0.062 6g，移栽至中心花开放天数 62d。

（3）抗病虫性。中感黑胫病，中抗青枯病、根结线虫病、赤星病和 PVY，抗 TMV，感 CMV，高感烟蚜。抗性综合评价指数 4.0，属于一级抗性综优异种质。

（4）外观质量。原烟颜色淡棕，色度浓，油分多，身份稍薄，结构疏松，得分 8.88，综合评价优一。

（5）评吸质量。香型风格似烤烟型，香型程度有，香气质中等，香气量足，浓度中等，余味尚舒适，杂气较轻，刺激性略大，劲头较大，燃烧性强灰色白色，得分 75.5，质量档次：中等＋，属于品质优异种质。

（6）经济性状。产量 14 752kg/667m²，上等烟比例 29.80％，上中等烟比例 90.88％，综合评价优。

（六）铁赤烟

（1）产地。铁赤烟是江西省广昌县地方晒烟品种。

（2）特征特性。株形筒形，叶形长卵圆，叶尖渐尖叶面平，叶缘平滑，叶色深绿，叶耳中，叶片主脉粗细中，叶片厚薄中等，花序密集，花序倒圆锥形，花色淡红，株高 166.0cm，茎围 7.9cm，节距 3.8cm，叶数 33.0 片，腰叶长 42.0cm，腰叶宽 21.6cm，叶柄 3.6cm，主侧脉夹角大，茎叶角度大，花冠长度 3.6cm，花冠直径 2.2cm，花萼长度 1.6cm，千粒重 0.100 2g，移栽至中心花开放天数 40d。

（3）抗病虫性。感黑胫病、根结线虫病、TMV、PVY 和烟蚜，中抗青枯病和赤星病，中感 CMV。

（4）外观质量。原烟颜色红棕，色度强，油分有身份中等，结构尚疏松，得分 8.72，综合评价优－。

（5）经济性状。产量 143.19kg/667m²，上中等烟比例 88 410％，综合评价中。

（七）大宁大叶烟

（1）产地。大宁大叶烟是山西省大宁县地方晒烟品种。

（2）特征特性。株形筒形，叶形长椭圆，叶尖渐尖叶面较平，叶缘微波，叶色黄绿，叶耳大，叶片主脉粗，叶片厚薄中等，花序密集、球形，花色红，花冠尖有，种子卵圆形、褐色，蒴果卵圆形，株高 103.4cm，茎围 63cm，节距 4.5cm，叶数 17.2 片，腰叶长 49.0cm，腰叶宽 19.8cm，无叶柄，主侧脉夹角大，茎叶角度中，花冠长度 6.2cm，花冠直径 2.3cm，花萼长度 2.8cm，千粒重 0.105 4g，移栽至现蕾天数 41d，移栽至中心花开放天数 45 天，全生育期 140d。

（3）抗病虫性。感青枯病，中感 TMV 和 PVY 中抗 CMV。

（4）外观质量。原烟颜色红棕，色度浓，油分有，身份中等，结构尚疏松，得分 9.18，综合评价优。

（5）评吸质量。香型风格似烤烟型，香型程度有＋，香气质较好，香气量尚足，浓度中等，余味尚舒适，杂气微有，刺激性微有，劲头适中，燃烧性强，灰色灰白，得分 75.6，质量档次中等＋，属于品质优异种质。

（6）经济性状。产量 111 379kg/667m²，上等烟比例 13.04％，上中等烟比例 84.96％，综合评价中。

（八）天堂旱烟

（1）产地。天堂旱烟是湖南省新晃县地方晒烟品种。

（2）特征特性。株形塔形，叶形卵圆，叶尖渐尖，叶面较皱，叶缘波浪，叶色绿，叶耳小，叶片主脉粗细中，叶片厚薄中等，花序密集、扁球形，花色淡红，花冠尖有，种子卵圆形、深褐色，蒴果卵圆形，株高 160.2cm，茎围 9.4cm，节距 6.4cm，叶数 19.8 片，腰叶长 50.0cm，腰叶宽 27.4cm，无叶柄，主侧脉夹角中，茎叶角度大，花冠长度 5.3cm，花冠直径 2.6cm，花萼长度 2.0cm，千粒重 0.080 9g，移栽至现蕾天数 42d，移栽至中心花开放天数 50d，全生育期 141d。

（3）抗病虫性。抗黑胫病，感青枯病，中感 TMV、CMV 和 PVY。

（4）外观质量。原烟颜色红棕，色度中，油分有，身份厚，结构疏松，得分 7.98，综合评价中。

（5）评吸质量。香型风格晒黄香型，香型程度有香气质较好，香气量较足，浓度较浓，余味较舒适，杂气较轻，刺激性有，劲头适中＋，燃烧性中等，灰色灰白，评吸得分 72.90，质量档次中等＋。

（6）经济性状。产量 8 625kg/667m²，上等烟比例 23.63％，上中等烟比例 78.27％，综合评价中。

第二节　我国晒黄烟生产现状

一、晒黄烟生产种植情况

（一）分布

较大的种植区有广西贺州、广东南雄、湖南宁乡，初步发展晒黄烟种植的区域有贵州剑河县、云南盈江县、腾冲市、云南德宏州芒市。

（二）栽培品种

云南芒市和盈江县晒黄烟主栽品种主要有公会、小吃味；湖南宁乡县主栽品种主要有寸高、寸三皮、87-2-3；广东南雄晒黄烟主栽品种主要有青梗、86-21；广西贺州主栽品种主要有公会、张村、丰产、南雄烟、大宁等地方品种。

（三）种植规模

贺州晒黄烟主产区主要分布在平桂管理区和昭平县，常年种植面积保持在 1 333～1 666hm²，烟叶产量达 300 万～400 万 kg。宁乡县晒黄烟种植乡镇 7 个，晒黄烟年产量 300 万 kg 左右。

二、晒黄烟质量状况

一般认为，淡色晒黄烟颜色金黄至棕黄，接近于烤烟；深色晒黄烟颜色棕黄至浅棕色，介于淡色晒黄烟与晒红烟之间。晒黄烟色泽鲜明或尚鲜明。品质上乘的晒黄烟油分充足，弹性好。一般以腰叶质量最佳。淡色晒黄烟总氮、蛋白质和烟碱含量略低于深色晒黄烟。因此，在化学成分上，淡色晒黄烟接近于烤烟，而深色晒黄烟则接近于晒红烟。晒黄烟烟叶的吃味纯净、劲头适中、微有杂气，稍有刺激性，可作烤烟型、混合型和香料型卷烟的原料。一些地方的晒黄烟香型较显著，香气量较充足，在卷烟配方中可替代香料烟使用。

近年，中国农业科学院烟草研究所对广东南雄和连州晒黄烟进行过深入研究。孙福山等认为南雄晒黄烟颜色在金黄—正黄色域，成熟度成熟，油分有—较多，叶片结构尚细致，光泽尚鲜亮—鲜亮，色泽较均匀，身份尚适中—适中。化学成分含量适宜，比例协调。香型似烤烟，香气足，劲头适中，余味舒适，燃烧性较强，灰色白，质量档次较好—好，具有较好的使用价值，适于作"中式卷烟"的优质特色原料。王传义等研究显示，连州晒黄烟具有浓、香、醇的特点，劲头较大，香味浓郁独特，吃味醇和饱满，属地方性深色晒黄烟，介于淡色晒黄烟和晒红烟之间。烟叶香型独特，为晒黄调味型，评吸质量较好，可以作为烤烟型和混合型卷烟的优质原料，在卷烟配方中可起到调香、调味作用。王允白等研究认为，晒黄烟烟叶的总糖、总氮、烟碱与其总微粒物存在着较强的相关性。刘保法等通过对5种不同烟草（烤烟、晒黄烟、晒红烟、香料烟、白肋烟）的焦油致突变性进行研究，结果显示，不同类型烟草燃烧产生的焦油的致突变性差异极显著，依次为烤烟≥晒黄烟≥晒红烟≥香料烟＞白肋烟。这从理论上证明了晒黄烟在烤烟型卷烟"减害"方面有不可替代的作用。

总之，晒黄烟是中国独特的烟草资源，吸食质量风格独特，香气量足、浓郁，配伍性好，安全性高，可用于烤烟型中式卷烟，未来将会在增加卷烟原香、增加卷烟烟气浓度、提高卷烟安全性方面起到不可替代的作用。

三、工业利用情况

科技工作者们通过研究，证明了晒黄烟在中式烤烟型卷烟中的作用和效果。程向红报道，低档烤烟型卷烟叶组配方中加入一定量的晒黄烟，可提高烟丝的整体填充力和弹性，提高烟丝中烟碱和挥发碱含量，并能弥补卷烟香气浓度的损失及吃味淡、劲头小的不足，同时可适量降低焦油含量，并认为晒黄烟在叶组配方中的最佳比例为4%～6%。

朱贵明研究认为，在烤烟型卷烟中用适量的晒黄烟代替部分烤烟，不仅不影响卷烟的烟丝色泽，而且能增加烟支的烟味浓度和劲头，香气浓郁，焦油含量降低，能弥补传统的烤烟型卷烟烟味淡、劲头不足和焦油含量高的不足。在混合型卷烟中使用适量的晒黄烟，能减弱其生理强度和刺激性，使其吃味醇和，香气浓郁，味香色更加协调。晒黄烟之所以能起到上述品质调节作用，主要是因为晒黄烟具有独特的香型风格，特有的化学成分含量和低焦油的品质特点。在烤烟型卷烟中掺入适量的晒黄烟后，烟支的烟碱适量增加，而总糖含量则适量降低。烟气中的烟碱增加，pH升高，从而有利于烟气中非质子生物碱（游离态碱）的产生和焦油排放量的减少，使烤烟型卷烟的烟味和劲头明显增加，而焦油含量得到降低。在混合型卷烟中，掺入适量的晒黄烟后，烟支的总糖含量有所增加，而烟碱含量则适量降低，主流烟气中的烟碱相对减少，酸碱更加平衡，因而减弱了混合型卷烟的生理强度和刺激性，使香气增加，吃味醇和而谐调。

杨大光认为，与混合型卷烟比较，烤烟型卷烟配方自身存在的某些缺陷致使其香味淡薄、烟味淡、焦油含量高。由于晒烟具有烟碱含量高而含糖量又低、烟味足、产生的焦油比烤烟低得多的特点，适量掺入似烤烟香型的晒黄烟对于发展烤烟型低焦油卷烟作用较为明显。

另外，于建军等研究了不同温湿度发酵条件对晒黄烟中性致香物质的影响，结果表明，6 类中性致香物质存发酵过程中均有不同程度增加，其中赖百当类转化产物增加最多，其次为棕色化反应产物、类胡萝卜素转化产物、类西柏烷类转化产物、苯丙氨酸转化产物，新植二烯略有降低。不同温湿度发酵条件下，以中温高湿的发酵条件存 20~24d 中性致香物质增幅较大，而中温低湿或低温中湿条件下中性致香物质缓慢增加，拉长了发酵时间，高温中湿不利于生成致香物质的积累，同时内含物消耗较多。

四、晒黄烟栽培调制技术研究

相对烤烟来讲，晒黄烟栽培调制技术研究没有得到足够重视。在农业生产技术日新月异的科技时代，晒黄烟栽培调制技术方面的研究更加缺乏。以往仅有的研究主要集中在品种提纯复壮、施肥技术、采收成熟度、调制技术等方面。

符云鹏等研究了不同施氮水平对晒黄烟的生长发育规律和产量、品质的影响。结果表明，随着施氮量增加，烟株的株高、茎围、有效叶数增加，而干物质积累量及烟叶的产量、产值在施纯氮 180kg/hm² 范围内也增大，之后则有所减小。同时认为宁乡晒黄烟以施纯氮量 180kg/hm² 为宜。雷云青等研究了不同的施肥方法对晒黄烟产量和质量的影响，认为以 50%~70%复合肥作为追肥使用，烟叶产量、外观质量及经济效益较高，化学成分较协调，评吸质量较好，是比较适应南雄土壤、气候条件的一种施肥方法。陈黛等在南雄晒黄烟一文中详细介绍了青梗系、黄壳系、81-26 系的栽培调制技术。柯油松通过品种比较试验，筛选出青梗 81-26 等优良品种，并对青梗品种进行了提纯复壮；通过施肥量、施肥种类、施肥方法、氮磷钾配比、移栽期、打顶方式、留叶数和采收调制技术等试验研究，对传统技术进行了改革优化，引入了新的技术措施，明确了生产优质晒黄烟的关键技术措施、制定了配套的优质晒黄烟生产技术规范。邢世雄对沙县晒黄烟的轮作制度、育苗、栽培技术、调制技术四个方面进行了详细论述。赵立红等以羊角烟、柳叶烟为试验材料，对不同采收成熟度进行研究，结果表明，柳叶烟采收变黄 7~8 成、羊角烟采收 8~9 成的烟叶质量最佳，捂晒调制法（采叶编竿后，按常规统一堆捂变黄 9 成左右，挂在晒烟架上以晒为主，晒晾结合调制）较有利于改善烟叶香吃味。

第三节 晒黄烟生产面临的问题

一、对晒黄烟重视不够

20 世纪 90 年代至今，我国总体上对地方晒晾烟的种植和收购缺少规划和管理，除贺州和宁乡两地晒黄烟有烟草公司管理外，其他地方晒晾烟处于自种自用，分散种植的状态，缺少种植区划，品种混乱，品质退化，栽培调制技术粗放不规范，缺少相应的国家或行业烟叶分级标准，收购价格低，生产收购销售管理混乱，造成晒晾烟面积逐年萎缩，许多名优晒黄烟产区已转型，转向烤烟生产。

二、晒黄烟的生产模式相对粗放

晒黄烟的种植生产经过长期的生产实践，在育种、育苗、移栽、大田管理、采收、晒制等方面已经积累了比较成熟的技术和经验。但是，这些技术和经验并没有被系统地整理、提炼和推广过，只是通过一代一代的言传身教和口口相传，在一种自发的无意识的状态下传播和继承。没有形成系统的栽培调制技术标准。

三、晒黄烟发展抵御自然灾害能力太弱

由于基础设施建设严重不足，加上晒黄烟的调制过程时间长，纯粹依靠自然光线调制，如遇到连续阴雨天气，产量和质量就会遭受巨大损失，可以说完全是"靠天吃饭"。因此，抵御自然灾害能力十分低下，在一定程度上挫伤了烟农的积极性，也降低了晒黄烟质量的稳定性和工业可用性。这对晒黄烟叶的可持续发展十分不利。

四、晒黄烟缺乏稳定的政策和收购价格体系

由于工业大量利用晾晒烟可能是刚刚开始，因此晒黄烟收购价格和调拨价格各地没有现成的标准。应当特别指出的是晾晒烟由于品种间的品质差异大，这是一个发展晒黄烟十分敏感的问题，制定的价格恰当与否不仅涉及面广，其影响也大。

五、晒黄烟生产技术和工业利用研究相对滞后

目前，对晒黄烟生产技术的研究相对较少、积累不多。主要表现在，晒黄烟品种比较杂乱，种质资源不稳定；栽培技术规范化程度不高，部分烟叶主要化学成分不够协调；调制技术和调制设施研究有待深入。这些都是制约晒黄烟品质稳

定和提高的重要因素。工业利用方面，国内部分中低档卷烟品牌配方中使用一定比例的晒黄烟，但使用比例很低；晒黄烟在高端品牌中可能还没有被使用。2010年11月召开的世界卫生组织烟草控制框架公约第四次缔约方会议通过一项决议：烟草制品中旨在增强吸引力的香料成分应当被管制，要求"禁止"或"限制"使用"增强吸引力的香料成分"，这给烟草行业卷烟降焦减害提出了崭新的和严峻的挑战，使得中式卷烟"降焦而不减香"更加艰难。

第三章　宁乡烟区生态基础

第一节　宁乡特色晒黄烟

一、宁乡晒黄烟的发展基础

（一）自然资源丰富

1. 耕地资源充足，烟叶产业发展潜力大

宁乡县耕地面积 92 787hm²，占总面积的 31.93％，耕地中水田面积 79 580hm²（占耕地总面积的 85.77％）、旱土面积 13 207hm²（占耕地总面积的 14.23％）、旱涝保收面积 66 000hm²（占耕地面积的 71.13％）。耕地资源不仅丰富，而且地层发育较齐全，从土壤质地、酸碱度、土壤肥力等指标综合评价宁乡烟叶种植区划，适宜烟叶栽培的面积有 41 333hm²，发展特色烟叶生产具有很大的潜力。

2. 土壤类型众多，适宜特色烟叶种植

宁乡县土壤类型多样，全县分为水稻土、红壤、紫色土、黑色石灰土、潮土、黄壤等 6 个土类，11 个亚类，37 个土属，80 个土种。全县适宜烟叶生产的土壤主要有红壤、水稻土两大类。红壤是宁乡县旱土面积最大的土类，全县共有红壤 1.3 万 hm²，占旱土面积的 98.4％，有机质含量中等，土壤呈微酸性反应，耕作土壤的有效微量元素含量普遍高于自然土壤，适合于烟叶生长。全县共有水稻土 79 580hm²，占耕地总面积的 85.77％，从海拔 28.7m 的湖滨至 800m 的山区，都有水稻土分布。水稻土一般分布于既有灌溉水源、又有排水出路的地方，氧化还原过程交替频繁，淋溶淀积作用明显，有机质积累和富盐基作用强烈，有机质含量平均为 40.89g/kg，适应于烟稻轮作。

3. 气候条件优越，适宜优质特色烟叶的生产

宁乡县属中亚热带向北亚热带过渡的大陆性季风湿润气候区，四季分明，光照充足，热量丰富，雨水充沛，无霜期长。全县年日平均气温 16.8℃，1 月日平均 4.5℃，7 月日平均 28.9℃；年平均无霜期 274d，年平均日照 1 737.6h；境内雨水充足，年均降水量 1 358.3mm，年平均相对湿度 81％。气候类型多样，具有多种类型的局部气候或小气候，具有生产优质特色烟叶优越气候条件。

（二）人力资源充足

宁乡县农村劳动力资源充足，全县共有农村劳动力 79 万人，现有烟农

12 086 户，其中晒烟 8 286 户，拥有了一支稳定的职业烟农队伍。充足的劳动力资源，稳定的烟农队伍为宁乡县特色烟叶的发展提供了坚实的条件。从烟管理队伍结构合理，宁乡县现有从烟管理人员 650 人，分为行政管理人员和技术服务人员。行政管理人员共有 300 人。技术服务人员 350 人。这些人员管理经验丰富，技术能力强，能有效指导和管理全县烟叶生产，为特色烟叶开发提供了有效的人力资源。

（三）品种资源可靠

晒黄烟品种寸三皮，是宁乡经过多年的选育而培育的一个地方优良品种，该品种抗性强、产量适中、品质好，同时具有独特的香型风格，烟碱含量适中，焦油含量低等特点，是今后卷烟工业发展所必需的。该品种 2005 年通过国家烟草局验收，2008 年收录入国家名优种子库，是一个优质的种质资源。

（四）市场前景广阔

宁乡晒黄烟往年产量 0.25 万 t。2012 年，国内中烟工业公司对宁乡晒黄烟的订单需求在 0.5 万 t 以上，通过 2～3 年的努力，达到年产量 10 000t 的规模。加上国际市场，宁乡每年需生产晒黄烟叶 0.7 万 t 以上，并且每样以 20％ 以上的速长递增，才能满足市场需求，晒黄烟的发展空间十分广阔。

（五）政府高度重视

从 2008 年开始，宁乡县政府就把烟叶生产定位于调整农业产业结构的主导工程，制定了宁乡县烟叶生产发展规划。规划要求 2012 年达到晒黄烟种植面积 1 800hm²，总产量 0.5 万 t，通过 2～3 年的努力，达到年产量 10 000t 的规模，烟叶质量达到国际优质烟叶水平，建成全国一流的晒黄烟生产大县和全国晒黄烟标准化生产示范县。

二、宁乡县晒黄烟寸三皮发展历史

（一）晒黄烟生产历史由来已久

湖南省宁乡县晒黄烟种植已有 20 多年的历史，从小到大，从弱到强，2010 年被国家烟草局定为特色烟叶开发县之一。2011 年全县收获晒黄烟 2 514.3t，已形成了产量和质量居全国之首的规模。现在，多家烟草公司瞄准宁乡市场，纷纷上门订货，国家烟草局湖南省局在 2012 年下达了宁乡种植完成晒黄烟 5 000t 的计划。并且通过 3～5 年的努力，达到 10 000t 的规模。

宁乡是省会长沙通往湘西北的枢纽和门户，特殊的区位和地理使这里很早便成为一片物阜民丰的热土。宁乡具有优质烟叶生长的地理环境和气候条件，属全国优质烟叶生产区，全县 100 万亩①农田 60％以上适合种烟。

早在清朝嘉庆年间，宁乡人就开始种烟，到同治年间，宁乡烟叶生产已形成一定规模。据载，晚清至民国年间，宁乡的晒黄烟生产达到鼎盛，民间几乎家家户户种植晾晒烟，大量销往外地市场。近年来，宁乡烟叶发展迅速，已进入全省"三强"县市行列。目前，宁乡县 18 个种植烟叶的乡镇中，晒黄烟种植乡镇占 7个（为朱良桥、菁华铺、资福、偕乐桥、坝塘、沙田、巷子口等乡镇），晒黄烟年产量可达 5 000t。经过不断筛选和自然选择，其地方晒烟品种寸三皮被列入全国名晾晒烟种子名录，晒黄烟寸三皮于 2009 年正式通过国家商标局核准注册。

（二）原寸三皮品种的特征特性

1. 农艺性状

晒黄烟品种寸三皮以湖南湘中地区种植为主，平均生育期 210d 左右，株高80～110cm，叶形为长卵圆形、叶色浅绿，有效叶片数 18～22 片。

2. 质量性状

调制后寸三皮品种叶片颜色主要为正黄、金黄、光泽鲜明，油分足，叶片组织结构疏松，身份适中。化学成分协调，烟碱含量下部叶 1.0％～1.6％，中部叶 2.0％～3.0％，上部叶 1.9％～3.2％；总糖含量，中、下部叶 14％～18％，上部叶 8％～12％，钾氯比大于 4。香型风格显著，劲头适中，香气质好，香气量足，余味舒适，杂气较轻，刺激性小，燃烧性中等，烟灰灰白，总体质量档次较好，可作为烤烟型卷烟、混合型卷烟的调香调味原料。

3. 经济性状

寸三皮品种一般产量 5 250～7 500kg/hm²，上、中、下等烟比例一般为3：6：1，产值 56 700 元/hm²左右。

（三）寸三皮支撑产业大发展

具有调味功能的宁乡晒黄烟得到了有关专家学者的一致好评，20 世纪 90 年代，中国科学院院士、著名烟叶专家朱尊权特意为其题词"发展优质晒黄烟，对提高烤烟型卷烟香味、风格多样化以及发展混合型卷烟都有很大的益处"。由于其香气质好、量足，吸味纯净，余味舒适，刺激性小，燃烧性好。随着卷烟工业产品结构的调整，需求量日益增长，宁乡晒黄烟寸三皮作为地方特色品种，越来越受到市场青睐。

近年来长沙宁乡烟叶产业由小到大，由弱到强，获得了上级相关部门的高度肯定。作为国家名优特晾晒烟开发研究基地，国家烟草专卖局副局长何泽华、中国烟叶公司副总经理吴洪田、湖南省烟草公司副经理陈江华、湖南省烟草公司总

---

① 亩为非法定计量单位，1 亩≈667 米²。

农艺师赵松义和长沙市烟草公司徐文军等领导专家多次现场指导宁乡晒黄烟生产，国家局局长姜成康近年视察宁乡县烟叶生产时希望宁乡烟叶进一步提高质量，做足特色文章，真正成为全国烟草行业名牌产品配方中不可替代的原料。宁乡以国家烟草专卖局晒黄烟深度开发利用研究为契机，以科研院所为技术依托，通过标准化生产，加大晒黄烟调制试验力度，突破制约晒黄烟规模的瓶颈，进一步彰显晒黄烟特色，正在努力建好晒黄烟生产基地，树立长沙宁乡烟叶特色和形象。

目前宁乡晒黄烟调制技术研究工作有了突破性进展和收效；在对晒黄烟调制方式、调制设施及调制机理进行研究的基础上，通过设计建造晒黄烟调制大棚设施、研究其配套调制工艺，增强了晒黄烟调制的人为可控性，降低了不良天气的影响，找到了解决晒黄烟户均规模小、户均效益少、调制占地大、受天气制约大、劳动强度大等发展瓶颈问题的方法，为实现宁乡晒黄烟种植规模化、调制科学化和品质特色化提供了理论支撑和技术保障。

国家烟叶宏观调控，主要目的是"卷烟上水平"，增强中式卷烟品牌市场竞争力，其基础必先要优化烟叶资源配置。而优化烟叶资源配置这一重大举措为晒黄烟的发展提供了很大的空间。按照现代烟草农业建设整县推进的建设规划理念，打造"生态、特色、效益、和谐"烟区，实现"原料供应基地化、烟叶品质特色化、生产方式现代化"目标，对于加快发展长沙宁乡晒黄烟，促进晒黄烟产业可持续发展，具有特别重要的意义。

第二节　宁乡气候条件

宁乡地处湘中东北部，隶属长沙市，湖南大部分地方属于中亚热带季风气候，具有"热量充足，雨水集中，春温多变，夏秋多旱，严寒期短，暑热期长"的气候特点。全年温度高，热量充足，雨水较多，且雨热同季，适合各种农作物的生长发育但由于受东亚季风的影响，在冬季，常受高纬度冷气团控制，北方冷空气入侵频繁，造成雨雪冰霜，气候比较寒冷，阴雨天气较多，温度比邻省同纬度地方一般要低。但严寒期短，日平均气温低于0℃的天数不多，各地多年平均只有几天，个别年份可达10d以上。在春季，湖南正处于冷暖气流相互交替的过渡地带，锋面和气团活动频繁，造成阴湿多雨，气温升降剧烈，天气多变。在夏季，多为较低纬度的副热带高压所盘踞，温度高湿度小。尤其是在湘中盆地及湘北平原，由于地势低平，地面增温后，热量不易散失，因而温度又比邻省同纬度地方偏高。"小暑南风十八朝，晒得南山竹叶焦"，正是这种夏季晴燥气候的写照。在盛夏季节，湖南省长沙、株洲、湘潭、衡阳一带可与号称长江流域三大火炉的重庆、武汉、南京相比，是我国长江中游的高温暑热地区之一。在秋季，冷空气势力逐渐增强，大部分年份为秋高气爽，天气变化一般较为平和，同时，也是一年四季中气象灾害性天气相对较少的季节，暴雨成灾的可能性也较小，主要灾害性天气是秋旱和"寒露风"。

由于一个地方气候的形成与变化除受太阳辐射、大气环流、地理位置、海陆分布和人类活动等因素的影响外，还受地形和地势的影响及制约。湖南的地形、地势南、北、东、西不一，因而各地气候复杂多变，反映在农业生产上，则具有以下的农业气候特征。

一、热量丰富无霜期长，"三寒"明显

湖南长沙境内年平均气温为16～18℃，10℃以上的活动积温有5 000～5 800℃，无霜期为270～310d，若与邻省相比，总体而言，热量条件比广东、广西稍差，与江西差不多，比江苏、浙江、云南、贵州、湖北等省皆要丰富一些。

气候四季分明，春温多变，夏季暑热，秋季凉爽，冬季湿冷。

春季是冬季风向夏季风过渡季节，湖南正处于南方暖湿气流与北方干冷气流交绥地带，因此春季天气变化剧烈，乍寒乍冷，民间有"春似孩儿脸，一日有三变"的谚语。常年春季温度的变化趋势，全省各地大同小异，3、4两个月平均各有3次左右冷空气入侵，一般隔7～10d出现一次，降温幅度一般在7℃以上，其中有1～2次强冷空气降温幅度超过15℃，最低气温一般都在5℃以上，有时也可降到4℃以下，达到寒潮标准（寒潮是指48h内气温下降12℃或以上，同时最低气温≤5℃）。5月份约有两次冷空气侵入，约相隔10d一次，降温幅度7℃以上。春季不仅寒流活动多，使温度骤降陡升，而且天气变化剧烈，常带来强对流天气，比如4月份发生的雷雨大风、冰雹，甚至龙卷风。

夏季大多受副热带高压的控制和影响，温度高，南风大，天气暑热。农谚有"小暑南风十八朝，晒得南山竹叶焦"。湘江流域每年6月中下旬至8月中下旬，有的年份至9月初这段时间内，都有一段高温暑热天气出现，湘南北部（永兴、苏仙、新田、道县、宁远等烟区），10年中有8～9年会出现这种暑热天气，而湘西北地区则很少出现，平均还不到10年一遇。

根据气候标准，将日平均气温≥30℃或日最高气温≥35℃称为高温日。湖南年平均高温日数湘西北、湘西南及永州南部不足15d，长沙、衡阳及郴州市的永兴、资兴超过35d，其中40d以上的有衡东、衡阳市、常宁、攸县等地，其他地方在15～35d。湖南省高温中心在衡东，长沙、衡阳及郴州市的永兴、资兴的高温与号称长江流域"三大火炉"的宁、渝、汉及贵阳、南昌相比，高于宁、渝、汉及南昌，远远超过同纬度的贵阳，可见，湘江中上游地区的高温天气是非常突出的。

高温天气自5月份（少数年份）开始出现，到6月明显增多，但连续5d以上的高温天气过程一般开始于7月，少数年份始于6月下旬。总的分布是，湘中、湘东开始较早，而湘西、湘南开始较晚。盛夏后期最后一次持续高温过程的

结束日期，一般在 9 月上旬，最晚的在 9 月中旬。总的分布趋势湘北较湘中、湘南结束早，最晚是湘江中游的衡阳、湘潭两地。最后一次高温过程的持续日数，湘北、湘中一般在 10d 以下。

秋季是由夏向冬的过渡季节，北方冷空气势力逐渐加强，一次接一次的冷空气入侵，使气温逐渐下降，故有"一年一度秋风劲，十场秋雨要盖棉"之说。但总的来说，秋季温度要比春季温度高 1～2℃，大多数年份为秋高气爽天气。个别年份在 10 月中、下旬，也会出现秋雨连绵天气。

冬季虽然处于冬季风控制之下，但极地大陆气团经过长途跋涉才影响江南，因而变性甚大，寒威大减，一旦形成降水天气，往往多雨水而少冰雪，连续降雪时间也不长，多在 1～2d 内即可消失，年平均降雪日数，湘北不过 10d 左右，湘南 5d 左右，地表水面发生结冰的日子，湘北有 20～25d，其他各地不足 20d。若以连续 5d 日平均气温在 0℃ 或以下为严寒期的标准，则湖南各地大多数年份没有严寒天气出现，只有个别年份里有 1～2 个候平均气温在 0℃ 以下，且一般出现在 1 月中、下旬，即所谓"冷在三九"。

各地初霜平均开始日期：湘东南山地的桂东、资兴开始最早，平均日期为 11 月 21 日，而永州、道县、永兴等地开始最晚，平均日期在 12 月 11 日，其他地方大都在 12 月 1 日。终霜最晚结束的地方为：澧水流域、资水下游、湘东北及湘南山地，结束日期大约在 3 月 1 日左右，湘南和怀化的南部大约在 2 月 21 日左右，其他地方在 2 月 21～3 月 1 日。无霜期为 260～310d，其中桂东、汝城为 250～260d，湘中为北为 260～280d，湘中以南为 280～310d。

二、雨量充沛，分配不均，前涝后旱

境内的降水量，总的来说是比较充沛的，不仅年降水量多，而且农作物生长的主要季节的雨量也比较充足。各地多年平均降水量在 1 200～1 700mm，与邻省相比，东多于江、浙，西多于云、贵、川（成都平原），南少于两广，而与江西相近，是我国雨水较多的地区之一。在 4～9 月主要农作物生长季内，多年平均降水量为 800～1 200mm，占全年总降水量的 65%～70%（表 3-1），这一时段内丰沛的雨水资源与热量资源、光照资源相同步，是湖南优越的农业生产的重要条件。

表 3-1　长沙代表站年降水量及 4～9 月降水量

站名	年降水量 (nm)	4～9 月降水量 (nm)	占年雨量百分比 (%)	4～6 月降水量 (nm)	占年雨量百分率 (%)	7～9 月降水量 (nm)	占年雨量百分率 (%)
长沙	1 436.5	953.1	66.3	609.6	42.4	333.5	23.2

年降水量虽然丰沛，但在地域、季节和年际分配上很不均匀。在地域上，湖

南存在4个多雨区和4个少雨区，这就可能导致同一时段内出现局部洪涝和局部干旱，如1998年洞庭湖区发生了新中国成立后罕见的洪涝灾害，而湘南则出现了严重的干旱。季节降水分配不均匀，易引发4～6月多洪涝，而7～9月多干旱现象，4～6月多年平均降水量为550～700mm，占年降水量的38%～45%，由于暴雨和强降水过程多，洪涝灾害多发生于这一时期，气象上称为雨季。而7～9月除湘西北和湘东南山地为450～500mm外，占年降水量略多于30%，其他地方降水量只有300～350mm，占年降水量21%～27%，这个时段高温天气明显，蒸发大，作物需水多，因而干旱频发，气象上称为少雨期。年际降水变率大，又是湖南降水的又一特点。由表3-2可见，湖南雨季（4～6月）降水最多的年份可达850～1 200mm，而降水最少的年份只有280～450mm，两者相差2.5～3.5倍。旱季（7～9月）年际降水量变化更大，最多的年份降水量可达550～1 200mm，基本接近4～6月最多年份的降水量，而最少年份的降水量只有50～150mm（安化山区除外），两者相差8～10倍。雨季（4～9月）最多的年份降水量为1 150～1 750mm，接近多年年平均降水量。而最少年份的降水量大部分地方为450～700mm，为最多年份降水量的1/2～1/3。

表3-2　长沙代表站雨季降水量机极值变化

站名	4～6月最大降水量(mm)	4～6月最少降水量(mm)	7～9月最大降水量(mm)	7～9月最小降水量(mm)	4～9月最大降水量(mm)	4～9月最小降水量(mm)
长沙	933.0	336.9	791.0	106.2	1 384.3	534.9

三、日照较少，辐射较强

年平均日照时数为1 300～1 800h，是全国日照较少的地区之一。但由于地理纬度较低，故太阳辐射较强，湖南省全年太阳总辐射量为3 330～4 040MJ/m² 左右，湘江流域及洞庭湖区全年太阳总辐射量最多，湘西北较少。若从农作物的主要生长季节来看，长沙市4～10月期间的多年平均日照时数1 545.0h，占年日照时数72.6%。4～10月太阳辐射为3 780.8MJ/m²，占年总辐射量74.2%。太阳辐射这种时段上分配与雨热时段分配的一致性，是湖南农业气候极为优越的标志之一（表3-3）。

表3-3　长沙站农作物主要生长时段光能资源

站名	年日照时数(h)	4～10月日照时数(h)	百分比(%)	年辐射总量(MJ/m²)	4～10月辐射量(MJ/m²)	百分比(%)
长沙	1 545.0	1 091.2	72.6	3 780.8	2 804.5	74.2

四、地形复杂，气候多样

湖南山地、丘陵的面积约占全省总面积的 70%，而其中丘陵低山又占大部分。由于地形错综复杂，因而农业气候类型多样化，其垂直差异明显，有"几里不同天，翻山不相同"的情况。理论上，垂直温度的变化大致是海拔高度每上升 100m，气温下降 0.5℃，大约相当于向极地方向推进两个纬度。在湖南省山区，随着海拔高度的增加，气温和积温皆下降迅速，海拔高度每上升 100m，年平均气温降低 0.5～0.6℃，夏季降低 0.6～0.7℃，冬季降低 0.4～0.6℃，且山地坡向不同亦有差别，湘西和湘西北山地比湘南和湘东南山地的温度递减程度要大，孤立山峰比连绵群山温度降低要快。日平均气温稳定通过 10℃ 以上的活动积温，孤立山峰平均每升高 100m 将积温减少 200℃ 左右，连绵群山山区则减少 120～150℃。山高湿度低，水汽容易凝结，故云雾多，湿度大，降雨量一般较平地、丘陵为多，且年内分配较均匀。同时，降水量随着高度也有明显变化，在湖南的中山低山山区，一般雨量随高度升高而增加，因此山地的气候变化极大往往在相差不太高的距离内便有不同的气候，即出现所谓的"立体气候"。所以，山地气候多样，资源丰富，加上有一定厚度的肥沃土层，森林和牧草植被可以很好地生长，因而有利于发展经济作、旱粮和畜牧业。

第三节　热量资源

热量资源是农作物生长发育过程中所必需的环境条件之一，通常人们用温度值来表示热量资源的多少。任何一种作物都需在一定的温度条件下进行，若在作物生长发育某一阶段温度过高或过低，都会使作物产生危害，造成减产甚至失收。然而，随着设施农业的发展，人们可以小范围、小规模地改变温度的变化，使热量与水、光资源匹配得当，热量资源的潜力得到更加充分地发挥。

一、气温概述

平均气温为 16～18℃（表 3 - 4），气温低值区为湘西北及湘东南山地，不足 16.5℃；气温高值区为株洲中北部、衡阳、永州及郴州，在 17.5～18.5℃；其他地方为 16.0～17.5℃。年平均气温总体分布是：东南高于西北，平原盆地高于丘陵。年平均气温 17℃ 穿越平江、长沙、湘乡、邵阳、新宁地带，其东南部除较高山地外，气温均在 17℃ 线以上，此线的西北部，气温均不足 17℃。

表 3-4　长沙代表站各月平均气温（单位:℃）

站名	1月	2月	3月	4月	5月	6月	7月	8月	9月	10月	11月	12月	年均
长沙	4.7	6.5	10.5	17.0	21.9	25.4	28.9	28.2	23.4	18.0	12.4	7.2	17.0

一年中，以1月的气温最低，7月的气温最高。1月平均气温大多为4～7℃，月平均气温5℃线穿越浏阳、株洲、双峰、邵东、新化、黔阳、会同地带。其北部除麻阳、沅陵盆地和张家界外，其他地方不足5℃。其南部均在5℃以上，其中湘南南部是气温的高值区。月极端最低温:湘西中北部、娄底、邵阳北部及湘北在－10℃以下，其中临湘曾于1969年1月31日出现了－18.1℃的全省有记录以来的极端最低气温。湘西的南部及湘中以南大部分地方在零下6～10℃。

7月是夏季风最盛的时期，也是湖南各地一年中温度最高、天气最热的一个月。月平均气温除湘东南的桂东、汝城、江华一带和湘西南的通道、城步地区及湘西北的龙山等因山地影响，月平均气温低于27℃外，其他地方均在27℃以上。衡阳、湘潭、醴陵等地接近30℃，是湖南省高温所在。月极端最高气温皆在38℃以上，益阳于1961年7月24日曾出现43.6℃的高温记录。

各地的气温旬际变化基本一致，以长沙为例，多年平均气温以1月中旬最低，旬平均气温4.3℃，以7月下旬气温最高，旬平均气温29.8℃。自1月中旬至7月下旬逐渐上升，7月下旬后至翌年1月中旬则逐渐下降。但各年同期的旬平均气温相差悬殊，春季表现尤为明显，现以长沙4月上旬平均气温变化为例，个别年份的旬平均气温可偏高5～7℃，如2002年4月上旬旬平均气温高达20.8℃，比历年偏高6℃。而有的年份旬平均气温只有10℃左右，比常年偏低5℃，如1972年4月上旬平均气温仅为10.0℃，比历年偏低4.9℃。高温年份比低温年份的旬平均气温相差达11℃之多，这种气温异常的变化，往往导致烟叶生长缓慢或产生死苗现象。

二、界限温度

任何作物的生长发育都有一定的温度要求，在此温度范围内，作物生长最快，当外界温度条件低于或超过植物生长发育的基点温度，就会对作物产生危害。如水稻在日平均气温10～12℃才能生长发芽，玉米在日平均气温8℃以上，烟叶在10℃以上才能正常生长。温度过高或过低都对其生长发育不利，下面针对湖南主要农作物生长发育情况，就日平均气温高于0℃、5℃、8℃、10℃、15℃、20℃、22℃等界限温度出现日期及80%保证率分别加以论述。

春季日平均气温稳定通过0℃初日表示土壤解冻，积雪融化，田间耕翻等作业开始，秋季日平均气温稳定通过0℃的日期表示土壤冻结，田间耕作停止。所以，日平均气温在0℃以上表示持续日期称为农耕期。稳定通过0℃的初日湘西北及衡阳以南在1月上旬末至中旬初，其他地方在中旬中期以前，最早通过0℃线的初日在1月7日（桑植），最晚在1月18日（桂东），两者相差11d。稳定通过0℃的终日全省差异不大，均出现在12月30～31日。其初、终间隔日数平均天数湘西北、怀化南部及衡阳以南为355～360d，其他地方为350～355d。有些年份由于冷空气入侵次数少，强度弱，出现明显的暖冬年份，没有出现日平均气温≤0℃的低温天气。

日平均气温稳定通过5℃线的时期，草木萌发，越冬作物开始缓慢生长，湖南各地日平均气温高于5℃的多年平均初日大多在2月下旬前期，湘南的道县、江永一带及张家界出现较早，在2月中旬后期。个别年份可能提前到1月中、下旬或推迟到3月中旬。其平均终止日期，张家界及衡阳以南出现在12月21～27日，其他地方出现在12月中旬中期以后。其初终间隔日数株洲、湘潭及湘南为300～310d，其他地方为290～300d。

日平均气温稳定通过8℃的日期，预示着旱育秧和春玉米开始播种，地膜覆盖的水育秧也可播种，因此稳定通过8℃的开始日期是湖南省春季粮食作物播种的重要依据。日平均气温稳定通过8℃的多年平均日期初日湘中以北地区在3月中旬中后期，衡阳及以南地区在3月中旬前期。稳定通过8℃的多年平均终日湘中以北地区在11月下旬后期至12月上旬前期，衡阳及以南地区在12月上旬中后期。其初终间隔日数湘中及以北地区在260～270d之间，衡阳及以南为270～275d之间日平均气温稳定通过10℃日期，农业上通常称为温暖期，因为喜温作物如水稻在10℃以上开始发芽生长，越冬作物生长速度加快。所以，人们常将日平均气温10℃以上的持续日期称为生长活跃期。在气候上，又通常将5d平均气温稳定通过10℃作为春季的开始，与冬季相比，此时气温有所回升，明显地感觉到白昼变长了。湖南各地≥10℃的初日在3月下旬，其中衡阳及以南的地方和湘西的部分盆地出现在3月21～24日，其他大部分地方出现在3月25～27日。但由于"立春"以后，冷空气活动次数和强度年际间变化较大，致使年际间≥10℃的初日出现迟早相差很大，有的年份在3月上旬日平均气温就通过10℃，而有的年份却推迟至4月中、下旬才高于10℃，迟早可相差1个半月。日平均气温稳定通过10℃终日出现在11月中旬后期至下旬，湘西和湘中以北地区出现在11月17～20日，衡阳及其以南大部分地方出现在11月22～25日，其中江永、道县一带出现在11月下旬后期。湖南省日平均气温稳定通过10℃以上天数：怀化的中南部、邵阳的西南部及安化不足240d，永州的新田、蓝山、道县、江永、江华超过250d，其他地方在240～245d之间。

日平均气温稳定通过15℃以后，喜温作物进入活跃生长期，水稻、玉米、烟草等作物生长速度加快，因此，可将15℃作为对喜温作物生长是否有利的指标。日平均气温稳定通过15℃多年平均的初日永州在4月上旬，其他地方大多出现在4月中旬后期。其结束日期永州在11月上旬，其他地方在10月下旬。初日至终日天数株洲、衡阳、郴州、永州在 195d 以上，其中永州及郴州南部为 200～205d，其他地方在 180～195d 之间。但各年之间出现初日前后相差很大，最早的年份出现在 3 月中下旬，最迟的年份出现在 5 月中旬。

日平均气温高于 20℃，有利于双季早稻分蘖、幼穗分化和晚稻的抽穗扬花。也是烟叶生长的一个重要气象指标。湖南省日平均气温稳定通过 20℃ 的初日，湘西北、湘东南山区在 5 月 1～26 日，湘东及湘南大多在 5 月 11～16 日之间湘北、湘中大部分地区在 5 月 16～21 日之间。日平均稳定通过 20℃ 的平均终日，湘西及高山地带略偏早，在 9 月 20～25 日之间，其他各地皆在 9 月底至 10 月初。不过，个别年份其终止日可提早到 9 月上旬末，而有的年份则推迟到 10 月中旬，两者相差 30～40d。80% 保证率的出现日期各地有些差异，如湘西及湘西北出现在 9 月 20 日前后，湘北、湘中在 9 月 20～25 日，衡阳以南多在 9 月 25 日至月底。日平均气温稳定通过 20℃ 的初终间隔日数湘西在 125～130d 之间，衡阳及以南为 140～150d，其他地方大多为 130～140d。

日平均气温稳定通过 22℃ 的初日比稳定通过 20℃ 的初日要迟 10～15d。终止日期各地一般比稳定通过 20℃ 的终止日期早 10～15d。稳定通过 22℃ 初终日数湘西北、湘东南山区为 85～90d，衡阳、永州及郴州南部为 120～130d，其他地方大多为 100～120d。

三、积温

在一定的温度范围内，气温和作物生长发育速度成正相关，而且只有当温度累积到一定的总和时，作物才能完成其发育周期。作物生长发育全过程需要的温度累积值就称为积温，它表明作物在其全生育期或某一发育期内对热量的总需求。在农业生产中计算积温使用日平均气温，主要有 3 种：一是活动积温，活动积温是指作物在某一生长发育期内或全生育过程日平均气温高于生物发育起点的日平均气温的总和；二是有效积温，是指日平均气温与生物发育起点温度之差的总和；三是正积温，是指高于 0℃ 的日平均气温的总和。

据气象资料统计分析，湖南各地≥0℃ 的活动积温大体呈东北—西南分布态势。湘西北、湘西南及湘东南山区不足 6 100℃，其中湘东南的桂东≥0℃ 的活动积温是全省的低值区，只有 5 642.2℃，株洲、衡阳及以南地区为 6 400～6 600℃，其他地区为 6 000～6 300℃。

表 3-5　长沙代表站正积温和活动积温（单位：℃）

站名	0℃	5℃	8℃	10℃	15℃	20℃
长沙	6 179.6	5 843.9	5 532.2	5 351.6	4 636.0	3 564.8

稳定通过5℃的活动积温：湘西、邵阳西南部及湘东南山地小于5 800℃，株洲、衡阳及湘南地区为6 000～6 300℃，其他地区为5 800～6 000℃。

稳定通过10℃的活动积温：湘西、邵阳西南部及湘东南山区等地不足5 250℃，长沙、株洲、湘潭、衡阳及湘南地区为5 450～5 650℃，其他地方为5 250～5 450℃。

稳定通过15℃的活动积温的分布态势与稳定通过10℃的活动积温的分布态势基本一致，湘西北、怀化中南部、湘东南山地及安化不足4 500℃，长沙、株洲、湘潭、衡阳及湘南地区为4 700～50 000℃，其他地区为4 500～4 700℃。

稳定通过20℃的活动积温的分布趋势与稳定通过15℃的活动积温的分布趋势基本一致，湘西北、怀化中南部、湘东南山地及安化不足3 300℃，其中桂东≥20℃的活动积温仅为2 500.7℃，湘潭、衡阳及湘南地区为3 600～4 000℃，其他地区为3 300～3 600℃。

积温的年际变化存在一定的差异，如长沙：≥0℃活动积温多年平均值为6 179.6℃，而最多的年份可达6 536.9℃（1998年），最少的年份却只有5 875.2℃（1996年），两者相差达661.7℃。≥5℃活动积温多年平均值为5 843.9℃，而最多的年份可达6 203.6℃（1999年），最少的年份却只有5 225.8℃（1976年），两者相差达977.8℃。≥10℃活动积温多年平均值为5 271.5℃，而最多的年份可达5 765.8℃（1998年），最少的年份却只有4 939.2℃（1987年），两者相差达826.6℃。≥15℃活动积温多年平均值为4 636.0℃，而最多的年份可达5 568.5℃（1998年），最少的年份却只有3 931.0℃（1984年），两者相差达1 637.5℃。≥20℃活动积温多年平均值为3 564.8℃，而最多的年份可达4 213.9℃（2000年），最少的年份却只有3 129.1℃（1984年），两者相差达1 084.8℃。

四、霜期和无霜期

霜是指温度降到0℃以下而在地面上或近地物体的表面上凝结的白色冰晶现象，霜冻是在温暖季节中日平均气温在0℃以上时，在土壤表面，植物表面及近地面空气层发生短时间温度降低到0℃或0℃以下的现象。发生霜冻的时候，可以有霜（白色的冻结物，也称白霜），也可以没有霜。一般是以地面温度小于或等于0℃作为霜冻的标准。霜冻与气象学中的霜在概念上是不一样的，霜冻与作物联系在一起，霜仅仅是一种天气现象。根据霜冻发生的季节不同，可分为春霜冻和秋霜冻两种：春霜冻又称晚霜冻，也就是春播作物苗期、果树花期、越冬作物返青后发生的霜冻，随着全球气候变暖，晚霜冻发生频率逐渐降低，强度减弱，但是发生越晚，对作物危害也是越大。秋霜冻又称早霜冻，秋收作物尚未成熟，露地蔬菜还未收获时发生的霜冻。

出现的初霜一般都是由于冷空气入侵 3～5d，即多出现在气温降至最低的时候，随后天气好转，夜间辐射冷却作用强烈，风速小的时候。据统计分析湖南常年一般自 11 月下旬至 12 月上、中旬这段时间出现初霜，湘北早而湘南晚，多年平均初霜日期湘东南山地在 11 月上旬，湘江下游出现在 11 月下旬，永州中北部及怀化中部部分地方出现在 12 月中旬，其他地区大多在 12 月上旬。

终霜日期常在 2 月中下旬至 3 月初，湘南早而湘北晚。多年平均终霜日期以道县于 1 月 27 日结束最早；湘东南的桂东结束最晚，于 3 月 9 日，两者相差达40 多天，永州的中北部结束于 2 月上旬，怀化中南部、衡阳及郴州结束于 2 月中旬，其他地区大多结束于 2 月下旬至 3 月初。多年平均霜日以桂东最多，达30d，永州最少，仅为 7.3d。"四水"下游及湘东南山区为 20～30d，怀化、衡阳两地南部、永州及郴州南部不足 15d，其他地区为 15～20d。霜期初终间日数：怀化中南部及衡阳以南不足 80d，其中江华间隔时间最短，仅为 45d，湘东南的桂东间隔时间最长，达 122.5d，其他地方为 80～100d。自 20 世纪 80 年代中期以来，受全球气候变暖的影响，冬季气温明显偏高，霜期变短。湖南省无霜期自南向北逐渐变短，湘东南山地、澧水流域、沅水、资水、湘江下游、洞庭湖区及娄底为 260～280d，其他地区为 280～300d。

表 3-6　长沙代表站的霜期和无霜期

站名	初霜期平均	终霜期平均	平均霜日数（d）	初终间日数（d）
长沙	23/11	27/2	20.5	96.8

第四节　降水资源

整体降水较多，雨水充沛。根据 1971—2000 年 30 年的资料统计，所在省份各地多年平均降水为 1 200～1 700mm，属于我国多雨区之一。与邻近省份相比，湖南省降水量与江西接近，多于贵州及四川盆地和江汉平原，略少于广东和广西。

降水丰富，但时间分布极不均匀，多年平均降水量最多的安化达到1 691.8mm，最少的新晃仅 1 135.2mm；雨季（4～6 月）降水量占全年降水量的 40%～50%，汛期（4～9 月）降水量占全年的降水量 70% 左右；且多雨年份降水量可达少雨年份的 2～3 倍。这说明无论是在空间分布、季节分配还是年际变化上，其不均匀性都较为突出，从而造成湖南在异常多雨的年份、季节和地区发生洪涝灾害。反之，则易形成干旱。

一、降水地域分配不均匀

就湖南省而言,境内年降水量在地域上存在"四多四少"现象,即4个多雨区和4个少雨区。

4个多雨区是:①雪峰山北端以安化附近为中心,桃江、沅陵、新化为外围,年降水量可达1 600~1 700mm;②湘东边境的幕阜山、九岭山一带,如浏阳等地年降水量可达1 500mm以上,临湘、平江、醴陵为其外围;③湘东南山地,如桂东、汝城一带年降水量达1 500~1 700mm;④湘南的萌诸岭、九嶷山一带,如蓝山、道县等地年降水量达1 500mm,江华、江永为其外围。

4个少雨区是:①湘北洞庭湖区年降水量在1 300mm左右;②衡(阳)邵(阳)盆地年降水量1 300mm左右;③湘西南的新晃、麻阳、芷江、会同一带,年降水量为1 200~1 300mm,新晃最少,仅1 135mm;④雪峰山南端的城步年降水量仅1 220mm。

二、降水季节分配不均匀

降水量在年内季节分配上,有春、夏季明显偏多,秋、冬季偏少的特点。春夏两季降水量占全年降水量的70%左右,一般春季多于夏季,但湘西北夏季多于春季;秋冬两季只占年降水量的30%左右,秋季多于冬季(表3-7)。

表3-7 长沙代表站各季降水量及其占年雨量百分比

站名	年雨量(mm)	冬季(mm)	百分比(%)	春季(mm)	百分比(%)	夏季(mm)	百分比(%)	秋季(mm)	百分比(%)
长沙	1 436.5	205.3	14.3	511.7	35.6	492.2	34.3	227.4	15.8

冬季,湖南各地受干冷的变性极地大陆气团控制,全省普遍少雨,各地降水量只占全年降水量的10%~15%,是一年中降水量最少的季节,12月或1月,则为全年中雨量最少的月份,且有西北少、东南多的分布趋势。

春季,湖南受干冷的极地大陆气团和暖湿的海洋气团的交替控制,锋面和气旋活动频繁,降水明显增加。春季各地降水量占全年的30%~40%,成为全年中雨水最多的季节。春季各月的降水量逐月增加,其中3月全省雨量大致为60~140mm,4月为130~240mm,5月为160~250mm,湘西部分地区比4月增加较快,增幅可达60mm左右。

夏季,因大气环流变化的影响,大部分地区的雨量少于春季,但仍为多雨季节之一。全省夏季雨量占年雨量的30%~35%,一般7~8月雨量明显少于6月,且年际变化很大。全省6月雨量在160~250mm。7月在90~210mm,8月在 100~200mm。湖南省大部分地区以 5 月或 6 月降水量最多,其中湘西北山地则以 6 月或 7 月为全年降水最多月。

秋季是夏季风向冬季风过渡的季节,多受冬季风控制,故降水减少,秋季雨量占年雨量的 15%~20%。9 月全省雨量大致在 40~110mm,10 月在 70~110mm,11 月在 50~90mm,秋季中 10 月雨量略多,是由于季风转换,冷、暖气团交汇常易形成秋雨所致。

三、雨量年际变化较显著

无论是全年还是各月,不管是年与年之间、还是月与月之间的变化都是较大的,各地最多的年雨量都在 1 800mm 以上,部分地方超过 2 000mm;但最少的年雨量却多在 1 000mm 以下,有的地方甚至不足 800mm,即最多年雨量可达最少年雨量的 2~3 倍。如岳阳 1977 年雨量 2 336mm,而 1968 年仅 787mm,前者约为后者的 3 倍。

气象上通常以降水变率来表示雨量年际变化的大小,全省各地年雨量的平均相对变率为 9%~19%,以湘北和湘南为最大,部分地方接近 20%,以湘中和湘西南部分地区为最小,低于 10%,其余大部分地区在 10%~15%。对于省内大部分地区来说,月雨量的平均相对变率比较大,1 月 30%~60%,4 月 25%~35%,7 月 40%~60%,10 月 40%~60%。另外,4~6 月雨量的平均变率大多在 30%~35%,7~9 月大多在 40%~65%,故湖南旱涝灾害均较频繁。

四、雨季开始时间差异明显

雨季开始预示着湖南省将进入一个雨水相对集中期,因此,掌握湖南省雨季开始变化规律对农业生产、电力及航运等部门都有着极其重要的影响。

雨季开始的标准是指日降水量≥30mm,或者 3d 总降水量≥50mm(本旬降水量为历年 2 倍)。达到其中一条,并且后两旬中任意一旬降水量超过历年平均值,即为雨季开始。湖南雨季存在以下几个特点:

(1)湖南雨季开始的趋势是湘南早于湘北,东部早于西部。雨季开始最早的是湘南,桂东雨季开始平均日期是 3 月 20 日,其次是永州,为 3 月 26 日。湘西北雨季开始最晚,吉首雨季开始的平均日期是 4 月 21 日,其次是沅陵的 4 月 20 日。湘南的郴州雨季开始的平均日期比湘西北的桑植早半个多月。同样处于湘北的岳阳与常德,雨季开始时间也有差异,东部的岳阳比常德平均早 5d 左右。

(2)各年雨季开始时间分布也极不规则,个别年份湘西北比湘南还来得早,如 1958 年湘西北的桑植 4 月 1 日,而郴州却在 4 月 21 日才进入雨季。同一站不同年份相差也较大,如长沙最早的雨季开始日期是 3 月 2 日(1953 年),最迟是

5月16日（1972年），相距2个多月。从总体情况看，3月份开始进入雨季的日期占32.3％，4月份占37.1％，5月占24％，6月份占6％，7月份占0.5％。这个统计数据表明：6、7两个月进入开始的日期概率是很小的，也就是说湖南省在3、4月进入雨季开始日期的几率是很大的。再者雨季年内变化存在一定的差异，没有一年是同时进入雨季的。

五、雨季结束时间南早北晚

雨季结束后，即将进入盛夏少雨季节。盛夏历年多高温干旱，必须抓好雨季结束前最后一两次大雨或暴雨的蓄水工作，以保证工业农业生产和人们生活对水、电的需要。

雨季结束的气候标准：指一次大雨降水后15d内总雨量不超过20.0mm，则无雨日的第一天为雨季结束日。

湘南雨季平均在6月下旬结束，湘中和洞庭湖区约在7月上旬，湘西约在7月中旬以及湘西北在7月下旬结束。

同雨季开始平均日期比较，雨季开始早的地区，平均结束日期也早，雨季开始晚的地方结束日期也晚。

湘南雨季主要在6月中下旬结束，占历年的66.7％，在6月底之前结束的保证率达70％左右；湘中和湘北的雨季分别在6月20日和6月20日至7月底结束，占历年的76.6％；湘西、湘西北雨季在6月底以后结束的分别占70％和76.6％。值得提出的是1980年，除湘南外各地雨季结束都较晚，大多在8月下旬结束，湘西北直到10月下旬才结束。这一年湖南是北涝南旱，湘中、湘北无伏旱，盛夏天气凉爽宜人。

雨季结束最早的时间在5月底至6月上旬，例如常德最早结束于5月28日（1956年），郴州在6月6日（1957年）。雨季结束最迟的日期相差很大，郴州、长沙分别是7月30日和7月24日常德、芷江、桑植分别在8月18日、9月22日和10月23日，有越接近湘西北山地结束越迟的趋势。值得指出的是，湘西北雨季结束最早与最晚的日期相差近5个月。实际上湘西北、湘西有40％的年份雨季结束不明显，基本上没有伏旱，这同山地盛夏容易有对流性降水发生、往往不易达到雨季的气候标准有关。

第五节　光照资源

太阳光是地球上生命活动的能量源泉，也是植物生长主要能源来源，农业生产就是通过绿色植物的光合作用把太阳光转化为潜能的过程。一个地区光资源的多少，常由太阳辐射和日照来评估。

　　人们根据各种植物对光照强弱要求的不同而把它们分为喜光作物和喜阴作物两大类。喜光作物是指在较强的光照条件下才能正常生长发育的植物；喜阴作物是指在较弱的光照条件下也能正常生长发育的植物。

　　若根据各种作物在其生长发育过程中对光照长短的要求来区分，则可分为长日照作物（如小麦、油菜、蚕豆）和短日照作物（如水稻、玉米、烟叶）两类。作物在不同的生长发育期对日照长短的要求是不同的，因而在作物栽培时，应根据作物对光照强弱和光照长短要求的特殊性，合理布局，适时播种，尽量改善光照条件，以达到高产稳产的目的。

一、日照时数

　　日照时数是指太阳实际照到地面的小时数，其长短受云雾、阴雨等天气条件和遮蔽状况的影响。

　　湖南境内年日照时数为 1 300～1 800h。分布的总趋势是洞庭湖地区最多，湘中、湘南次之，湘西最少，这是由于地形地势和云雾多少的影响所致。各年日照时数相差较大，如长沙多年平均日照时数为 1 700h 左右，最多年则达到2 124h，最少年却只有 1 400h，二者相差 700 多 h。

　　在一年中，日照时数各地皆以 2 月或 3 月最少，随后略有增加，7 月或 8 月达到最高峰，随后日照时数显著减少。

　　1 月日照时数全省为 50～100h，其中湘西及邵阳西南部不足 70h，洞庭湖区超过 90h，其他地区为 70～90h。

　　2 月日照时数大多为 50～90h，其中湘西、邵阳及永州西部不足 60h，洞庭湖区超过 80h，其他地区为 60～80h。

　　3 月日照时数大多为 60～110h，其中湘西边缘及永州南部少于 70h，洞庭湖区超过 90h，其他地区为 70～90h。

　　4 月日照时数大多为 70～130h，其中湘西边缘和湘南不足 100h，洞庭湖区多于 110h，其他地区为 100～110h。

　　5 月日照时数大多为 100～150h，其中湘西边缘及永州南部少于 110h，洞庭湖区超过 130h，其他地区为 110～130h。

　　6 月日照时数大多为 120～170h，其中湘西土家族苗族自治州、怀化南部及湘东南山地等地不足 140h，洞庭湖区、衡阳及郴州北部超过 160h，其他地区为40～170h。

　　7 月日照时数大多为 190～270h，其中张家界、湘西自治州、怀化南部及湘东南山地少于 220h，长沙、湘潭、株洲中北部衡阳及湘南中北部超过 260h，其他地区为 220～260h。

　　8 月日照时数大多为 180～250h，湘西北、湘西南、湘南南部及安化等地在

220h 以下湘江流域、洞庭湖区超过 230h，其他地区为 220～230h。

9 月日照时数大多为 130～190h，湘西北角不足 140h，怀化、邵阳两地中部、湘江流域及洞庭湖区超过 170h，其他地区在 140～170h 之间。

10 月日照时数大多为 110～160h，其分布态势呈东多西少，湘西、邵阳西南部及桃源至安化一线少于 130h，湘江流域及洞庭湖区多于 140h，其他地区为 130～140h。

11 月日照时数大多为 70～140h，呈西少东多的分布态势。湘西北少于 80h，洞庭湖区、株洲、永州及郴州南部多于 120h，其他地区为 80～120h。

12 月日照时数大多为 70～130h，呈西少东多的分布态势。湘西不足 70h，洞庭湖区、衡阳、永州及郴州南部超过 100h，其他地区在 70～100h 之间。

日照时数的季节分布特点是夏、秋多于冬、春，夏季最多，冬季最少（表 3-8）。

表 3-8　长沙代表站各季及年日照时数及日照百分率

站名	冬季 (12月至翌年2月)		春季 (3月至5月)		夏季 (6月至8月)		秋季 (9月至11月)		全年	
	时数 (h)	百分率 (%)	时数 (h)	百分率 (%)	时数 (h)	百分率 (%)	时数 (h)	百分率 (%)	时数 (h)	日照百分率 (%)
长沙	244.0	25	300.2	26	592.4	48	408.4	39	1 545.0	35

冬季日照时数总体上呈湘西少，湘东多的分布，湘西地区在 180～200h，洞庭湖区及湘东南山区超过 250h，其他地方为 200～250h。

春季冷空气南下后受南岭山脉的阻挡作用，造成湘南阴雨天气较多，日照不足。湘南南部不足 250h，湘江、资水下游及洞庭湖区超过 300h，其他大部分地区在 250～300h。日照时数的高值区比低值区相差可达 100h。

夏季大多数时间受副热带高压的稳定控制，多晴热少雨天气，因此，夏季是日照最多的季节。湘西北及湘东南山地低于 550h，其他地区在 550～610h。

秋季由于阴雨天气持续时间明显少于春季，因此，秋季日照时数比春季多100h 以上，这种光照充裕的气候条件有利于秋季作物的生长和成熟收割。秋季日照时数的地域呈东多西少的分布趋势，湘西地区为 350～400h，永州的中南部为 430～450h，其他大部分地区在 400～430h。

二、日照时数的年际变化

因受降水、云雾等气象条件的影响，日照时数的年际变化存在较大的差异，湘北的岳阳年日照时数变幅较大，年日照时数最多的年份可达 1 989.6h，最少的年份只有 1 165.6h，两者相差 824h。湘西的怀化年日照时数变化较平稳，年日照时数最多的年份为 1 679.9h，最少的年份为 1 255.8h，两者相差 424.1h。湘南的郴州除 1993 年、1994 年处于低谷外，其他年份日照时数变化也相对比较平稳，最多年份的日照时数为 1 659.2h，最少年份的日照时数仅为 1 029h，两者相差 630.2h。

三、日照百分率

日照百分率是指实际日照时数占可照时数的百分比，表明天空的晴朗程度。年日照百分率分布趋势与年日照时数基本一致：洞庭湖区最高，达 35％以上，湘西北不足 30％，其他地区在 30％～35％之间。一年之中，以夏季日照百分率最高，冬季日照百分率最低，春、秋两季次之。

冬季日照百分率湘西北不足 20％，湘江下游及洞庭湖区在 25％～30％，其他地区为 20％。

春季日照百分率洞庭湖区较多，湘西及湘南较少。湘西北及湘南大多在 24％以下，洞庭湖区在 27％以上，其他地区为 24％～27％。

夏季日照百分率是各季中最多的，除湘西北较少外，其他地方差异不明显。湘西北在 43％以下，其他地区为 45％～50％。

秋季日照百分率仅低于夏季，而高于冬、春两季。其中湘西北及湘南南部不足 35％，其他地区在 35％～41％。

四、太阳辐射

太阳辐射包含直接辐射和散射两种，太阳能一般以太阳总辐射来表示。影响太阳总辐射的因子主要是太阳高度角、大气透明度、云量等。湖南仅有长沙、常宁两个辐射观测站，为了求得太阳辐射在全省的地域分布，根据月日照百分率和理想大气中的月总辐射量，用回归统计方法，建立月总辐射量的经验公式，其计算公式如下：

$$Q = Q_0(0.621S_1 + 0.147)$$

式中 Q 为月总辐射量，以 MJ/m^2 为单位。

Q_0 是站纬度上理想大气中的月总辐射量。

S_1 为月日照百分率。

根据上式计算，湖南长沙代表站的太阳辐射量见表 3-9。

表 3-9　长沙代表站各月辐射总量（单位：MJ/m^2）

站名	1 月	2 月	3 月	4 月	5 月	6 月	7 月	8 月	9 月	10 月	11 月	12 月	全年
长沙	170.3	178.5	227.3	199.2	378.2	399.4	539.7	505.8	376.5	305.7	233.2	204.8	3 780.8

由于湖南地理纬度较低，太阳高度角较大，因而太阳照射到地面的辐射能量也较大，年总辐射量 3 330～4 040MJ/m²。湖南省太阳总辐射量的分布呈东多西少的态势。湘西北是太阳辐射低值区，年总辐射量不足 3 600MJ/m²，洞庭湖区及湘江流域（除湘东南外）等地为太阳辐射高值区，年辐射总量在 3 800MJ/m²以上，其中茶陵为最大，达 4 046MJ/m²，其他地区在 3 600～3 800MJ/m²之间。辐射总量这种地域上的差异，主要是由于各地的云雾多少不一和日照强弱不同的缘故造成的。

第六节　宁乡植烟土壤条件

一、全县植烟土壤养分状况

土壤养分含量是评价土壤肥力的重要标志，其丰缺状况和供应强度直接影响着烟草的生长发育及其烟叶品质。近些年来，湖南省烟叶产区的土壤资源和生态环境等因素发生了深刻的变化，烟叶的产量和品质也受到不同层次的影响。因此，此次调查湖南省各烟区土壤养分状况，并建立土壤养分数据库，分析土壤养分的变化趋势，对植烟土壤资源合理管理及烟草栽培中平衡施肥，全面提高烤烟产、质量均有着重要意义。

宁乡县位于湖南省东部偏北，长沙市西部，是湖南省重要的优质烟区之一，其烟草基地单元有喻家坳、横市、流沙河、大屯营、资福。从 2014 年 12 月开始，在宁乡县开展了植烟土壤养分调查工作，共采集土壤样品 162 个，分析了土壤 pH、有机质、全氮、全磷、全钾、碱解氮、有效磷、速效钾、交换性钙、交换性镁、有效硫、水溶性氯、有效铁、锰、铜、锌、硼、钼、阳离子交换量、铅、镉、铬、汞、砷、土壤质地等 26 项指标。通过参照湖南省第一次植烟土壤普查植烟土壤养分分级标准，结合主成分分析法和模糊综合评价法，提出此次植烟土壤养分分级标准（湖南省第二次植烟土壤普查土壤养分分级均参照此表执行）（表 3 - 10）。

表 3 - 10　湖南省植烟土壤养分分级标准

项目	级别				
	极低	低	适宜	高	极高
pH	<5.0	5.0～5.5	5.5～7.0	7.0～7.5	>7.5
有机质（水田）（g/kg）	<15	15～25	25～35	35～45	>45
有机质（旱土）（g/kg）	<10	10～15	15～25	25～35	>35
碱解氮（mg/kg）	<60	60～110	110～180	180～240	>240

（续）

项目	级别				
	极低	低	适宜	高	极高
速效磷（mg/kg）	<5	5～10	10～20	20～30	>30
速效钾（mg/kg）	<80	80～160	160～240	240～350	>350
交换性钙（cmol/kg）	<3	3～6	6～10	10～18	>18
交换性镁（cmol/kg）	<0.5	0.5～1.0	1.0～1.5	1.5～2.8	>2.8
有效硼（mg/kg）	<0.15	0.15～0.30	0.30～0.60	0.60～1.00	>1.00
有效锌（mg/kg）	<0.5	0.5～1.0	1.0～2.0	2.0～4.0	>4.0
有效铁（mg/kg）	<2.5	2.5～4.5	4.5～10	10～60	>60
有效铜（mg/kg）	<0.2	0.2～0.5	0.5～1	1～3	>3
有效锰（mg/kg）	<5	5～10	10～20	20～40	>40
有效硫（mg/kg）	<5	5～10	10～20	20～40	>40
有效钼（mg/kg）	<0.05	0.05～0.10	0.10～0.15	0.15～0.20	>0.20
水溶性氯（mg/kg）	<5	5～10	10～20	20～30	>30
全氮（g/kg）	<0.5	0.5～1.0	1.0～2.0	>2.0	
全磷（g/kg）	<0.5	0.5～1.0	1.0～1.5	>1.5	
全钾（g/kg）	<10	10～15	15～20	>20	
CEC（cmol/kg）	<5	5～10	10～20	20～30	>30
SFI	<0.45	0.45～0.55	0.55～0.65	0.65～0.75	>0.75

注：CEC 为阳离子交换量，SFI 为土壤综合肥力值，下同。

根据 2015 年宁乡县第二次植烟土壤普查报告，宁乡县共采集土壤样品 162
个，其中包括喻家坳、横市、流沙河、大屯营、资福 5 个基地单元。调查显示，
该地区植烟土壤质地以粉砂质黏土为主，还有部分壤质黏土、黏壤土、砂质黏壤
土、粉砂质黏壤土、砂质壤土。该地区植烟土壤养分分级状况见表 3-11。

表 3-11　宁乡县植烟土壤养分分级状况

项目	级别（%）					均值	标准差	2000 年值
	极低	低	适宜	高	极高			
pH	13.0	29.6	52.5	2.5	2.5	5.77	0.72	5.46
有机质（g/kg）	0.0	6.8	27.8	50.0	15.4	37.26	7.65	35.31
全氮（g/kg）	0.0	1.2	41.4	57.4	/	2.09	0.42	1.94
全磷（g/kg）	26.5	70.4	1.9	1.2	/	0.61	0.19	0.63
全钾（g/kg）	4.3	60.5	3.7	31.5	/	17.18	7.92	16.67
碱解氮（mg/kg）	0.0	3.7	48.1	46.9	1.2	173.63	37.65	156.38

项目	级别（%）					均值	标准差	2000 年值
	极低	低	适宜	高	极高			
有效磷（mg/kg）	0.0	8.0	29.6	25.9	36.4	30.92	25.24	11.55
速效钾（mg/kg）	10.5	37.7	37.0	13.0	1.9	169.05	73.74	90.07
交换性钙（cmol/kg）	0.0	8.0	52.5	34.6	4.9	10.34	6.18	6.80
交换性镁（cmol/kg）	0.0	35.8	50.6	13.6	0.0	1.15	0.35	0.94
有效硫（mg/kg）	0.0	4.3	36.4	48.8	10.5	27.26	22.10	25.17
有效锌（mg/kg）	0.0	3.1	31.5	51.2	14.2	2.84	1.76	1.41
有效铜（mg/kg）	0.0	0.0	0.0	29.6	70.4	3.55	1.00	2.78
有效锰（mg/kg）	0.6	4.3	32.1	34.6	28.4	30.40	17.41	24.45
有效铁（mg/kg）	0.0	0.0	0.0	3.1	96.9	198.65	81.76	143.58
有效硼（mg/kg）	0.6	7.4	51.2	36.4	4.3	0.57	0.20	0.22
有效钼（mg/kg）	9.3	40.7	40.7	6.2	3.1	0.12	0.12	0.10
水溶性氯（mg/kg）	77.2	9.3	11.7	1.9		3.07	4.99	14.77
CEC（cmol/kg）	0.0	11.1	53.7	29.6	5.6	18.09	6.81	/
SFI	0.0	0.6	16.7	64.2	18.5	0.69	0.06	/

宁乡县植烟土壤 pH 平均为 5.77，总的来说是比较适宜的。在适宜范围 5.5～7.0 内的土壤占 52.5%，但仍有 42.6% 的土壤 pH 小于 5.5，由此看来该县的土壤酸化情况还是比较严重的。土壤有机质含量较丰富，平均为 37.26g/kg，有 27.8% 的土壤有机质含量在适宜范围内，65.4% 的土壤有机质含量高于 35g/kg。土壤养分中，氮、磷比较丰富，有将近一半的土壤缺钾。中微量养分中比较缺乏的养分还有氯、钼、镁，尤其是氯在低和极低范围内的土壤所占比例达到了 86.4%。阳离子交换量平均值为 18.09cmol/kg，在适宜含量 10～20cmol/kg 范围内的土壤占 53.7%。

与 2000 年相比，宁乡县植烟土壤 pH 有所提高，土壤养分除了全磷和水溶性氯有所降低外，其他元素含量均有不同程度提高。

二、全县植烟土壤肥力综合评价

土壤综合肥力指标值（SFI）是一个反映土壤养分肥力状况的指标值，其大小表示土壤综合肥力的等级。本次土壤普查采用模糊综合评价法，计算 SFI 值，并确定了 SFI 的分级（表 3 - 10 和表 3 - 11）。

统计显示，宁乡县土壤综合肥力指标值为 0.69，处于高范围，其中有 16.7% 的土壤综合肥力指标值处于适宜范围，82.7% 的处于高—极高范围内，这说明该区域植烟土壤肥力中等偏上。

三、全县植烟土壤重金属污染情况

重金属超标、污染在水稻等作物上已经引起了社会各界的高度重视，尽管在烟草上未作为重点防护对象的指标，本次土壤普查中对全市的植烟土壤镉、铅、铬、汞、砷5项重金属指标进行了调查与分析，并确立单项和综合污染程度的分级标准（表3-12），旨在对植烟土壤重金属污染状况有所了解，以防患于未然。

表3-12　土壤重金属单项和综合污染程度分级标准

单项污染指数	污染程度	综合污染指数	污染程度
≤1	未污染	≤0.7	安全
1～2	轻度污染	0.7～1.0	警戒线
2～3	中度污染	1.0～2.0	轻度污染
>3	重度污染	2.0～3.0	中度污染
		>3.0	重度污染

从表3-13可以看出，镉污染指数平均值为1.06，处于轻度污染范围。除镉以外，铅、铬、汞、砷4项重金属单项污染指数平均值都小于1.00，各项指标均属于未污染范围。从分级情况来看，除铅和铬未污染外，其他均有不同程度的污染。其中镉污染较严重，有36.4%的土壤受到污染。综合污染指数平均值为0.84，处于警戒线内。该县植烟土壤处于安全范围内的比例为44.4%，应对重金属污染情况引起重视。

表3-13　宁乡县植烟土壤重金属污染程度分级情况

项目	污染程度（%）				平均值	标准差
	未污染	轻度污染	中度污染	重度污染		
镉污染指数	63.6	32.1	3.1	1.2	1.06	0.74
铅污染指数	100.0	0.0	0.0	0.0	0.17	0.05
铬污染指数	100.0	0.0	0.0	0.0	0.26	0.06
汞污染指数	98.8	1.2	0.0	0.0	0.52	0.21
砷污染指数	98.1	1.9	0.0	0.0	0.46	0.19

项目	污染程度（%）					平均值	标准差
	安全	警戒线	轻度污染	中度污染	重度污染		
综合污染指数	44.4	37.7	16.0	0.6	1.2	0.84	0.52

四、各植烟基地单元的土壤普查情况

(一) 喻家坳植烟基地单元

在此次土壤普查中，宁乡县喻家坳基地单元共采集了土壤样品 41 个。分析、统计结果表明（表 3-14），该基地单元植烟土壤 pH 平均为 5.91，总的来说是比较适宜的，有 63.4％的土壤 pH 在适宜范围 5.5～7.0 内，但仍有约 1/3 的土壤 pH 值小于 5.5。土壤有机质含量平均为 34.97g/kg，有 36.6％的土壤有机质含量在适宜范围 25～35g/kg 内，53.7％的土壤有机质含量高于 35g/kg。土壤养分中，氮、磷比较丰富，部分土壤缺钾，有 36.6％的土壤钾含量偏低。中微量元素中，氯、镁、钼比较缺乏，尤其是氯，有 97.6％的土壤处于低—极低范围内。阳离子交换量平均值为 18.95cmol/kg，在适宜含量 10～20cmol/kg 范围内的土壤占了 53.7％。土壤综合肥力指标值为 0.68，处于高范围。

表 3-14 宁乡县喻家坳基地单元植烟土壤养分分级状况

项目	级别 (%)					平均值	标准差
	极低	低	适宜	高	极高		
pH	2.4	31.7	63.4	0.0	2.4	5.91	0.62
有机质 (g/kg)	0.0	9.8	36.6	46.3	7.3	34.97	7.77
全氮 (g/kg)	0.0	4.9	51.2	43.9	/	1.88	0.39
全磷 (g/kg)	29.3	70.7	0.0	0.0	/	0.61	0.13
全钾 (g/kg)	4.9	73.2	12.2	9.8	/	13.74	3.73
碱解氮 (mg/kg)	0.0	2.4	46.3	51.2	0.0	177.72	31.43
有效磷 (mg/kg)	0.0	0.0	26.8	29.3	43.9	31.10	16.27
速效钾 (mg/kg)	0.0	36.6	58.5	4.9	0.0	176.09	48.90
交换性钙 (cmol/kg)	0.0	7.3	56.1	36.6	0.0	9.01	2.79
交换性镁 (cmol/kg)	0.0	65.9	29.3	4.9	0.0	0.97	0.22
有效硫 (mg/kg)	0.0	2.4	53.7	43.9	0.0	19.57	6.36
有效锌 (mg/kg)	0.0	4.9	31.7	48.8	14.6	2.81	1.48
有效铜 (mg/kg)	0.0	0.0	0.0	19.5	80.5	3.82	1.22
有效锰 (mg/kg)	0.0	2.4	31.7	41.5	24.4	28.87	15.01
有效铁 (mg/kg)	0.0	0.0	0.0	4.9	95.1	186.41	67.83
有效硼 (mg/kg)	0.0	2.4	39.0	58.5	0.0	0.61	0.15
有效钼 (mg/kg)	0.0	26.8	61.0	12.2	/	0.12	0.02
水溶性氯 (mg/kg)	92.7	4.9	2.4	0.0	0.0	1.37	2.44
CEC (cmol/kg)	0.0	4.9	53.7	39.0	2.4	18.95	6.22
SFI	0.0	0.0	12.2	82.9	4.9	0.68	0.04

由表3-15可知，镉污染指数平均值为1.15，处于轻度污染范围。除镉以外，铅、铬、汞、砷4项重金属单项污染指数平均值都小于1.00，各项指标均属于未污染范围。从分级情况来看，仅存在43.9%的镉污染。综合污染指数平均值为0.89，处于警戒线内，综合污染指数的贡献主要来源于镉污染。该基地单元植烟土壤处于安全范围内的仅为41.5%，应对重金属污染情况引起重视。

表3-15 宁乡县喻家坳基地单元植烟土壤重金属污染程度分级情况

项目	污染程度（%）				平均值	标准差
	未污染	轻度污染	中度污染	重度污染		
镉污染指数	56.1	39.0	4.9	0.0	1.15	0.55
铅污染指数	100.0	0.0	0.0	0.0	0.15	0.02
铬污染指数	100.0	0.0	0.0	0.0	0.27	0.05
汞污染指数	100.0	0.0	0.0	0.0	0.40	0.16
砷污染指数	100.0	0.0	0.0	0.0	0.43	0.09

项目	污染程度（%）					平均值	标准差
	安全	警戒线	轻度污染	中度污染	重度污染		
综合污染指数	41.5	26.8	29.3	2.4	0.0	0.89	0.38

（二）横市植烟基地单元

在此次土壤普查中，宁乡县横市基地单元共采集了土壤样品35个。分析、统计结果表明（表3-16），该基地单元植烟土壤pH平均为5.94，总的来说是比较适宜的。但在适宜pH范围5.5～7.0内的土壤只占57.1%，仍有超过1/3的土壤pH小于5.5，由此看来该基地单元的土壤酸化情况还是比较严重的。土壤有机质含量较丰富，平均为40.28g/kg，有85.7%的土壤有机质含量高于35g/kg。土壤养分中，氮、磷比较丰富，部分土壤缺钾，低—极低的土壤约占1/4。中微量养分中比较缺乏的养分还有氯、钼、镁、钙，尤其是氯在低—极低的土壤占到了88.6%。阳离子交换量平均值为16.14cmol/kg，处于适宜范围，在适宜含量10～20cmol/kg范围内的土壤占了60.0%。土壤综合肥力指标值为0.67，属于高范围。

由表3-17可知，镉污染指数平均值为1.09，处于轻度污染范围。除镉以外，铅、铬、汞、砷4项重金属单项污染指数平均值都小于1.00，各项指标均属于未污染范围。从分级情况来看，仅镉存在54.3%的轻度污染和2.9%的中度污染。综合污染指数平均值为0.85，处于警戒线内，综合污染指数的贡献主要来源于镉污染。该基地单元处于警戒线内的土壤有57.1%，处于轻度污染范围内的土壤有17.1%，应对重金属污染情况引起重视。

表 3-16　宁乡县横市基地单元植烟土壤养分分级状况

项目	级别（%）					平均值	标准差
	极低	低	适宜	高	极高		
pH	2.9	31.4	57.1	5.7	2.9	5.94	0.69
有机质（g/kg）	0.0	5.7	8.6	60.0	25.7	40.28	6.96
全氮（g/kg）	0.0	0.0	17.1	82.9	/	2.27	0.36
全磷（g/kg）	28.6	71.4	0.0	0.0	/	0.57	0.14
全钾（g/kg）	11.4	74.3	0.0	14.3	/	13.61	3.91
碱解氮（mg/kg）	0.0	2.9	17.1	77.1	2.9	194.02	29.68
有效磷（mg/kg）	0.0	5.7	34.3	17.1	42.9	29.57	18.05
速效钾（mg/kg）	8.6	17.1	42.9	31.4	0.0	200.77	70.11
交换性钙（cmol/kg）	0.0	25.7	20.0	42.9	11.4	10.49	6.14
交换性镁（cmol/kg）	0.0	42.9	57.1	0.0	0.0	1.03	0.29
有效硫（mg/kg）	0.0	5.7	34.3	45.7	14.3	25.65	12.64
有效锌（mg/kg）	0.0	2.9	20.0	77.1	0.0	2.60	0.76
有效铜（mg/kg）	0.0	0.0	0.0	11.4	88.6	3.67	0.67
有效锰（mg/kg）	2.9	14.3	42.9	8.6	31.4	25.26	18.44
有效铁（mg/kg）	0.0	0.0	0.0	0.0	100.0	207.93	81.60
有效硼（mg/kg）	0.0	5.7	42.9	42.9	8.6	0.62	0.20
有效钼（mg/kg）	2.9	40.0	51.4	5.7	0.0	0.11	0.03
水溶性氯（mg/kg）	80.0	8.6	11.4	0.0	0.0	2.47	3.94
CEC（cmol/kg）	0.0	17.1	60.0	20.0	2.9	16.14	6.13
SFI	0.0	0.0	34.3	54.3	11.4	0.67	0.07

表 3-17　宁乡县横市基地单元植烟土壤重金属污染程度分级情况

项目	污染程度（%）				平均值	标准差
	未污染	轻度污染	中度污染	重度污染		
镉污染指数	42.9	54.3	2.9	0.0	1.09	0.36
铅污染指数	100.0	0.0	0.0	0.0	0.15	0.02
铬污染指数	100.0	0.0	0.0	0.0	0.23	0.03
汞污染指数	100.0	0.0	0.0	0.0	0.64	0.17
砷污染指数	100.0	0.0	0.0	0.0	0.31	0.08

项目	污染程度（%）					平均值	标准差
	安全	警戒线	轻度污染	中度污染	重度污染		
综合污染指数	25.7	57.1	17.1	0.0	0.0	0.85	0.24

（三）流沙河植烟基地单元

在此次土壤普查中，宁乡县流沙河基地单元共采集了土壤样品 24 个。分析、统计结果表明（表 3-18），该基地单元植烟土壤 pH 偏低，平均为 5.15，土壤 pH 小于 5.5 的土壤占到了 91.7%，其中有 29.2% 的土壤 pH 小于 5.0，该基地单元的土壤酸化情况较严重。土壤有机质含量平均为 39.56g/kg，是较丰富的，有 91.7% 的土壤有机质含量大于 35g/kg。土壤养分中，氮、磷比较丰富，部分土壤缺钾，有 62.5% 的土壤钾含量偏低。中微量养分中比较缺乏的养分有氯和钼。阳离子交换量平均值为 13.79cmol/kg，在适宜含量 10～20cmol/kg 范围内的土壤占了 58.3%。土壤综合肥力指标值是 0.75，为高—极高范围的临界值，在高范围和极高范围的土壤比例各占一半。

由表 3-19 可知，镉、铅、铬、汞、砷 5 项重金属单项污染指数平均值都小于 1.00，各项指标均属于未污染范围。从 5 项指标分级情况来看，所有指标均处于安全范围。该基地单元植烟土壤综合污染指数平均值为 0.58，是比较安全的，有 91.7% 的土壤处于安全范围内。

表 3-18 宁乡县流沙河基地单元植烟土壤养分分级状况

项目	级别（%）					平均值	标准差
	极低	低	适宜	高	极高		
pH	29.2	62.5	8.3	0.0	0.0	5.15	0.21
有机质（g/kg）	0.0	0.0	8.3	79.2	12.5	39.56	4.59
全氮（g/kg）	0.0	0.0	20.8	79.2	/	2.18	0.27
全磷（g/kg）	45.8	50.0	4.2	0.0	/	0.53	0.13
全钾（g/kg）	0.0	0.0	0.0	100.0	/	29.86	7.04
碱解氮（mg/kg）	0.0	0.0	62.5	37.5	0.0	168.53	26.03
有效磷（mg/kg）	0.0	8.3	12.5	58.3	20.8	24.79	8.66
速效钾（mg/kg）	0.0	62.5	33.3	0.0	4.2	154.48	59.10
交换性钙（cmol/kg）	0.0	4.2	83.3	12.5	0.0	7.79	1.38
交换性镁（cmol/kg）	0.0	8.3	83.3	8.3	0.0	1.22	0.25
有效硫（mg/kg）	0.0	0.0	8.3	70.8	20.8	33.88	9.25
有效锌（mg/kg）	0.0	0.0	29.2	62.5	8.3	2.59	0.87
有效铜（mg/kg）	0.0	0.0	0.0	45.8	54.2	3.46	0.98
有效锰（mg/kg）	0.0	4.2	20.8	66.7	8.3	29.08	12.36
有效铁（mg/kg）	0.0	0.0	0.0	0.0	100.0	272.84	45.94
有效硼（mg/kg）	0.0	0.0	75.0	25.0	0.0	0.56	0.09
有效钼（mg/kg）	0.0	66.7	29.2	4.2	0.0	0.10	0.03
水溶性氯（mg/kg）	66.7	16.7	16.7	0.0	0.0	3.59	4.85
CEC（cmol/kg）	0.0	33.3	58.3	0.0	8.3	13.79	6.18
SFI	0.0	0.0	0.0	50.0	50.0	0.75	0.04

表 3-19　宁乡县流沙河基地单元植烟土壤重金属污染程度分级情况

项目	污染程度（%）				平均值	标准差
	未污染	轻度污染	中度污染	重度污染		
镉污染指数	100.0	0.0	0.0	0.0	0.68	0.12
铅污染指数	100.0	0.0	0.0	0.0	0.24	0.03
铬污染指数	100.0	0.0	0.0	0.0	0.20	0.04
汞污染指数	100.0	0.0	0.0	0.0	0.51	0.22
砷污染指数	100.0	0.0	0.0	0.0	0.41	0.16

项目	污染程度（%）					平均值	标准差
	安全	警戒线	轻度污染	中度污染	重度污染		
综合污染指数	91.7	8.3	0.0	0.0	0.0	0.58	0.12

（四）大屯营植烟基地单元

在此次土壤普查中，宁乡县大屯营基地单元共采集了土壤样品 30 个。分析、统计结果表明（表 3-20），该基地单元植烟土壤 pH 平均为 6.18，是比较适宜的，有 96.7% 的土壤 pH 在适宜范围 5.5～7.0 内。土壤有机质含量平均为 30.75g/kg，有 66.7% 的土壤有机质含量在适宜范围 25～35g/kg 内，20.0% 的土壤有机质含量高于 35g/kg。土壤养分中，氮、磷比较丰富，部分土壤缺钾，低—极低的土壤占 60.0%。中微量养分中比较缺乏的养分有氯和钼，还有少部分土壤缺硼、镁。阳离子交换量平均值为 24.54cmol/kg，是比较高的，在适宜含量 10～20cmol/kg 范围内的土壤占 20.0%，有 80.0% 的土壤阳离子交换量高于 20cmol/kg。土壤综合肥力指标值为 0.71，处于高范围。

由表 3-21 可知，镉、铅、铬、汞、砷 5 项重金属单项污染指数平均值都小于 1.00，各项指标均属于未污染范围。从 5 项指标分级情况来看，仅镉存在 20% 的轻度污染，其他指标均处于安全范围。该基地单元植烟土壤综合污染指数平均值为 0.69，接近安全范围的临界值 0.70，有 40.0% 的土壤处于警戒线内，应对重金属污染情况引起重视，防患于未然。

表 3-20　宁乡县大屯营基地单元植烟土壤养分分级状况

项目	级别（%）					平均值	标准差
	极低	低	适宜	高	极高		
pH	0.0	3.3	96.7	0.0	0.0	6.18	0.45
有机质（g/kg）	0.0	13.3	66.7	20.0	0.0	30.75	5.09
全氮（g/kg）	0.0	0.0	93.3	6.7	/	1.72	0.20

（续）

项目	级别（%）					平均值	标准差
	极低	低	适宜	高	极高		
全磷（g/kg）	16.7	83.3	0.0	0.0	/	0.60	0.11
全钾（g/kg）	3.3	93.3	3.3	0.0	/	12.58	1.64
碱解氮（mg/kg）	0.0	13.3	83.3	3.3	0.0	135.55	21.23
有效磷（mg/kg）	0.0	23.3	46.7	23.3	6.7	17.17	8.32
速效钾（mg/kg）	23.3	36.7	33.3	6.7	0.0	144.39	68.79
交换性钙（cmol/kg）	0.0	0.0	50.0	46.7	3.3	10.99	3.15
交换性镁（cmol/kg）	0.0	13.3	50.0	36.7	0.0	1.34	0.29
有效硫（mg/kg）	0.0	6.7	60.0	33.3	0.0	18.74	5.36
有效锌（mg/kg）	0.0	6.7	66.7	26.7	0.0	1.73	0.57
有效铜（mg/kg）	0.0	0.0	0.0	66.7	33.3	2.85	0.61
有效锰（mg/kg）	0.0	0.0	6.7	33.3	60.0	43.63	18.01
有效铁（mg/kg）	0.0	0.0	0.0	0.0	100.0	122.03	30.33
有效硼（mg/kg）	0.0	20.0	53.3	26.7	0.0	0.47	0.18
有效钼（mg/kg）	3.3	53.3	43.3	0.0	0.0	0.10	0.02
水溶性氯（mg/kg）	60.0	13.3	16.7	10.0	0.0	6.26	7.56
CEC（cmol/kg）	0.0	0.0	20.0	63.3	16.7	24.54	5.60
SFI	0.0	0.0	10.0	63.3	26.7	0.71	0.05

表3-21 宁乡县大屯营基地单元植烟土壤重金属污染程度分级情况

项目	污染程度（%）				平均值	标准差
	未污染	轻度污染	中度污染	重度污染		
镉污染指数	80.0	20.0	0.0	0.0	0.84	0.21
铅污染指数	100.0	0.0	0.0	0.0	0.14	0.01
铬污染指数	100.0	0.0	0.0	0.0	0.32	0.04
汞污染指数	100.0	0.0	0.0	0.0	0.51	0.17
砷污染指数	100.0	0.0	0.0	0.0	0.55	0.12

项目	污染程度（%）					平均值	标准差
	安全	警戒线	轻度污染	中度污染	重度污染		
综合污染指数	56.7	40.0	3.3	0.0	0.0	0.69	0.14

（五）资福植烟基地单元

在此次土壤普查中，宁乡县资福基地单元共采集了土壤样品 32 个。分析、统计结果表明（表 3-22），该基地单元植烟土壤 pH 平均为 5.48，是比较低的，在适宜 pH 范围 5.5～7.0 内的土壤只占 25.0％，有 62.5％的土壤 pH 小于 5.5，由此看来该基地单元的土壤酸化情况是比较严重的。土壤有机质含量平均为 41.25g/kg，是比较丰富的，有 15.6％的土壤有机质含量在适宜范围 25～35 g/kg 内，有 81.3％的土壤有机质含量高于 35g/kg。土壤养分中，氮、磷比较丰富，部分土壤缺钾，低—极低的土壤约占 2/3。中微量养分中比较缺乏的养分还有氯、钼、镁，还有少部分土壤缺硼。阳离子交换量平均值为 16.30cmol/kg，处于适宜范围，在适宜含量 10～20cmol/kg 范围内的土壤占了 75.0％。土壤综合肥力指标值为 0.68，处于高范围。

由表 3-23 可知，镉污染指数平均值为 1.41，处于轻度污染范围。除镉以外，铅、铬、汞、砷 4 项重金属单项污染指数平均值都小于 1.00，各项指标均属于未污染范围。从分级情况来看，镉存在 34.4％的轻度污染、6.3％的中度污染、6.3％的重度污染；汞存在 3.1％的轻度污染；砷存在 9.4％的轻度污染。综合污染指数平均值为 1.11，处于轻度污染。该基地单元植烟土壤处于安全范围的比例仅为 21.9％，应对重金属污染情况引起重视。

表 3-22　宁乡县资福基地单元植烟土壤养分分级状况

项目	级别（%）					平均值	标准差
	极低	低	适宜	高	极高		
pH	37.5	25.0	25.0	6.3	6.3	5.48	0.92
有机质（g/kg）	0.0	3.1	15.6	50.0	31.3	41.25	7.35
全氮（g/kg）	0.0	0.0	21.9	78.1	/	2.42	0.38
全磷（g/kg）	15.6	71.9	6.3	6.3	/	0.75	0.31
全钾（g/kg）	0.0	43.8	0.0	56.3	/	20.28	8.17
碱解氮（mg/kg）	0.0	0.0	40.6	56.3	3.1	185.61	46.18
有效磷（mg/kg）	0.0	6.3	25.0	9.4	59.4	49.64	43.73
速效钾（mg/kg）	21.9	43.8	9.4	18.8	6.3	159.38	103.43
交换性钙（cmol/kg）	0.0	0.0	62.5	28.1	9.4	13.16	10.96
交换性镁（cmol/kg）	0.0	31.3	46.9	21.9	0.0	1.32	0.48
有效硫（mg/kg）	0.0	6.3	15.6	56.3	21.9	41.88	42.57

（续）

项目	级别（%）					平均值	标准差
	极低	低	适宜	高	极高		
有效锌（mg/kg）	0.0	0.0	12.5	40.6	46.9	4.36	2.84
有效铜（mg/kg）	0.0	0.0	0.0	15.6	84.4	3.79	1.03
有效锰（mg/kg）	0.0	0.0	53.1	31.3	15.6	26.59	16.61
有效铁（mg/kg）	0.0	0.0	0.0	9.4	90.6	220.35	91.28
有效硼（mg/kg）	3.1	9.4	56.3	18.8	12.5	0.57	0.30
有效钼（mg/kg）	40.6	28.1	9.4	6.3	15.6	0.17	0.27
水溶性氯（mg/kg）	78.1	6.3	15.6	0.0	0.0	2.53	4.39
CEC（cmol/kg）	0.0	6.3	75.0	18.8	0.0	16.30	5.38
SFI	0.0	3.1	21.9	62.5	12.5	0.68	0.06

表 3-23　宁乡县资福基地单元植烟土壤重金属污染程度分级情况

项目	污染程度（%）				平均值	标准差
	未污染	轻度污染	中度污染	重度污染		
镉污染指数	53.1	34.4	6.3	6.3	1.41	1.39
铅污染指数	100.0	0.0	0.0	0.0	0.20	0.05
铬污染指数	100.0	0.0	0.0	0.0	0.25	0.08
汞污染指数	96.9	3.1	0.0	0.0	0.56	0.26
砷污染指数	90.6	9.4	0.0	0.0	0.59	0.30

项目	污染程度（%）					平均值	标准差
	安全	警戒线	轻度污染	中度污染	重度污染		
综合污染指数	21.9	50.0	21.9	0.0	6.3	1.11	1.00

五、全县烟草施肥方案

宁乡县烟草施肥方案建议：宁乡县烟草施肥现状见表 3-24，该市目前烟草施肥 $N：P_2O_5：K_2O$ 总用量比为 9.5：10.3：23.85（kg/亩）。根据上面的土壤养分分析、统计结果可以看出，宁乡县目前植烟土壤中氮含量比较适宜、磷含量偏高、钾含量比较缺乏，同时中微量养分中氯、钼、镁含量也比较缺乏。因此建议宁乡县今后的烟草施肥中氮用量可保持目前的施肥水平，适当减少磷肥的用量，提高钾肥的用量，增施氯、钼、镁等中微量元素肥料，对 pH 较低的土壤可适量施用石灰加以调节。增施用量可参考氯化钾 2.0～3.0kg/亩、钼酸铵 $[(NH_4)_6 Mo_7 O_{24} \cdot 4H_2O]$ 0.1～0.2kg/亩、硫酸镁（$MgSO_4 \cdot 7H_2O$）7.5～15.0kg/亩等（以上肥料均做基肥施用）。

表 3 - 24　宁乡县烟草施肥现状

施肥情况		肥料名称	养分含量（%） （$N - P_2O_5 - K_2O$）	用量 （kg/亩）	施肥时间 （日/月）	施肥方法/ 方式
基肥	有机肥	饼肥	4 - 2 - 2	15	10/3～17/3	条施
	磷肥	钙镁磷肥	0 - 12 - 0	20	10/3～17/3	条施
	钾肥	硫酸钾	0 - 0 - 50	15	25/4～1/5	条施
	复合肥	专用基肥	8 - 11 - 11	65	10/3～17/3	条施
追肥	氮肥	提苗肥	20 - 9 - 0	5	5/4～15/4	淋施或穴施
	钾肥	硝酸钾	13.5 - 0 - 44.5	20	25/4～1/5	淋施或穴施
$N - P_2O_5 - K_2O$ 总施用量（kg/亩）				9.5 - 10.3 - 23.85		

第七节　宁乡晒黄烟质量状况

通过对宁乡目前具有规模的代表性烟叶采集和质量分析鉴定，明确产区烟叶质量现状。采集有代表性的烟叶样品，以自然环境条件因素及栽培调制因素，包括：品种、气象因素、土壤类型、地形地貌、海拔高度、成土母岩、母质、施肥水平等，同时以晒黄烟种植乡（镇）种植面积作为选点取样必须考虑的因素，得出表 3 - 25 至 3 - 31。

采集点选择的依据：原则上先按大区分类：海拔、土壤类型等分区分类，再按晒黄烟种植的乡（镇）、面积细分，以产区主栽优质品种为主，具有发展潜力的辅助品种为辅。

烟叶样品采集地点：选择宁乡县 7 个种植晒黄烟的乡镇；每个乡镇按照海拔、土壤类型等有差异的生态因素分别取样；每个取样点分别采集中部和上部烟叶各一份作为烟叶样品（所取样品要尽可能代表取样区的同等级烟叶的品质，部位要标准，成熟度要好，样品采集后由县公司统一进行等级平衡）。

一、湖南宁乡晒黄烟样品外观质量分析

（一）湖南宁乡晒黄烟上部烟叶样品外观质量分析

从表3-25中2011年上部烟叶样品数据可知，宁乡巷子口所产晒黄烟叶片大，色泽均匀，有典型虎皮斑；宁乡朱良桥烟叶色泽均匀，叶面呈典型虎皮斑状；宁乡资福叶片大，色泽均匀，呈典型虎皮斑。从2012年上部烟叶样品数据可知，坝塘乡烟叶颜色均匀，成熟度好，油分较足；菁华铺烟叶颜色均匀，叶片较大；沙田烟叶叶面颜色均匀，色域略宽；巷子口烟叶叶面颜色均匀，有油分，弹性较好；偕乐桥烟叶叶面颜色均匀，成熟度差，光泽较暗，油分不足，但闻香突出；资福乡烟叶颜色均匀，成熟度较好。综合两年结果来看，资福乡和坝塘乡所产上部烟叶外观质量较好，主要表现在油分和成熟度两个方面。

表3-25　湖南宁乡晒黄烟上部烟叶样品外观鉴定结果-1

年份	乡镇	品种	等级	外观综合质量
2011	巷子口	不详	上二	叶片大，色泽均匀，有典型虎皮斑，个别叶片背面含青
	朱良桥	不详	上二	色泽均匀，叶面呈典型虎皮斑状，金黄叶片略僵硬
	资福	不详	上二	叶片大，部位明显，色泽均匀，呈典型虎皮斑，基部多数含青
	宁乡	不详	上一	身份稍厚，个别支脉含青，色泽欠均匀
			上三	光泽偏暗，个别主脉支脉含青，正反色差大，背面含青较重
2012	坝塘	寸三皮	上二	颜色均匀，成熟度好，油分较足，叶片略僵硬，个别叶面含青
	菁华铺	寸三皮	上二	颜色均匀，个别叶片支脉含青，叶片较大
	沙田	寸三皮	上二	叶面颜色均匀，色域略宽，部分基部支脉含青，个别叶片含青
	巷子口	寸三皮	上二	叶面颜色均匀，有油分，弹性较好，30%叶片支脉含青
	偕乐桥	寸三皮	上二	叶面颜色均匀，成熟度差，光泽较暗，油分不足，叶片基本主支脉含青，闻香突出
	资福	寸三皮	上二	颜色均匀，成熟度较好

表 3 - 26　湖南宁乡晒黄烟上部烟叶样品外观鉴定结果 - 2

年份	产地	品种	等级	颜色	成熟度	身份	叶片结构	油分	含青度	细致程度	光泽强度	弹性
2011	朱良桥		上二	金黄30%、深黄70%	成熟	稍厚一	疏松一尚松	多一	80%不含青、20%含青<5%	稍粗	尚鲜亮	好一较好
	老子口		上二	金黄20%、深黄80%	成熟	中等一稍厚	尚疏松一稍密	多一	不含青	稍粗	稍暗	较好
	资福		上三	金黄5%、深黄95%	成熟	稍厚	尚疏松	多一	70%不含青、30%含青<5%	稍粗	尚鲜亮一稍暗	较好
	宁乡		上三	深黄	成熟70%、尚熟30%	稍厚-50%、稍厚20%、中等30%	疏30%、尚疏70%	稍有30%、有70%	10%	粗	稍暗	一般
2012	宁乡		上一	浅深深黄	成熟90%、尚熟10%	稍厚-80%、中等20%	疏松50%、尚疏松50%	有	5%	稍粗	尚鲜亮	较好
	坝塘	寸三皮	上二	深黄80%、红黄20%	成熟85%、尚熟15%	稍厚	尚疏松	多40%、有60%	<8%	稍粗80%、粗20%	稍暗80%、较暗20%	较好
	菁华铺		上二	深黄	成熟70%、尚熟30%	稍厚-20%、稍厚80%	尚疏松	有	<10%	稍粗	稍暗	好60%、较好40%
	沙田		上二	金黄+10%、深黄30%、土黄60%、红棕20%	成熟70%、尚熟30%	稍厚一	疏松	有	<10%	稍粗	稍暗	好
	老子口		上二	深黄40%、红黄40%、红黄20%	成熟70%、尚熟30%	中等+	疏松	有	<10%	稍粗80%、粗20%	稍暗80%、较暗20%	好80%、较好20%
	偕乐桥		上二	红黄40%、红棕60%	尚熟80%、成熟20%	稍厚-40%、稍厚60%	尚疏松	多30%、有70%	<22%	稍粗	稍暗80%、较暗60%	较好
	资福		上二	红黄	成熟	稍厚	尚疏松	多70%、有30%	<3%	稍粗	稍暗	好30%、较好70%

（二）湖南宁乡晒黄烟中下部烟叶样品外观质量分析

表 3-27 湖南宁乡晒黄烟中下部烟叶样品外观鉴定结果-1

年份	乡镇	品种	等级	外观综合质量
2011	巷子口	不详	中二	叶片大，色泽均匀，身份适中，叶面均匀不同程度虎皮斑
	朱良桥		中二	色泽均匀，正反面色泽相近，个别叶片基部含青，叶背含有浮青，有虎皮斑
	资福		中二	叶片大，颜色均匀，正反面色差小，叶面有虎皮斑
			中二	叶片宽大，色泽均匀，个别背面含青，身份偏薄，个别叶片含死青斑块
			中三	混部位，光泽暗，个别叶片背面含青严重，油分不足，下部身份均偏薄
2012	宁乡	不详	中一	个别主支脉含青，色泽均匀，正反色差小，叶片含成熟斑
			中二	色泽欠均匀，个别叶片含死青斑块，正反色差大
			中三	身份偏薄，油分不足，弹性差，正反色差大，光泽较暗
			下一	身份偏薄，油分不足，弹性差，内含物欠充实，正反色差大
			下二	身份偏薄，油分不足，弹性差，内含物欠充实，正反色差大
	坝塘	寸三皮	中三	颜色均匀，成熟度较好，部分叶片偏薄，干燥，也别叶面含成片青痕
	菁华铺		中三	颜色较均匀，身份偏薄，含下部叶，光泽较暗，弹性一般，个别叶片主支脉含青
	沙田		中三	身份偏薄，光泽鲜亮
	巷子口		中三	颜色均匀，成熟度好，弹性较好，油分较足
	偕乐桥		中三	颜色好，成熟度好，光泽鲜亮，个别叶面含片状青痕，叶片大
	朱良桥		中三	颜色均匀，叶片薄，油分少，弹性差，光泽暗，个别叶片主支脉含青
	资福		中三	色域宽，油分少，干燥，弹性一般，部分叶片叶面含片青痕，身份偏薄

表3-28 湖南宁乡晒黄烟中下部烟叶样品外观鉴定结果-2

年份	产地	品种	等级	颜色	成熟度	身份	叶片结构	油分	含青度	细致程度	光泽强度	弹性
	宁乡		下二	浅土红	成熟75%、尚熟25%	稍薄70%、薄30%	尚疏70%、稍密30%	稍有30%、少70%	6%	细致	尚鲜亮	差
	宁乡		下一	土红	成熟85%、尚熟15%	中等20%、稍薄80%	疏松	有10%、稍有90%、稍有10%	4%	细致	较鲜亮	差
	巷子口		中二	金黄70%、深黄30%	成熟	中等	疏松	多	不含青	细致—尚细致	鲜亮	好
2011	朱良桥		中二	金黄80%、深黄20%	成熟—尚未成熟	中等	尚疏松—疏松	多	30%不含青、70%含青≤5%	细致—尚细致	鲜亮—尚鲜亮	好
	资福		中二	金黄60%、深黄40%	成熟	中等	疏松	多	不含青	尚细	鲜亮	好
	宁乡		中二	土红（浅深黄）	深80%成熟、20%尚熟	稍厚15%、中等65%、稍薄20%	疏松	多30%、有70%	3%	细致	较鲜亮	好30%、较好70%
	宁乡		中二	浅深黄	成熟90%、尚熟10%	中等90%、稍薄10%	稍疏松	多10%、有80%、稍有10%	7%	较细致	尚鲜亮	较好
	宁乡		中三	土红（浅深黄）	70%成熟、30%尚熟	稍厚20%、中等50%、稍薄30%	疏松	有80%、稍有20%	7%	较细致	尚鲜亮	一般

（续）

年份	产地	品种	等级	颜色	成熟度	身份	叶片结构	油分	含青度	细致程度	光泽强度	弹性
2011	宁乡		中三	浅深黄（土红）	成熟80%，尚熟20%	中等70%，稍薄30%	疏松	有80%，有20%，稍多40%	9%	较细致	稍暗	一般
	宁乡坝塘	寸三皮	中一 中三	浅深黄 深黄	成熟95%，尚熟5%	中等70%，稍薄30%	疏松 尚熟	有60% 有	2% ≤3%	细致 尚细	较鲜亮 尚鲜亮	好 好70%，较好30%
	菁华铺		中三	深黄20%，红黄80%	成熟85%，尚熟15%	中等40%，稍薄60%	疏松90%，稍密10%	有	≤7%	尚细40%，稍粗60%	尚鲜亮40%，稍暗60%	较好
	沙田		中三	深黄－（土红）40%，深黄20%，红黄40%	成熟85%，尚熟15%	中等60%，中等－40%	疏松	有	≤10%	尚细60%，稍粗40%	尚鲜亮40%，稍暗60%	较好60%，好40%
2012	老子口		中三	红黄	成熟	中等60%，中等－40%	疏松	有	≤3%	尚细	尚鲜亮40%，稍暗60%	好
	偕乐桥		中三	深黄－20%，深黄80%	成熟	中等	疏松	有	≤2%	细40%，尚细60%	鲜亮20%，尚鲜亮80%	好80%，较好20%
	朱良桥		中三	金黄5%，深黄95%	成熟90%，尚熟10%	稍薄90%，薄10%	疏松90%，稍密10%	稍有80%，少20%	≤6%	细	稍暗	一般80%，差20%
	资福		中三	金黄＋10%，土黄10%，深黄80%	成熟80%，尚熟20%	中等40%，稍薄60%	疏松90%，稍密10%	有40%，有60%	稍≤10%	细60%，细40%	鲜亮40%，尚鲜亮60%，尚	较好40%，一般60%

从表3-27可以看出，宁乡巷子口中部烟叶叶片大，色泽均匀，身份适中，叶面均匀不同程度虎皮斑；宁乡朱良桥中部烟叶色泽均匀，正反面色泽相近，个别叶片基部含青，叶背含有浮青，有虎皮斑；宁乡资福烟叶叶片大，颜色均匀，正反面色差小，叶面有虎皮斑。

从2012年数据看，坝塘烟叶颜色均匀，成熟度较好，部分叶片偏薄；菁华铺烟叶颜色较均匀，身份偏薄，含下部叶，光泽较暗，弹性一般；沙田烟叶身份偏薄，光泽鲜亮；巷子口烟叶颜色均匀，成熟度好，弹性较好，油分较足；偕乐桥烟叶颜色好，成熟度好，光泽鲜亮，个别叶面含片状青痕，叶片大；朱良桥烟叶颜色均匀，叶片薄，油分少，弹性差，光泽暗，个别叶片主支脉含青；资福烟叶色域宽，油分少，干燥，弹性一般，部分叶片叶面含成片青痕，身份偏薄。

综合来看，巷子口、朱良桥和偕乐桥所产中部烟叶外观质量较好，资福乡和塘坝乡次之，其他乡镇再次之。

二、湖南宁乡晒黄烟样品常规化学成分分析

从表3-29中数据可知，所取27份晒黄烟样品的两糖含量偏低，总氮含量偏高，糖碱比偏低，氮碱比偏高；其他常规化学成分含量基本在适宜范围内。还原糖含量3.76%～11.10%，均值7.80%；总糖含量4.72%～12.10%，均值8.70%；烟碱含量2.17%～6.03%，均值3.56%；总氮含量2.74%～3.70%，均值3.15%；钾含量2.16%～4.28%，平均2.29%；氯含量0.05%～1.46%，平均0.70%；糖碱比1.08%～3.24%，平均2.29%；氮碱比0.53%～1.49%，平均0.93%；钾氯比1.80%～47.20%，平均7.11%。与烤烟相比，两糖含量降低，烟碱含量相近，糖碱比略偏低。

表3-29 湖南宁乡晒黄烟样品常规化学成分

年份	产地	部位	品种	还原糖（%）	总糖（%）	烟碱（%）	总氮（%）	钾（%）	氯（%）	糖碱比	氮碱比	钾氯比
2011	巷子口	中二	寸三皮	9.48	10.3	3.16	2.96	2.90	1.21	3.00	0.94	2.40
		上二		9.65	10.6	4.04	2.98	2.63	1.46	2.39	0.74	1.80
	朱良桥	中二		11.1	12.1	3.43	2.84	2.67	0.85	3.24	0.83	3.14
		上二		9.22	10.1	4.14	3.18	2.28	0.91	2.23	0.77	2.51
	资福	上二		10.8	11.6	3.74	3.03	2.26	0.83	2.89	0.81	2.72
		中二		9.48	10.2	3.58	3.03	2.36	0.63	2.65	0.85	3.75
	宁乡	中二		7.23	8.23	3.48	3.31	3.53	0.70	2.08	0.95	5.04
		中三		9.46	10.5	3.16	2.94	3.24	1.20	2.99	0.93	2.70
2012	宁乡	中一	寸三皮	7.80	8.75	3.83	3.10	3.16	1.36	2.04	0.81	2.32
		中二		7.45	8.39	3.08	3.13	3.72	0.85	2.42	1.02	4.38

（续）

年份	产地	部位	品种	还原糖 (%)	总糖 (%)	烟碱 (%)	总氮 (%)	钾 (%)	氯 (%)	糖碱比	氮碱比	钾氯比
2012	宁乡	中三	寸三皮	6.89	7.73	2.84	3.40	4.03	0.81	2.43	1.20	4.98
		上一		5.70	6.57	3.87	3.24	3.21	0.94	1.47	0.84	3.41
		上三		5.66	6.53	4.35	3.46	2.57	0.74	1.30	0.80	3.47
		下一		6.66	7.50	2.50	3.58	4.28	0.49	2.66	1.43	8.73
		下二		6.10	6.82	2.47	3.68	4.20	0.35	2.47	1.49	12.00
	菁华铺	中三		3.76	4.72	3.47	3.18	2.36	0.05	1.08	0.92	47.20
		上二		8.90	10.1	4.19	2.96	2.77	0.60	2.12	0.71	4.62
	坝塘	中三		6.86	8.05	2.76	3.02	3.61	1.26	2.49	1.09	2.87
		上二		7.43	8.89	6.03	3.18	2.16	0.64	1.23	0.53	3.38
	资福	中三		6.36	7.20	4.17	3.36	2.79	0.44	1.53	0.81	6.34
		上二		6.89	7.77	2.17	2.74	4.22	0.31	3.18	1.26	13.61
	偕乐桥	中三		7.93	8.64	2.74	3.14	3.43	0.60	2.89	1.15	5.72
		上二		5.94	6.60	4.34	3.70	2.60	0.30	1.37	0.85	8.67
	沙田	中三		8.65	9.42	3.09	2.78	3.06	0.28	2.70	0.90	10.93
		上二		8.58	9.27	3.80	2.92	2.67	0.51	2.26	0.77	5.24
	巷子口	中三		8.37	9.04	3.15	3.04	3.70	0.38	2.66	0.97	9.74
		上二		8.13	9.15	4.43	3.14	2.75	0.27	1.84	0.71	10.19

三、湖南宁乡晒黄烟样品感官评吸质量分析

从表3-30中烟叶样品评吸质量各项指标得和总评吸得分看，2012年宁乡各乡镇晒黄烟样品感官评吸质量总分基本都高于2011。偕乐桥、沙田、巷子口三地烟叶质量上乘，其他产地烟叶样品评吸质量稍次之。从香型彰显程度和使用价值看（表3-31），沙田、巷子口、菁华铺三地烟叶优势明显，其他产地烟叶样品稍次之。综合来看，沙田、巷子口感官评吸质量为优，其他稍次之。

表3-30　湖南宁乡晒黄烟样品感官评吸质量-1

年份	产地	部位	香气质 15	香气量 25	浓度 10	余味 20	杂气 10	刺激性 10	燃烧性 5	灰色 5	得分 100
2011	巷子口	中二	11.00	19.70	7.30	15.90	7.00	7.30	3.00	2.80	74.0
		上二	10.30	18.60	7.10	15.10	6.20	6.40	3.00	2.60	69.3
	朱良桥	中二	10.80	19.00	7.40	15.50	6.50	7.30	3.00	2.80	72.3
		上二	10.40	18.70	7.20	15.30	6.20	6.40	2.60	2.60	69.8

（续）

年份	产地	部位	香气质 15	香气量 25	浓度 10	余味 20	杂气 10	刺激性 10	燃烧性 5	灰色 5	得分 100
2011	资福	上二	10.80	19.10	7.30	15.70	6.70	7.20	3.00	2.60	72.4
		中二	10.50	18.70	7.40	15.10	6.40	7.10	3.00	2.80	71.0
	宁乡	中二	11.00	19.10	7.30	15.10	6.40	7.50	3.00	2.30	71.7
		中三	11.20	19.50	7.20	15.50	6.70	7.60	3.00	2.30	73.0
2012	宁乡	中一	11.30	19.70	7.40	15.50	6.90	7.40	3.00	2.40	73.6
		中二	11.20	19.60	7.20	15.50	7.00	7.30	3.00	2.40	73.2
		中三	11.00	19.60	7.20	15.20	6.80	7.10	3.00	2.40	72.3
		上一	11.20	20.00	7.30	15.70	7.10	7.50	3.00	2.40	74.2
		上三	10.90	19.30	7.30	15.30	6.60	7.10	3.00	2.40	71.9
		下一	11.20	19.80	7.30	15.80	7.10	7.50	3.00	2.70	74.5
		下二	11.10	19.60	7.30	15.40	6.80	7.50	3.00	2.70	73.4
	菁华铺	中三	11.40	20.50	7.50	16.20	6.90	6.80	3.40	3.00	75.7
		上二	10.90	19.20	7.20	15.70	6.50	6.90	2.90	2.70	72.0
	坝塘	中三	11.00	19.30	7.20	16.10	6.90	6.90	3.40	2.80	73.6
		上二	11.30	19.80	7.40	16.20	6.80	7.10	2.60	2.50	73.7
	资福	中三	11.20	20.10	7.50	15.90	6.70	7.20	3.40	3.00	74.6
		上二	11.20	19.30	7.10	15.90	6.80	7.20	2.70	3.00	73.2
	偕乐桥	中三	11.30	19.60	7.20	16.20	7.10	7.40	3.20	2.80	74.8
		上二	11.30	19.40	7.40	16.10	6.90	7.10	2.90	2.90	74.0
	沙田	中三	11.50	19.90	7.40	16.40	7.20	7.40	3.20	2.80	75.6
		上二	11.00	19.00	6.90	15.90	6.70	7.20	2.90	2.80	72.4
	巷子口	中三	10.80	19.60	7.40	15.60	6.50	6.70	3.20	2.80	72.6
		上二	11.60	19.80	7.40	16.50	7.20	7.20	2.90	2.80	75.4

表 3-31　湖南宁乡晒黄烟样品感官评吸质量-2

年份	产地	部位	风格	程度	劲头	质量档次	使用价值
2011	巷子口	中二	调味晒黄烟	较显	适中+	中等+	中高档烤烟混合型卷烟
		上二		微有	适中+	中等一	低档烤烟混合型卷烟
	朱良桥	中二		有+	适中+	中等	中档烤烟混合型卷烟
		上二		有一	适中+	中等一	适合中低档烤烟混合型卷烟
	资福	上二		有	适中+	中等	中低档烤烟混合型卷烟
		中二		有	适中+	中等	中低档烤烟混合型卷烟

（续）

年份	产地	部位	风格	程度	劲头	质量档次	使用价值
	宁乡	中二		有＋	适中＋	中等	中档烤烟混合型
		中三		较显－	适中＋	中等＋	中高档烤烟混合型
		中一		较显＋	较大－	中等＋	中高档烤烟混合型
		中二		较显	适中＋	中等＋	中高档烤烟混合型
		中三		较显－	较大－	中等	中高档烤烟混合型
	宁乡	上一		较显＋	适中＋	中等＋	中高档烤烟混合型
		上三		有＋	较大＋	中等	中档烤烟混合型
		下一		较显	适中＋	中等＋	中高档烤烟混合型
		下二		较显－	适中＋	中等＋	中档烤烟混合型
2012	菁华铺	中三		较显＋	适中＋	较好	混烤、烤烟、混合型卷烟
		上二		较显	适中＋	中等	混烤、烤烟、混合型卷烟
	坝塘	中三		较显	适中＋	中等＋	混烤、烤烟、混合型卷烟
		上二		较显	适中＋	中等＋	混烤、烤烟、混合型卷烟
	资福	中三		显著	较大－	中等＋	混烤、烤烟、混合型卷烟
		上二		较显	适中＋	中等＋	混烤、烤烟、混合型卷烟
	偕乐桥	中三		较显	适中＋	中等＋	混烤、烤烟、混合型卷烟
		上二		较显	适中＋	中等＋	混烤、烤烟、混合型卷烟
	沙田	中三		较显＋	适中	较好－	混烤、烤烟、混合型卷烟
		上二		较显－	适中	中等	混烤、烤烟、混合型卷烟
	巷子口	中三		较显	较大－	中等	混烤、烤烟、混合型卷烟
		上二		较显＋	适中＋	较好－	混烤、烤烟、混合型卷烟

四、结论

综合来看，巷子口、朱良桥和偕乐桥所产中部烟叶外观质量较好，资福乡和塘坝乡次之，其他乡镇再次之。其中：巷子口烟叶颜色均匀，成熟度好，弹性较好，油分较足；偕乐桥烟叶颜色好，成熟度好，光泽鲜亮；朱良桥烟叶颜色均匀，金黄为主，油分多。与广西贺州晒黄烟烟叶样品相比，湖南宁乡晒黄烟两糖含量偏低，总氮含量偏高，糖碱比偏低，氮碱比偏高；其他常规化学成分含量基本在适宜范围内。沙田、巷子口烟叶质量上乘，感官评吸质量为优，香型彰显程度和使用价值均高于其他乡镇，其他产地烟叶样品稍稍次之。

第八节　宁乡晒黄烟主要气象灾害

一、冬季严寒和冰冻

以日平均气温≤0℃，连续 5d 或 5d 以上为严寒期指标，有时还会出现程度不同的冰雪天气；出现日期大都在 12 月中旬，结束日期在 2 月中旬，宁乡出现概率是 3 年一遇；严寒和冰冻期正值烤烟播种育苗时期，温度越低，冰冻时间越长，对烟苗生长越不利，给烟苗安全生长（出苗延迟、烟苗素质弱、移栽推迟）和苗床管理（冰雪造成育苗大棚损伤）带来很大困难。

二、春季寒潮

春季寒潮指 3 月中旬至 4 月上旬出现的某旬平均气温偏低 2℃ 或以上，且较上一旬平均气温还要低的一种低温冷害（常用"倒春寒"表述，往往为连绵阴雨的低温天气）。按其产生天气恶劣程度和对烟叶生产带来的危害的大小，可分为轻度倒春寒、中等倒春寒、重度倒春寒。宁乡年出现几率为 62%，大约是 5 年 3 遇；其中轻、中等的又占 70%。此时烤烟正值移栽阶段，如遇长期低温阴雨天气，常造成烟苗不能及时移栽，或栽烟后影响烟苗前期营养生长，促成生殖生长，导致"早花"严重影响烟叶产量和质量。

三、阴雨寡照

气象指标：任意 10d 内日照时数少于 30h（按平均每天不超过 3h 合计）且 10d 内降水量大于 40mm，雨日 7d 以上。将导致整个烟田气候生态恶劣，严重影响其生长发育，特别是根的生长以及病害严重发生。宁乡每年必遇，其危害时段在 3～5 三个月中，只不过程度不同。

四、暴雨、洪涝与渍害

暴雨以降水强度表示，多以 1d（24 小时）内降水量的多少表述。按其降水强度又可分为暴雨（1d 降水量≥50mm）、大暴雨（1d 降水量≥100mm）、特大暴雨（1d 降水量≥150mm）。暴雨又常导致洪涝，其标准是：任意连续 10d 总降雨量＞200mm；1d 降雨量＞100mm 的大暴雨；日降雨量＞50 mm 的暴雨持续

2d 以上，具备以上条件之一时，均可发生烟田淹涝或山洪暴发，冲毁烟田；也会由于暴雨后往往小雨或连续下暴雨，雨后天晴，气温高，湿度大，引起烟叶病害大量发生。当土壤渍水或水分过多时，根系生长发育不良，既容易造成烟叶病害大量发生，也容易引起烟株早花，宁乡发生概率为 34%。

五、高温热害与干热风

宁乡盛夏常出现连晴高温酷热天气，对烟叶生产带来影响。气象部门以极端最高气温≥35℃的天气称为高温天气。而干热风指日平均气温≥30℃持续 3d 或以上，偏南风风速在 3m/s 以上，空气相对湿度在 60% 以下。其中以干热风危害较大，它对烟叶的早衰有显著影响，当日平均气温达 30℃ 以上，日最高气温在 35℃ 以上时，烟叶逼熟程度随温度的升高成线性增加，有时甚至烟叶脱水枯萎死亡，严重影响烟叶的产量和质量。干热风多出现在 6 月下旬至 7 月上中旬。

六、干旱

把作物生长季节内降水量少于农作物需水量称之为干旱。就干旱对烟草生产的危害程度来说，起决定因素的应是烟草生长期受旱时段的降水量的多少。以连续 20d 内基本无雨（总雨量<1.0mm）；或连续 40d 内总雨量<30mm；或连续 41~60d 内总雨量<40mm；或连续 61d 以上总雨量<50mm 为旱期，并在以上连续日期内不得有大雨或以上的降水过程出现。干旱强度诊断指标：出现一次连旱 40~60d，或两次连旱总天数达 61~75d 为一般干旱；出现一次连旱 61~75d，或两次连旱总天数达 76d 以上为严重干旱。宁乡出现干旱概率为 56%，其中又以夏秋连旱概率较大，部分年份也会出现春旱（2011 年曾发生春旱）。

一旦发生干旱而引起土壤缺水，烟株水分亏损，正常生长发育受其影响（烟株矮小，叶片窄长），从而造成产量下降，质量降低。无雨或少雨是造成干旱的主要因素，但不是唯一的气象因素，严重的干旱往往与较高的温度和强烈的光照相联系。较高的温度和强烈的光照使土壤蒸发，叶面蒸腾加剧，空气湿度下降速度加快；它造成烟叶生理代谢失调，植株早衰，生育期缩短，形成"高温逼熟"现象，严重时会造成脱水枯萎死亡。

第九节　宁乡晒黄烟气象防灾减灾措施

一、择优布局

将优质烟主要布局在气候适宜，土层深厚，土壤为沙壤、壤土，pH 中性或微酸性，肥力中等，水利条件较好的农田、旱地种植。十分重要的是要考虑轮作和做到连片种植，同时在常年冰雹主要路经地带少种或不种烟。

二、选种优良品种及适时播种

首先选用适应本地气候环境，具备优良品种特性和抗性的种子；播期以烟草生育期长短与晚稻移栽季节相衔接，以培育 6 叶龄的移栽大田烟苗按历年实际移栽集中期往前推算 70d 左右，一般在每年 12 月 20～25 日为宜。

三、培育壮苗

针对播种育苗期间，温度低、光照不足，时有低温冷冻危害的特点，生产上应采用顺应气候，改变和控制小气候环境，使根系发达，培育壮苗，增强抗低温能力的漂浮式育苗。管理重点：一是提前获悉天气预报，及时为大棚扫雪除冰冻防损坏，严密的保温等措施抵御冰雪危害，二是分阶段温湿度管理，播种到出苗采取严格保温措施；出苗到十字期仍以保温为主，但在晴天中午气温高的情况下，要揭膜通风排湿（时间不能过长），防止病害发生；十字期到成苗，以避免极端温度为主（注意通风，棚内温度不超过 30℃），防止烧苗；成苗期加大通风量，使烟苗适应外界的温湿度条件。

四、适宜移栽

漂浮育苗叶龄 70d 左右，叶数 5～7 叶，3 月 20 日左右移栽；膜下移栽，苗龄 60d 左右，叶数 5 叶，3 月 15 日左右移栽。不论何种方式，都应选择阴天或晴天进行，栽后浇压根水。

五、地膜覆盖

地膜覆盖是降低春季寒潮和阴雨寡照危害的有效措施。地膜覆盖栽培具有增温调湿，抗旱防涝，改善田间小气候，提高肥料利用率，增加光合物质积累，减轻病虫杂草危害，提早烟叶成熟期，避后期高温影响，提高烟叶品质的功效。

六、适时培土、揭膜

揭膜前选阴或晴天（有利于田间操作和不伤苗），烟株在 9～11 片叶时进行一次小培土；当烟株平均叶片数达 12～14 片或日平均气温稳定通过 18℃时，选晴暖天气及时揭膜（现蕾期揭膜），揭膜后进行大培土和中耕。

七、看天合理施肥

一般亩施纯氮 6～9kg 为宜，氮、磷、钾比例为 1：1.5：2.5。施肥上，雨水多的年份，气温相对偏低，光照偏少，肥料利用率下降，可适当增加肥料施用量。雨水适中或偏少．气温高，光照足的年份，施肥量可适当减少。

八、科学抗旱

降雨量偏少，土壤干燥，采取浇水、灌水（使畦沟灌有半沟水即可，让其水分浸透畦面）和喷灌防旱；而关键在搞好烟田水利设施建设，加强蓄水、用水管理，提高人工增雨能力，抵御干旱危害。

九、开沟排水搞好田间管理防涝渍

开沟排水（做到雨停沟干）是防御烟田渍涝和降低田间土壤湿度的有效方法，在此基础上搞好田间管理。一是中耕，多雨条件下应深中耕，少雨干旱条件下浅中耕。二是管理上，还苗期查苗补缺，防治地下害虫；伸根期（团棵期）防洪排涝，追肥，防治病虫害；旺长期（现蕾）防洪排涝，中耕、培土，防治病虫害；成熟期封顶打杈，摘除脚叶，防止底烘，抗旱防洪，防治病虫害。

十、封顶打杈，成熟采收

封顶一般以初花打顶，特别是见蕾打顶为好，应在一天内完成，严禁雨天进行，避免病害发生。合理的田间密度和烟株叶片数可加大田间通风，改善小气候环境，降低高温危害。

烟叶应看天采收。正常天气应成熟采收；干旱天气，当叶尖变黄，主脉发白时采收；阴雨连绵天气，下部叶易底烘，应及时采收；成熟叶遇雨返青，应待烟叶转黄时采收。

第四章 宁乡晒黄烟栽培体系构建

第一节 烟叶标准化生产目标

一、田间长势长相

个体生长健旺，营养均衡；叶色正常，发育充分，大小适中，田间病害少，正常成熟，分层落黄；打顶后株高 100cm 左右、茎围 8~10cm；单株有效留叶数 18 片左右；群体均匀整齐一致，株型以腰鼓型为主。

二、外观质量

烤后烟叶成熟度好，结构疏松，弹性好，油分足，身份适中，颜色以橘黄为主，色泽鲜亮，均匀饱满。

三、化学成分协调

控制烟碱含量 1.5%~3.5%（±0.3），淀粉含量 5% 以下，钾离子含量大于 2.0%，氯离子含量 0.3%~0.7%，化学成分协调，烟叶配伍性强。

四、烟叶评吸质量

香气质好，香气量足；劲头适中，吃味醇和，余味舒适；燃烧性好，杂气少，刺激性小，充分体现出郴州浓香型特色烟风格。

五、经济性状指标

平均单叶重 8g 以上，亩产量 150kg 左右，上等烟比例 65% 以上，上中等烟比例达到 100%。

第二节　宁乡县植烟土壤养分丰缺状况分析

　　土壤养分含量是评价土壤肥力的重要标志，是烟草栽培与营养调控的依据，其丰缺状况和供应强度直接影响烟草生长发育的营养水平，进而影响烟叶的产量和质量。宁乡地处湘中偏北，以丘陵、岗地和平原为主，属中亚热带过渡的大陆季风湿润区，具有发展优质烤烟生产的优越生态条件。烤烟种植一般采用烟—稻轮作方式，是湖南省主要烟叶产区，目前已成为中国特色优质烟叶开发和整县推进现代烟草农业的主要试点之一。植烟土壤营养诊断是实现平衡施肥技术的关键环节，近年来，针对宁乡县植烟土壤养分特征大面积的调查较少，使得烤烟的营养调控和烤烟生产的合理布局缺乏系统的理论依据。因此，查清宁乡县植烟土壤养分丰缺状况并做出科学评价，为更好地制定平衡施肥措施和实现特色优质烟叶生产的区域、技术定位提供科学支撑。

一、材料与方法

（一）试验时间、地点

　　研究田间试验于 2006 年在宁乡县进行，室内试验在长沙市烟草公司进行。

（二）试验材料

　　在宁乡县 9 个植烟乡（镇）采集具有代表性的耕作层土样 154 个，以村为单位，种植面积在 20hm² 以下、20～40hm²、40hm² 以上的村分别取 1、2、3 个土样。土壤样品的采集时间均统一选在前茬作物收获后，烟草尚未施用底肥和移栽以前完成，同时避开雨季。取耕层土壤 20cm 深度的土样，采用管形不锈钢土钻人工钻取。在同一采样单元内每 8～10 个点的土样构成 1 个 0.5kg 左右的混合土样。田间采样登记编号，经过风干、磨细、过筛、混匀等预处理后，装瓶备测定分析用。

（三）试验方法

1. 土壤养分测定方法

　　具体方法为：pH 测定方法为 pH 计法（水土比为 1.0：2.5）；有机质含量测定方法为重铬酸钾滴定法；碱解氮含量测定方法为碱解扩散法；速效磷含量采用 Olsen 法测定；速效钾含量采用乙酸铵浸提—火焰光度法测定；交换性镁含量采用乙酸铵浸提—原子吸收分光光度法测定；有效硫含量采用硫酸钡比浊法测定；有效锌含量采用 DTPA 浸提—原子吸收分光光度法测定；有效硼含量采用甲亚胺比色法测定。

2. 植烟土壤养分丰缺状况分析方法

在综合分析烟区烟草生产实际和多年烟草施肥试验后，参照罗建新等建立的湖南省植烟土壤养分丰缺状况 5 级体系，构建了如表 4-1 的土壤养分分级标准用于评价宁乡县植烟土壤养分丰缺状况。数据采用 SPSS12.0、Excel2 003 等统计软件包进行统计分析。

表 4-1 宁乡县植烟土壤养分指标等级

等级	pH	有机质 (g/kg)	碱解氮 (mg/kg)	速效磷 (mg/kg)	速效钾 (mg/kg)
极低	<5.00	<15.00	<60.00	<5.00	<80.00
低	5.00~5.50	15.00~25.00	60.00~110.00	5.00~10.00	80.00~160.00
适宜	5.51~7.00	25.01~35.00	110.01~180.00	10.01~15.00	160.01~240.00
高	7.01~7.50	35.01~45.00	180.01~240.00	15.01~20.00	240.01~350.00
很高	>7.50	>45.00	>240.00	>20.00	>350.00

等级	有效硫 (mg/kg)	有效硼 (mg/kg)	有效锌 (mg/kg)	交换性镁 (cmol/kg)
极低	<5.00	<0.15	<0.50	<0.50
低	5.00~10.00	0.15~0.30	0.50~1.00	0.50~1.00
适宜	10.01~20.00	0.31~0.60	1.01~2.00	1.01~1.50
高	20.01~40.00	0.61~1.00	2.01~4.00	1.51~2.80
很高	>40.00	>1.00	>4.00	>2.80

二、结果与分析

(一) 土壤 pH 状况

植烟土壤 pH 高低，不仅影响烟草对养分吸收、土壤养分有效性及土壤微生物分布，还将直接影响烤烟的生长及产量、质量。宁乡县植烟土壤 pH 变幅为 4.77~7.62，平均值为 5.79，变异系数为 8.82%。由图 4-1 可知，pH 处于适宜范围内的样本只占 64.94%。由图 4-2 可知，9 个乡镇植烟土壤 pH 平均值在 5.57~6.09，差异不大，都在适宜范围内；9 个乡镇植烟土壤 pH 适宜样本比例在 50.00%~84.62%，以双江口镇比例最高，喻家坳乡比例最低。由此可见，宁乡县植烟土壤基本上呈弱酸性至中性，pH 高于 7.50 和低于 5.00 的样本所占比例均较少，大部分土壤 pH 能满足生产优质烟叶的要求。但少部分土壤应适当提高 pH，特别是 pH 在 5.00 以下的土壤，应采用石灰融田或适量施用白云石或其他碱性肥料，调节土壤 pH 至合适范围，更好地满足烟草生长对 pH 的要求，并促进植烟土壤养分的有效化。

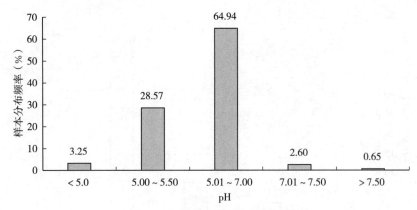

图 4 - 1　植烟土壤 pH 分布频率

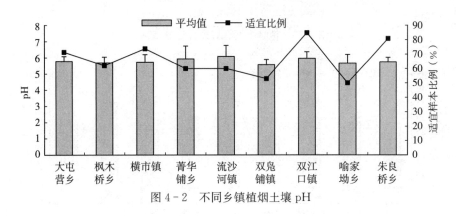

图 4 - 2　不同乡镇植烟土壤 pH

（二）土壤有机质含量状况

植烟土壤有机质是土壤主要肥力指标之一，过高或过低都不利于烟草的正常生长发育，对烟叶质量也有不利影响。宁乡县植烟土壤有机质含量变幅为 7.40～73.50g/kg，平均含量为 43.60g/kg，变异系数为 24.56%。由图 4 - 3 可知，植烟土壤有机质处于适宜含量范围内的样本占 7.79%。由图 4 - 4 可知，9 个乡镇植烟土壤有机质平均值在 30.90～55.13g/kg，除流沙河镇在适宜范围外，其他乡镇都处于中高水平。9 个乡镇植烟土壤有机质适宜样本比例在 0.00%～40.00%，除流沙河镇、双江口镇、横市镇外，其他乡镇植烟土壤有机质适宜样本比例都较小。由此可见，宁乡县植烟土壤有机质含量丰富，大部分植烟土壤有机质含量偏高。因此，烟草种植应尽量选择有机质含量中等水平的土壤。针对部分有机质含量丰富的植烟土壤，应严格控制氮肥的施用。但对个别有机质偏低的植烟土壤，可在烤烟前茬增施有机肥，或冬种绿肥，亦可在烟草种植的当季施用活性有机肥料，保证土壤有机质不致下降过快以及促进土壤有机质的更新。

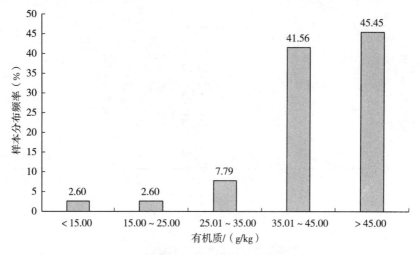

图 4-3 植烟土壤有机质含量分布频率

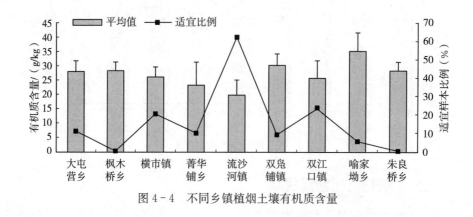

图 4-4 不同乡镇植烟土壤有机质含量

（三）土壤碱解氮含量状况

　　氮素营养对烤烟产量、质量的影响最为重要。植烟土壤中的有效氮含量受降雨量、海拔高度、质地、气温、施肥等众多因素的影响，可作为当季烟草推荐施氮的参考指标。宁乡县植烟土壤碱解氮含量变幅为 48.00～268.00mg/kg，平均含量为 174.38mg/kg，变异系数为 21.02％。由图 4-5 可知，植烟土壤碱解氮处于适宜含量范围内的样本占 54.55％。由图 4-6 可知，9 个乡镇植烟土壤碱解氮平均值在 115.00～199.57mg/kg，喻家坳乡和朱良桥乡的植烟土壤碱解氮含量偏高。9 个乡镇植烟土壤碱解氮含量适宜样本比例在 28.57％～78.26％，乡镇之间差异大。由此可见，宁乡县植烟土壤碱解氮含量处于中等至偏高水平，供氮水平较高。因此，在烤烟生产过程中要因地制宜地控制施氮量，氮肥施用宜早不宜晚，以提高氮肥施用的有效性。

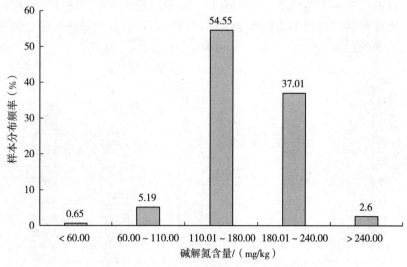

图 4-5　植烟土壤碱解氮含量分布频率

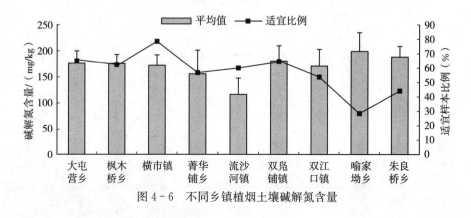

图 4-6　不同乡镇植烟土壤碱解氮含量

(四) 土壤速效磷含量状况

土壤中的速效磷常作为土壤磷素有效供应指标。宁乡县植烟土壤速效磷含量变幅为 0.50～58.30mg/kg，平均含量为 19.38mg/kg，变异系数为 60.04%。由图 4-7 可知，植烟土壤速效磷处于适宜含量范围内的样本占 38.31%。由图 4-8 可知，9 个乡镇植烟土壤速效磷平均值在 9.48～27.78mg/kg，乡镇之间差异大，其中，横市镇、双江口镇、菁华铺乡的植烟土壤速效磷含量偏高，双凫铺镇和喻家坳乡的植烟土壤速效磷含量过高，但流沙河镇的植烟土壤速效磷含量较低。9 个乡镇植烟土壤速效磷含量适宜样本比例在 17.65%～62.50%，乡镇之间差异大。由此可见，宁乡县植烟土壤速效磷含量基本处于中等偏高的水平，有较大部分植烟土壤速效磷含量过高，要引起足够重视。在烟草生产上，应根据各地土壤类型、土壤供磷能力和土壤速效磷的变异状况，采取针对性地措施，调整配方中磷素比例，少施或适当施用磷肥。特别是植烟水稻土的磷肥施用需更为谨慎，要避免烟农在当季或轮作季节因价格便宜，盲目大量在水稻土施用过磷酸钙、钙镁磷肥等。

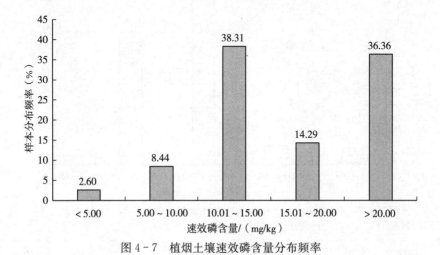

图 4-7　植烟土壤速效磷含量分布频率

图 4-8　不同乡镇植烟土壤速效磷含量

（五）土壤速效钾含量状况

烤烟是典型的喜钾作物，速效钾的供应状况直接影响着烟草的产量和质量。宁乡县植烟土壤速效钾含量变幅为 25.00～260.00mg/kg，平均含量为 87.81mg/kg，变异系数为 52.89％。由图 4-9 可知，植烟土壤速效钾处于适宜含量范围内的样本只占 6.49％。由图 4-10 可知，9 个乡镇植烟土壤速效钾平均值在 32.80～117.13mg/kg，都处于较低水平，特别是流沙河镇、枫木桥乡、双江口镇、大屯营乡、朱良桥乡处于极缺乏状态。9个乡镇植烟土壤速效钾含量适宜样本比例在0.00%～20.00%，乡镇之间差异大，除菁华铺乡、喻家坳乡、横市镇以外，其他乡镇都没有在适宜范围内的植烟土壤样本。由此可见，宁乡县植烟土壤的速效钾含量低，大部分植烟土壤速效钾含量处于缺乏或潜在缺乏状态，这种状况可能是由于黏土矿物对钾的固定或钾钙拮抗作用或钾素随水流失所致，也与宁乡县植烟土壤大多为稻田，杂交水稻的推广从土壤中带走的钾素增加有关。因此，钾素不足是宁乡县植烟土壤面临的主要问题，合理、科学施用钾肥是优质烤烟生产的重要措施。特别是植烟稻田需重施钾肥，才能获得优质烟叶。

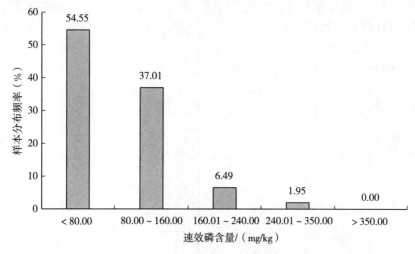

图4-9　植烟土壤速效钾含量分布频率

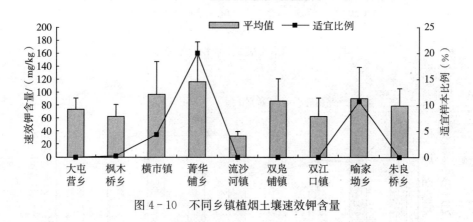

图4-10　不同乡镇植烟土壤速效钾含量

（六）土壤交换性镁含量状况

镁是烟草叶绿素组成的唯一矿质元素，能促进烟叶的叶绿素形成，增强烟叶光合作用，促进烟叶碳水化合物的合成与转化。宁乡县植烟土壤交换性镁含量变幅为 0.58~2.55cmol/kg，平均含量为 1.36cmol/kg，变异系数为 31.48%。由图 4-11 可知，植烟土壤交换性镁处于适宜含量范围内的样本占 55.84%。由图 4-12 可知，9 个乡镇植烟土壤交换性镁平均值在 1.20~1.52cmol/kg，都处于适宜水平。9 个乡镇植烟土壤交换性镁含量适宜样本比例在 40.00%~82.35%，差异较大。由此可见，宁乡县植烟土壤交换性镁含量丰富。虽然全县多数植烟土壤交换性镁含量较高，单从数量上看并不缺乏，但由于阳离子的拮抗作用，或多或少存在土壤交换性镁不足及潜在性缺乏的植烟土壤。因此，在钾肥施用时，配合镁肥施用，避免因钾和镁的拮抗作用引起烟草缺镁。对于个别有缺镁症状发生的烟田，镁补充最好采用叶面喷施硫酸镁水溶液，施用时间在烤烟移栽成活到旺长前期这段时间内为好。

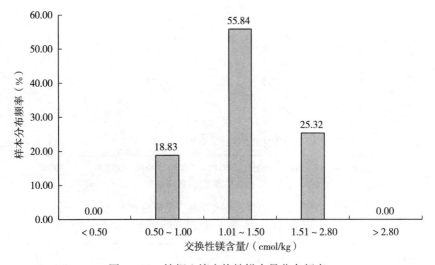

图 4-11　植烟土壤交换性镁含量分布频率

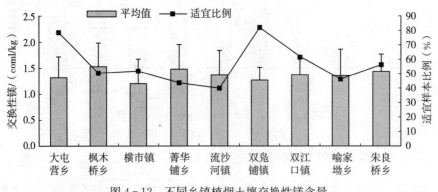

图 4-12　不同乡镇植烟土壤交换性镁含量

（七）土壤有效硼含量状况

硼是影响烟草正常生长和最终产量、质量的必需微量元素之一。植烟土壤有效硼含量不仅影响烟叶硼含量，还影响烟叶的糖碱比和氮碱比以及其他化学成分的协调性。宁乡县植烟土壤有效硼含量变幅为0.13～0.73mg/kg，平均含量为0.40mg/kg，变异系数为33.00%。由图4-13可知，植烟土壤有效硼处于适宜含量范围内的样本占63.64%。由图4-14可知，9个乡镇植烟土壤有效硼平均值在0.34～0.45mg/kg，乡镇之间差异不大，都处于适宜水平。9个乡镇植烟土壤有效硼含量适宜样本比例在47.83%～85.71%，差异也不大。由此可见，宁乡县大部分植烟土壤的有效硼含量处于适宜水平，但有部分植烟土壤有效硼处于缺硼或潜在缺硼状态。因此，硼肥的施用也不能忽视，在前季没有施用硼肥或施硼量过少的烟田，需注意适当增施硼肥，提高和稳定烟叶质量。

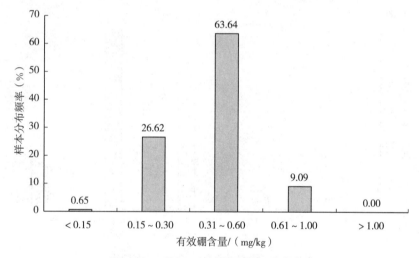

图4-13　植烟土壤有效硼含量分布频率

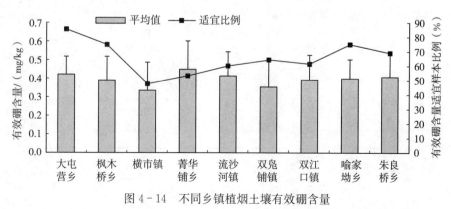

图4-14　不同乡镇植烟土壤有效硼含量

(八) 土壤有效硫含量状况

过高的土壤有效硫含量，会使烟叶的硫含量增加，影响烟叶的燃烧性，降低烟叶内在品质。宁乡县植烟土壤有效硫含量变幅为11.76～142.85mg/kg，平均含量为28.35mg/kg，变异系数为68.43%。由图4-15可知，植烟土壤有效硫处于适宜含量范围内的样本占33.77%。由图4-16可知，9个乡镇植烟土壤有效硫平均值在21.95～37.15mg/kg，都处于较高水平。9个乡镇植烟土壤有效硫含量适宜样本比例在11.76%～53.85%，差异较大。由此可见，宁乡县植烟土壤有效硫含量较高，特别是双凫铺镇、菁华铺乡、大屯营乡的植烟土壤硫含量过高，要引起足够的重视。针对部分植烟土壤硫含量偏高的问题，生产上要合理施用硫酸钾肥，也可有指导地适当施用氯化钾来代替硫酸钾，以达到既满足烤烟对钾的需求又降低土壤中过量硫的积累。

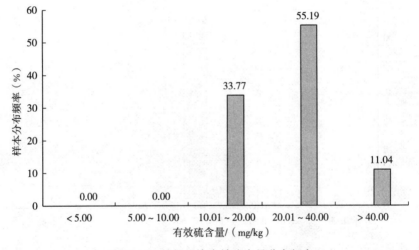

图4-15 植烟土壤有效硫含量分布频率

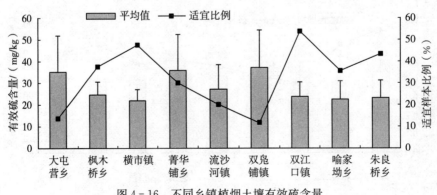

图4-16 不同乡镇植烟土壤有效硫含量

（九）土壤有效锌含量状况

锌是烟草生长不可缺少的元素，施锌肥不仅可以促进烟草生长，而且还可以提高烟叶的香气质和香气量，减少杂气和改善余味。宁乡县植烟土壤有效锌含量变幅为 0.76～2.78mg/kg，平均含量为 1.74mg/kg，变异系数为 29.37%。由图 4-17 可知，植烟土壤有效锌处于适宜含量范围内的样本占 55.19%，低的样本占 9.74%，高的样本占 35.06%。由图 4-18 可知，9 个乡镇植烟土壤有效锌平均值在 1.55～1.82mg/kg，乡镇之间差异不大，都处于适宜水平。9 个乡镇植烟土壤有效锌含量适宜样本比例在 43.33%～87.50%，差异不大。由此可见，宁乡县植烟土壤有效锌含量适宜，可满足烤烟正常生长发育对锌的需求。

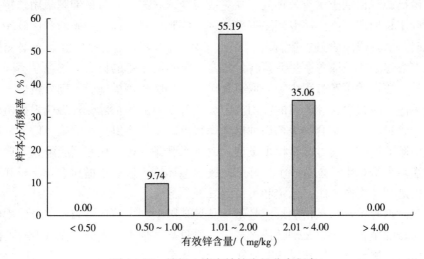

图 4-17　植烟土壤有效锌含量分布频率

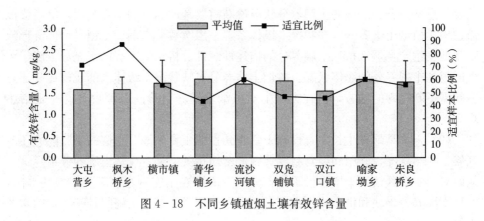

图 4-18　不同乡镇植烟土壤有效锌含量

三、结论

宁乡县植烟土壤呈弱酸性至中性，能满足生产优质烟叶的要求，但少部分pH偏低的植烟土壤需要将土壤酸碱度（pH）调至6.50左右较为适宜。植烟土壤有机质和碱解氮含量较高，解决的办法有：一是要严格控制氮肥施用水平，防止植烟土壤过量供氮，造成烟叶贪青晚熟，难以正常落黄；二是通过合理耕作措施来改善土壤生态环境，促进土壤有机质分解和转化，从动态上更新土壤有机质，达到"控氮降碱"的目标。植烟土壤速效磷含量较丰富，但乡镇之间差异较大。建议对少部分缺磷土壤，适当增施水溶性含量高的磷肥，以满足烟草生长前期对磷素的需要；但对部分磷素含量偏高的植烟土壤，特别是植烟水稻土则需采取控磷措施。植烟土壤有效钾处于缺乏或极缺乏状态，应重视钾肥施用，特别是在烟叶生长后期，推广"专用肥＋硝酸钾"施肥模式，提高钾肥的利用效率；与此同时，加强田间管理，搞好开沟排水工作，减少钾肥流失。植烟土壤交换性镁、有效锌、有效硼等微量元素含量丰富，但不同乡镇的植烟土壤存在不同程度的差异，在烟叶生产过程中须采取有针对性地微肥施用措施。大部分植烟土壤硫含量偏高，应减少含硫肥料的施用。宁乡县各乡镇的烤烟养分管理应根据植烟土壤养分含量状况，结合当地稻田种植烤烟特点，实施降氮、控磷硫、增钾，适当补施微肥的原则，通过改良植烟土壤，改善水肥条件，优化专用肥配方，调整施肥方法，为烟草生长创造一个良好的土壤生态环境，进一步提高烟叶质量和可用性，促进烟叶生产健康、稳定和可持续发展。

（1）烟叶质量与风格的形成是烟草品种基因型和生态环境因素综合作用的结果。烤烟的生长发育以及烟叶最终产量、质量与植烟土壤养分状况有着密切的关系。植烟土壤养分丰缺状况诊断是实现生态平衡施肥的基础工作，它对改进施肥技术，有效地提高烟草肥料利用率，促进烟区烤烟生产整体水平的提高具有十分重要的意义。合理准确的土壤养分状况诊断需要考虑养分的临界范围，笔者尝试通过构建植烟土壤养分丰缺状况5级体系，采用次数分布图、乡镇平均值等形象直观地表达宁乡烟区植烟土壤养分的描述性统计分析结果，有助于充分了解宁乡烟区植烟土壤养分的总体状况。植烟土壤养分丰缺状况5级体系的建构尽管还有一些需不断完善的地方，但在方法上对植烟土壤养分诊断和评价具有一定借鉴意义。

（2）土壤是烟株生长发育过程中营养元素的主要来源。土壤的供肥能力还与气候、水热状况、施肥和经营制度等因素密切相关。笔者仅从土壤养分指标这一侧面对宁乡烟区植烟土壤进行了综合分析，尚存在不完善和缺乏整体性的缺陷，但从土壤养分丰缺和供应能力方面，对指导该烟区烤烟平衡施肥具有一定的参考价值。

（3）纵观中国烤烟施肥技术，由于在 20 世纪 80 年代中期烟田普遍出现"烟株营养不良"现象，技术人员、烟农非常重视烤烟施肥，多数烟区在相当长的时期内，在保证氮素充足供应的同时，往往按施氮量的 1.5～2 倍的比例施用磷肥，致使到 90 年代末期，多数地方已出现氮、磷等养分富集的现象。本研究结果表明宁乡烟区植烟土壤氮、磷丰富，生产中要采取"降氮、控磷"的施肥指导思想，努力提高烟草对所施肥料的有效利用率，做到均衡、充足、经济的科学施肥，以保证烟叶质量的稳定并提高。

第三节　宁乡晒黄烟栽培及施肥技术研究

通过在湖南宁乡开展了晒黄烟生产技术和调制技术方面的研究，并拟开展宁乡晒黄烟定向栽培调制技术的工业可用性研究，目前前期田间试验已顺利完毕，样品已取样完毕，田间试验总体效果良好，达到预期目的。

一、不同晒黄烟品种（品系）在宁乡烟区响应性研究

在一定生态条件下，品种对烟叶质量和香型风格有较大影响。为了能彰显湖南宁乡晒黄烟风格特色，并筛选工业配伍性较好的晒黄烟品种，特进行本试验。

（一）试验材料

1. 试验地点

湖南宁乡仙龙潭村柳山组

2. 试验品种

青州所 1；青州所 2；青州所 3；青州所 4；青州所 5；寸三皮

（二）试验方法

1. 试验设计

试验设 6 个品种，每个品种 3 次重复，每个品种 200 棵，株行距为1.2m×0.65m。

T1：青州所 1

T2：青州所 2

T3：青州所 3

T4：青州所 4

T5：青州所 5

T6：寸三皮

试验地应选择平坦、整齐、肥力均匀,具有代表性的不同肥力水平的地块;坡地应选择坡度平缓、肥力差异较小的田块;试验地应避开道路、堆肥场所等特殊地块。采用随机区组排列,区组内土壤、地形等条件应相对一致。

2. 生育期、主要农艺性状和植物学性状记载

按照烟草行业颁布的农艺性状调查方法(烟草农艺性状调查方法,YC/T142—1998),对上部叶、中部叶、下部叶的叶长度、宽度,株高、病虫害抗性、大田长势等进行调研。

3. 产值测定

小区烟株全部单独调制、单独分级、单独称重,推算产量和等级质量、产值等数据。

4. 品质鉴定

取每个处理各取 1.5kg 进行化学成分分析和感官质量评吸鉴定。

(三) 结果与分析

1. 供试品种生育期

表 4-2 供试品种生育期

处理	移栽期 (日/月)	团棵期 (日/月)	旺长期 (日/月)	现蕾期 (日/月)	打顶期 (日/月)	平顶期 (日/月)
1	31/3	5/5	16/5	20/5	28/5	13/6
2	31/3	5/5	16/5	20/5	28/5	13/6
3	31/3	5/5	16/5	20/5	28/5	13/6
4	31/3	10/5	20/5	3/6	11/6	28/6
5	31/3	10/5	20/5	3/6	11/6	28/6
6	31/3	10/5	20/5	3/6	9/6	28/6

从表 4-2 中可以看出供试品种均在 3 月 31 号移栽,其中供试品种 1、2、3 团棵期在 5 月 5 日,旺长期从 5 月 16 日、现蕾期在 5 月 20 日、打顶期 5 月 28 日、平顶期在 6 月 13 日,相对早于供试品种 4、品种 5、品种 6。

2. 平顶期农艺性状

从表 4-3 中可以看出,处理 5 的株高、留叶数、茎围明显优于其他供试品种,分别达到 116.6cm、29 片、12.1cm,而品种 1 的株高、留叶数、茎围最小;品种 3 的腰叶长、宽,上二棚长、宽最大,分别达到 96.2cm、46cm、97cm 和 47cm,而品种 4 的腰叶长、宽最小。

表 4 - 3　供试品种平顶期农艺性状

处理	株高 (cm)	留叶数 (片)	茎围 (cm)	腰叶长 (cm)	腰叶宽 (cm)	下二棚叶 长 (cm)	下二棚叶 宽 (cm)	上二棚长 (cm)	上二棚宽 (cm)
1	74	14	9.5	89	34.8	80.4	36.6	93.8	42
2	77.2	16	9.8	79.8	34.6	71.6	28.8	82.4	34.4
3	110.2	13	10	96.2	46	81.8	43.4	97	47
4	114.2	26	10.8	70	32.6	63.2	35.4	63.2	30.8
5	116.6	29	12.1	70.8	36.2	63.4	33.2	64.2	31.8
6	85	19	11.9	82	36.2	82.2	33.8	80.6	33.2

3. 供试品种植物学性状

从表 4 - 4 中可以看出，品种 1、品种 3、品种 4、品种 5 株形为筒形，品种 2 的株形为塔形，品种 6 的株形为橄榄形；品种 1、品种 2、品种 6 的叶形为长椭圆，品种 3、品种 4、品种 5 的叶形为椭圆；品种 1、品种 2、品种 3、品种 6 的叶色为绿色，品种 4、品种 5 的叶色为浅绿；除品种 2 有叶柄外，其他均无叶柄；品种 1、品种 2、品种 6 叶尖为急尖，品种 3 叶尖为渐尖，品种 4、品种 5 叶尖为钝尖；品种 1、品种 2、品种 3、品种 6 的叶耳为大，品种 4、品种 5 的叶耳为中；除品种 6 叶面为较皱外，其他均为平；所有供试品种叶缘均为平滑。

表 4 - 4　不同品种植物学性状调查表 - 1（现蕾期调查）

处理	株形	叶形	叶色	叶柄	叶尖	叶耳	叶面	叶缘
1	筒形	长椭圆	绿	无	急尖	大	平	平滑
2	塔形	长椭圆	绿	有	急尖	大	平	平滑
3	筒形	椭圆	绿	无	渐尖	大	平	平滑
4	筒形	椭圆	浅绿	无	钝尖	中	平	平滑
5	筒形	椭圆	浅绿	无	钝尖	中	平	平滑
6	橄榄形	长椭圆	绿	无	急尖	大	较皱	平滑

从表 4 - 5 中可以看出，供试品种苗期至移栽后 50d 大田长势均为较好，现蕾期除处理 2 的茎叶角度为大外，其他品种均为中；品种 1、品种 2 的主脉为中，其他品种主脉为粗；供试品种的田间整齐度均为整齐。

表 4 - 5　不同品种植物学性状调查表 - 2（现蕾期调查）

品种	苗期长势	栽后 25d 长势	栽后 50d 长势	茎叶角度	主脉粗细	田间整齐度
1	较好	较好	较好	中	中	整齐
2	较好	较好	较好	大	中	整齐
3	较好	较好	较好	中	粗	整齐

（续）

品种	苗期长势	栽后 25d 长势	栽后 50d 长势	茎叶角度	主脉粗细	田间整齐度
4	较好	较好	较好	中	粗	整齐
5	较好	较好	较好	中	粗	整齐
6	较好	较好	较好	中	粗	整齐

表 4-6　不同品种植物学性状调查表（平顶期调查）

品种	株形	叶形	叶色	叶柄	叶尖	叶耳	叶面	叶缘	茎叶角度	主脉粗细	田间整齐度
1	筒形	长椭圆	绿	无	急尖	大	平	微波	大	中	整齐
2	塔形	长椭圆	绿	有	急尖	大	平	微波	大	中	整齐
3	筒形	椭圆	绿	无	急尖	大	平	微波	大	粗	整齐
4	筒形	椭圆	浅绿	无	钝尖	中	平	平滑	中	粗	整齐
5	筒形	椭圆	浅绿	无	钝尖	中	平	平滑	中	粗	整齐
6	橄榄形	长椭圆	绿	无	急尖	大	较皱	平滑	大	粗	整齐

　　平顶期的株型、叶形、叶色、叶耳、叶面、主脉粗细和现蕾期一致；处理 3 的叶尖由渐尖变为急尖；处理 1、处理 2、处理 3 的叶缘为微波。所有品种田间整齐度均为整齐。

4. 供试品种经济学形状

　　从表 4-7 中可以看出，品种 4、品种 5 的均价显著高于其他品种，品种 1 的均价显著较低；品种 4、品种 5 的亩产量、亩产值显著较高，品种 1、品种 2 的亩产量显著较低；品种 5 的亩产量、产值最高达到 168.8kg/亩，4 787.0 元/亩，其次为品种 3 和品种 4，品种 4 的均价最高，达到 23.67 元/kg；品种 1 和品种 2 的亩产量、产值、均价则相对其他品种较低。

表 4-7　供试品种经济学形状

品种	均价（元/kg）	亩产量（kg/亩）	产值（元/亩）
1	21.49	127.3	3 357.0
2	21.94	117.2	3 131.7
3	22.11	150.5	4 051.5
4	23.67	161.8	4 605.7
5	23.56	168.8	4 787.0
6	22.20	144.0	3 886.9

5. 供试品种外观质量

　　从表 4-8 中可以看出，不同品种上部烟叶外观质量存在一定差异。所有品种部位均为上部，成熟度为成熟，有油分。品种6的颜色为红黄＋，结构尚疏松，身份稍厚于其他品种，细致程度稍粗，光泽强度稍暗，弹性一般＋；品种1颜色为红棕＋，身份稍厚－，结构疏松，细致程度稍粗－，光泽强度稍暗，弹性一般＋；品种2、品种3的颜色均为红棕，身份稍厚－，结构尚疏松，细致程度稍粗－，光泽强度稍暗－，其中品种2弹性较好，品种4弹性一般＋；品种4颜色为红棕－，身份稍厚－，结构尚疏松，细致程度稍粗，光泽强度稍暗，弹性较好；品种5颜色为深黄＋，身份稍厚－，结构尚疏松－，细致程度稍粗－，光泽强度尚鲜亮，弹性较好。

表4-8　供试品种上部烟叶外观质量

品种	部位	颜色	成熟度	身份	结构	油分	含青度	细致程度	光泽强度	弹性	等级
1	上部	红棕＋	成熟	稍厚－	尚疏松	有	4%	稍粗－	稍暗	一般＋	B2
2	上部	红棕	成熟	稍厚－	尚疏松	有	3%	稍粗	稍暗－	较好	B2
3	上部	红棕	成熟	稍厚－	尚疏松	有	3%	稍粗－	稍暗－	一般＋	B2
4	上部	红棕－	成熟	稍厚－	尚疏松	有	3%	稍粗	稍暗	较好	B2
5	上部	深黄＋	成熟	稍厚－	尚疏松－	有	/	稍粗－	尚鲜亮	较好	B2
6	上部	红黄＋	成熟	稍厚	尚疏松	有	/	稍粗	稍暗	一般＋	B2

从表4-9中可以看出，供试品种部位均为中部，成熟度为成熟，结构疏松。其中品种6的颜色为红棕－，身份中等－，有油分，细致程度为尚细，光泽强度为尚鲜亮－，弹性一般＋；品种1的颜色为红棕，身份中等，有油分，含青相对较重，细致程度尚细－，光泽强度尚鲜亮－，弹性一般＋；品种2和品种3颜色均为红棕－，身份中等－，有油分，其中品种2的细致程度为尚细－，光泽强度尚鲜亮－，弹性一般＋，品种3细致程度为尚细，光泽强度为尚鲜亮，弹性为一般＋；品种4的颜色为金黄，身份中等－，有油分，细致程度尚细，光泽强度尚鲜亮，弹性一般；品种5的颜色为深黄－，身份中等－，油分略差于其他几个品种为有－，光泽强度尚鲜亮，弹性一般。

表4-9　供试品种中部烟叶外观质量

品种	部位	颜色	成熟度	身份	结构	油分	含青度	细致程度	光泽强度	弹性	等级
1	中部	红棕	成熟	中等	疏松	有	6%	尚细－	尚鲜亮－	一般＋	C2
2	中部	红棕－	成熟	中等－	疏松	有	5%	尚细－	尚鲜亮－	一般＋	C2
3	中部	红棕－	成熟	中等	疏松	有	4%	尚细	尚鲜亮	一般＋	C2
4	中部	金黄	成熟	中等－	疏松	有	4%	尚细	尚鲜亮	一般	C2
5	中部	深黄－	成熟	中等－	疏松	有－	3%	尚细	尚鲜亮	一般	C2
6	中部	红棕－	成熟	中等－	疏松	有	3%	尚细	尚鲜亮－	一般＋	C2

6. 供试品种化学成分

从表4-10中可以看出，供试品种上部烟叶化学成分存在较大差异。品种2的总糖、还原糖含量相对较低，均小于5%，其次为品种1、品种4、品种6，其总糖、还原糖含量在6%～9%之间，而品种3的总糖、还原糖含量相对较高，均在14%以上。品种3的上部烟叶总植物碱含量最低仅为2.9%，其次为品种5，其总植物碱含量为3.17%，品种1、品种4、和品种6的总植物碱含量相对较高，品种2的总植物碱含量最高，达到5.07%。钾含量相对接近在3.2%～4%之间。品种2氯含量最高为0.69，其次为品种6，氯含量达到0.51%，其他供试品种相对均低于0.5%。品种3的糖碱比达到4.9，品种5的糖碱比为3.7，高于其他几个品种，而品种2的糖碱比最低，仅为0.8。品种2的钾氯比最低仅为5.2，其次为品种6，其糖碱比为6.3，其他几个品种均相对较高。

表4-10　供试品种上部烟叶化学成分

品种	还原糖 (%)	总糖 (%)	总植物碱 (%)	总氮 (%)	K₂O (%)	氯 (%)	糖碱比	钾氯比
1	6.08	6.59	4.59	3.6	3.45	0.44	1.3	7.8
2	4.13	4.73	5.07	3.72	3.58	0.69	0.8	5.2
3	14.3	15.4	2.90	2.72	4.00	0.42	4.9	9.5
4	7.95	9.26	4.23	3.22	3.32	0.35	1.9	9.5
5	11.6	12.5	3.17	2.75	3.50	0.44	3.7	8.0
6	7.40	8.48	4.48	3.57	3.20	0.51	1.7	6.3

从表4-11中可以看出，不同品种晒黄烟中部烟叶化学成分存在差异。品种2的总糖、还原糖含量较低，其次为品种1和品种6，品种5、品种3和品种4的总糖、还原糖含量相对较高。中部烟叶总植物碱、钾、氯、钾氯比含量和上部烟叶基本一致。除品种4中部烟叶的糖碱比相对较高之外，其他各个品种中部烟叶糖碱比变化规律和上部烟叶基本一致。

表4-11　供试品种中部烟叶化学成分

品种	还原糖 (%)	总糖 (%)	总植物碱 (%)	总氮 (%)	K₂O (%)	氯 (%)	糖碱比	钾氯比
1	7.28	7.98	3.53	3.24	3.75	0.50	2.1	7.5
2	4.62	5.24	4.72	3.55	3.27	0.56	1.0	5.8
3	13.5	14.7	2.85	2.77	4.25	0.48	4.7	8.9
4	15.0	16.3	3.57	2.59	3.56	0.43	4.2	8.3
5	11.1	12.0	3.24	2.77	3.74	0.45	3.4	8.3
6	9.69	10.6	3.14	3.13	3.91	0.55	3.1	7.1

7. 供试品种感官评析质量

从表 4-12 中可以看出，不同品种晒黄烟中部烟叶香型风格均为晒黄，品种 1 的香型程度为较显，劲头适中＋，香气质、香气量相对较高，余味、刺激性相对较好，质量档次较好－；寸三皮香型风格为晒黄，香型程度为较显－，劲头适中＋，香气质、香气量、浓度最优，总得分最高，质量档次为较好－；品种 3 香型风格为晒黄，香型浓度为较显－，劲头适中＋，香气质、浓度相对好，香气量最优，余味最优，质量档次为较好－；品种 2 的香型程度为较显，劲头较大－，香气质相对较差，浓度相对较好，余味、杂气、刺激性相对差，质量档次为中等＋；品种 4 和品种 5 晒黄烟香气质、香气量、浓度、余味、杂气、刺激性均在相对较差，质量档次为中等＋。

表 4-12 供试品种中部烟叶感官评价质量

处理	香型		劲头	香气质	香气量	浓度	余味	杂气	刺激性	燃烧性	灰色	得分	质量档次
	风格	程度											
青州所 1	晒黄	较显	适中＋	11.43	19.79	7.21	16.29	7.36	7.57	3.36	3	76	较好－
青州所 2	晒黄	较显	较大－	11	19.64	7.36	15.79	7	7.29	3.36	3	74.4	中等＋
青州所 3	晒黄	较显－	适中＋	11.43	20	7.36	16.36	7.43	7.5	3.36	3	76.4	较好－
青州所 4	晒黄	较显－	适中＋	11.14	19.29	7.29	15.86	7.14	7.57	3.36	3	74.6	中等＋
青州所 5	晒黄	有＋	适中＋	11.14	19.21	7.29	15.79	7.07	7.64	3.36	3	74.5	中等＋
寸三皮	晒黄	较显－	适中＋	11.5	20	7.36	16.21	7.43	7.57	3.36	3	76.4	较好－

（四）结论

1. 不同品种晒黄烟经济学形状

品种 4、品种 5 的均价显著高于其他品种，品种 1 的均价显著较低；品种 4、品种 5 的亩产量、亩产值显著较高，品种 1、品种 2 的亩产量显著较低。

2. 外观质量

所有供试品种上部烟叶成熟度为成熟，有油分。除品种 5 外其他供试品种均深于对照品种处理 6（寸三皮），供试品种身份为稍厚－，均略薄于对照品种处理 6（寸三皮），其中品种 2、品种 4、品种 5 的弹性相对较好，优于其他供试品种。供试品种的中部烟叶成熟度为成熟，结构疏松，除品种 4 和品种 5 颜色略偏浅外，其他供试品种的颜色均偏红棕，其他外观质量略存在一定差异，但无较大差异。

3. 化学成分

上部烟叶：品种 2 的总糖、还原糖含量相对较低，均小于 5%，其次为品种

1、品种 4、品种 6，其总糖、还原糖含量在 6％～9％之间，而品种 3 的总糖、还原糖含量相对较高，均在 14％以上。品种 3 的上部烟叶总植物碱含量最低仅为 2.9％，品种 1、品种 4、和品种 6 的总植物碱含量相对较高，品种 2 的总植物碱含量最高，达到 5.07％。品种 3 的糖碱比达到 4.9，显著高于其他几个品种。

中部烟叶：品种 2 的总糖、还原糖含量较低，品种 5、品种 3 和品种 4 的总糖、还原糖含量相对较高。中部烟叶总植物碱、钾、氯、钾氯比含量和上部烟叶基本一致。

4. 感官评析质量

不同品种晒黄烟烟叶香型风格均为晒黄，品种 1、品种 3、品种 6 的质量档次最优，其中品种 1 的香型程度为较显，劲头适中＋，香气质、香气量相对较高，余味、刺激性相对较好；品种 6 香型风格为晒黄，香型程度为较显－，劲头适中＋，香气质、香气量、浓度最优；品种 3 香型风格为晒黄，香型浓度为较显－，劲头适中＋，香气质、浓度相对好，香气量最优，余味最优；品种 2 的香型程度为较显，劲头较大－，香气质相对较差，浓度相对较好，余味、杂气、刺激性相对差，质量档次为中等＋；品种 4 和品种 5 晒黄烟香气质、香气量、浓度、余味、杂气、刺激性均在相对较差，质量档次为中等＋。

二、晒黄烟氮肥用量与种植密度研究

（一）试验目的

通过开展氮肥用量和留叶数对晒黄烟烟叶产量、质量的影响试验，确定宁乡晒黄烟优质适产的氮肥施用量和种植密度。

（二）试验材料

1. 试验地点
湖南宁乡仙龙潭村柳山组

2. 试验品种
当地主栽品种（寸三皮）。

（三）试验方法

1. 试验设计
选取当地具有代表性的土壤类型和田块，要求肥力中等，排灌良好，设置施氮量（代号 A）、密度（代号 B）二个因素。每个因素各设 3 个水平，株行距按照当地生产技术方案，设置试验因素及水平见下表。

表 4 - 13　试验设计表

试验因素	1	2	3
施氮量（A）	11kg/亩	13kg/亩	15kg/亩
密度（B）	800（1.2m×0.7m）	900（1.2m×0.6m）	1 000（1.2m×0.55m）

采用正交设计，共计 9 个处理组合。各处理见下表。

表 4 - 14　处理方案表

处理	代号	施氮量	密度（D）
1	A3B3	15	1 000
2	A1B2	11	900
3	A3B1	15	800
4	A1B3	11	1 000
5	A2B3	13	1 000
6	A3B2	15	900
7	A2B2	13	900
8	A2B1	13	800
9	A1B1	11	800

试验地选择在水田，所有小区位于同一地块。每个小区不少于 60 株，重复 3 次。试验地块四周设置不低于 2 行的保护行。

2. 施肥方法及大田管理

按当地基肥追肥比例，进行施肥，方式同当地生产技术方案，要求所有试验施肥时间与施肥方式相同，施肥量参考各个试验处理。各处理要求单灌单排，避免串灌串排，保证肥水不相互渗透。

3. 田间调查及记载

（1）生育期记载观察记载各处理烟株团棵期、现蕾期、打顶期、平顶期、采收晒制开始日期、采收晒制结束日期。

（2）主要农艺性状和生物学性状调查在平顶期调查株高、有效叶数、茎围、节距以及下二棚、腰叶、上二棚叶片的长和宽。

（3）经济性状调查各小区单独采收、单独调制，统一存放分级，测定各区等级结构、产量、产值。单独分级、单独称重，推算单位面积产量、产值和等级质量。

4. 样品分析检测

品质鉴定：取每个处理的上二、中二烟叶样品各 1.5kg，进行外观质量鉴定、化学成分分析、感官质量评吸鉴定。

(四) 结果与分析

1. 各试验处理生育期

从表 4-15 中可以看出，各试验处理生育期一致，可见不同氮肥用量和密度试验没有对生育期产生影响。

表 4-15　各试验处理生育期

代号	移栽期 (日/月)	团棵期 (日/月)	旺长期 (日/月)	现蕾期 (日/月)	打顶期 (日/月)	平顶期 (日/月)	下部叶晒制日期 (日/月)	中部叶晒制日期 (日/月)	上部叶晒制日期 (日/月)
A3B3	4/1	10/5	20/5	3/6	11/6	28/6	8/7	21/7	30/7
A1B2	4/1	10/5	20/5	3/6	11/6	28/6	8/7	21/7	30/7
A3B1	4/1	10/5	20/5	3/6	11/6	28/6	8/7	21/7	30/7
A1B3	4/1	10/5	20/5	3/6	11/6	28/6	8/7	21/7	30/7
A2B3	4/1	10/5	20/5	3/6	11/6	28/6	8/7	21/7	30/7
A3B2	4/1	10/5	20/5	3/6	11/6	28/6	8/7	21/7	30/7
A2B2	4/1	10/5	20/5	3/6	11/6	28/6	8/7	21/7	30/7
A2B1	4/1	10/5	20/5	3/6	11/6	28/6	8/7	21/7	30/7
A1B1	4/1	10/5	20/5	3/6	11/6	28/6	8/7	21/7	30/7

2. 各试验处理农艺形状

从表 4-16 中可以看出，不同氮肥用量和密度试验的农艺性状存在差异。亩施纯氮 15kg 的株高优于亩施纯氮 13kg 试验处理，亩施纯氮 11kg 试验处理株高相对最低。亩施纯氮 15kg 密度 900 株/亩试验处理（A3B1）留叶数最多；亩施纯氮 15kg 试验处理的茎围最小，上二棚叶长、腰叶长、腰叶宽相对较大；亩施纯氮 13kg 试验处理留叶数、茎围、节距、腰叶长宽、下二棚长宽次之，可见随着施氮量的增加烟叶的农艺性状呈正相关。

表 4-16　各试验处理农艺性状

编号	株高 (cm)	留叶数 (片)	茎围 (cm)	节距 (cm)	上二棚叶长 (cm)	上二棚叶宽 (cm)	腰叶长 (cm)	腰叶宽 (cm)	下二棚叶长 (cm)	下二棚叶宽 (cm)	上二棚长 (cm)	上二棚宽 (cm)
A3B3	64.3	17.6	11.6	3.4	69.8	29.3	77.0	35.6	80.7	36.5	77.7	33.5
A1B2	52.6	17.7	11.9	3.5	68.6	27.7	75.7	34.9	79.7	35.2	76.9	32.6
A3B1	55.3	18.4	11.9	3.5	69.2	28.8	75.9	34.7	77.8	36.5	78.3	32.9
A1B3	53.9	17.9	11.6	3.5	68.6	27.7	76.9	33.5	77.4	36.1	76.5	32.0
A2B3	57.5	17.9	11.2	3.9	68.6	28.6	74.0	34.4	74.7	36.1	76.8	31.3
A3B2	55.8	17.1	11.9	3.6	71.1	29.1	79.9	35.7	79.9	36.2	78.3	33.1

（续）

编号	株高 (cm)	留叶数（片）	茎围 (cm)	节距 (cm)	上二棚叶长 (cm)	上二棚叶宽 (cm)	腰叶长 (cm)	腰叶宽 (cm)	下二棚叶长 (cm)	下二棚叶宽 (cm)	上二棚长 (cm)	上二棚宽 (cm)
A2B2	51.5	17.2	12.0	3.4	70.7	29.1	75.7	35.1	77.8	36.2	79.7	33.5
A2B1	55.3	17.8	12.3	3.2	70.6	29.4	76.1	34.7	77.7	35.9	79.7	33.9
A1B1	56.3	17.3	12.2	3.5	70.7	28.5	75.3	34.3	78.9	36.4	76.7	32.6

3. 各个试验处理经济性状

从表 4-17 中可以看出，亩施纯氮 11kg 密度 900 株/亩试验处理（A1B2）的均价最高，其次为亩施纯氮 13kg 密度 800 株试验处理（A2B1）和亩施纯氮 15kg 密度 900 株试验处理（A3B2），亩施纯氮 11kg 密度 1 000 株每亩试验处理（A1B3）的均价最低；亩施纯氮 15kg 密度 900 株/亩试验处理（A3B2）的产值最高，其次为亩施纯氮 11kg 密度 900 株/亩试验处理（A1B2）；亩施纯氮 15kg 密度 800 株/亩（A3B1）和亩施纯氮 13kg 密度 900 株/亩（A2B2）试验处理的产值最低。

表 4-17　不同试验处理经济学形状

代号	均价（元/kg）	亩产量（kg/亩）	产值（元/亩）
A3B3	22.13	124.86	3 362.77
A1B2	23.38	121.28	3 418.44
A3B1	22.17	121.40	3 276.08
A1B3	21.97	123.42	2 711.53
A2B3	22.19	125.31	3 382.64
A3B2	22.35	126.20	3 446.18
A2B2	22.15	120.56	3 249.06
A2B1	22.46	124.75	3 400.91
A1B1	22.19	123.77	3 340.63

4. 各试验处理的外观质量

从表 4-18 中可以看出，不同施肥和密度对各个试验处理晒黄上部烟外观质量有一定的影响，所有施肥处理晒黄烟烟叶均在深黄到红棕之间，成熟度为成熟，身份稍厚一到稍厚，其中低施肥处理的细致程度中等，光泽强度略偏浅，弹性偏中等；中施肥处理的细致程度相对最好，光泽强度片稍暗一，弹性相对最优；高施肥处理细致程度略为稍粗＋，略偏粗，光泽强度片稍暗＋，略偏深，弹性一般，相对偏差。

表 4 - 18   不同试验处理上部烟叶外观质量

处理	部位	颜色	成熟度	身份	结构	油分	含青度	细致程度	光泽强度	弹性
A3B3	上部	红棕-	成熟	稍厚	尚疏松	有	8%	稍粗	稍暗	一般+
A1B2	上部	红棕	成熟	稍厚	尚疏松	有	6%	稍粗	稍暗+	较好
A3B1	上部	红黄	成熟	稍厚-	尚疏松+	有-	5%	稍粗+	稍暗	一般
A1B3	上部	红棕	成熟	稍厚	尚疏松	有	7%	稍粗	稍暗+	较好-
A2B3	上部	深黄+	成熟	稍厚	尚疏松	有	9%	稍粗-	稍暗-	较好-
A3B2	上部	红棕	成熟	稍厚	尚疏松-	有	3%	稍粗+	稍暗	一般
A2B2	上部	红棕	成熟	稍厚	尚疏松	有	3%	稍粗-	稍暗+	较好
A2B1	上部	深黄+	成熟	稍厚	尚疏松	有	7%	稍粗	稍暗+	较好
A1B1	上部	深黄	成熟	稍厚-	尚疏松	有-	7%	稍粗	尚鲜亮	一般

从表 4 - 19 中可以看出，不同施肥处理中部烟叶外观质量，不同施肥和密度试验处理的成熟度均为成熟，结构为疏松，油分有-，略有含青；其中低施肥试验处理的颜色为深黄为主，相对略偏浅，弹性为一般；中施肥试验处理的颜色金黄到深黄，颜色略偏深，细致程度均为尚细，相对较好，光泽强度尚鲜亮-为主体；高施肥试验处理的颜色为深黄偏红棕，颜色相对偏深，细致程度为尚细，相对较好，光泽强度尚鲜亮，相对较好。

表 4 - 19   不同试验处理中部烟叶外观质量

处理	部位	颜色	成熟度	身份	结构	油分	含青度	细致程度	光泽强度	弹性
A3B3	中部	红棕（土红）	成熟	中等-	疏松	有-	6%	尚细	尚鲜亮	一般
A1B2	中部	深黄	成熟	中等-	疏松	有-	7%	尚细	尚鲜亮	一般
A3B1	中部	红棕-	成熟	中等-	疏松	有-	9%	尚细	尚鲜亮	一般-
A1B3	中部	深黄+	成熟	中等-	疏松	有-	5%	尚细-	尚鲜亮	一般
A2B3	中部	金黄（土桔）	成熟	中等-	疏松	有-	5%	尚细	尚鲜亮-	一般
A3B2	中部	深黄-	成熟	中等-	疏松	有	4%	尚细	尚鲜亮	一般+
A2B2	中部	土黄	成熟	中等-	疏松	有-	6%	尚细	尚鲜亮-	一般
A2B1	中部	深黄	成熟	中等-	疏松	有-	4%	尚细	尚鲜亮	一般+
A1B1	中部	深黄	成熟	中等-	疏松	有	4%	尚细+	尚鲜亮	一般

5. 各试验处理化学成分

从表 4 - 20 中可以看出，不同施肥和密度试验处理的上部烟叶化学成分差异较大，低施肥处理随着亩均密度的增加总糖、还原糖呈增加的趋势，总植物碱、总氮随着亩均密度的增加呈降低的趋势。中施肥施肥处理、高施肥处理随着施氮量的增加总植物碱含量也呈降低的趋势，钾、氯含量差异不大。综合分析可见，在一定施氮水平下，晒黄烟叶上部烟叶随着密度的增加，总植物碱含量呈降低的趋势，在一定密度水平下，随着施氮量的增加总植物碱含量呈增加的趋势。

表 4-20　不同试验处理上部烟叶化学成分

处理	还原糖 (%)	总糖 (%)	总植物碱 (%)	总氮 (%)	K$_2$O (%)	Cl (%)	糖碱比	钾氯比
A3B3	8.71	9.86	3.99	3.11	3.23	0.28	2.2	11.5
A1B2	10.8	12.1	3.63	2.91	3.07	0.26	3.0	11.8
A3B1	8.82	10.4	4.34	3.18	2.97	0.28	2.0	10.6
A1B3	15.9	16.7	2.98	2.54	2.98	0.32	5.3	9.3
A2B3	9.47	10.7	3.69	3.16	3.19	0.33	2.6	9.7
A3B2	8.74	10.0	4.12	3.14	3.13	0.24	2.1	13.0
A2B2	11.7	12.6	3.95	2.95	3.05	0.31	3.0	9.8
A2B1	11.9	12.6	4.21	2.96	2.78	0.25	2.8	11.1
A1B1	8.98	10.1	3.80	3.42	3.38	0.45	2.4	7.5

从表 4-21 中可以看出，不同施肥和密度试验处理的中部烟叶化学成分差异较大，低施肥处理随着亩均密度的增加总糖、还原糖呈增加的趋势，总植物碱呈降低的趋势。中施肥处理随着亩均密度的增总糖、还原糖呈降低的趋势，总植物碱含量差异不明显。高施肥处理总植物碱含量与亩均密度变化规律和中、低施肥密度变化规律一致。综合分析可以看出中部烟叶晒黄烟总植物碱含量和上部烟叶变化规律基本一致。

表 4-21　不同试验处理中部烟叶化学成分

处理	还原糖 (%)	总糖 (%)	总植物碱 (%)	总氮 (%)	K$_2$O (%)	Cl (%)	糖碱比	钾氯比
A3B3	8.62	9.38	3.06	3.02	4.01	0.45	2.8	8.9
A1B2	9.50	10.8	2.85	2.98	4.24	0.46	3.3	9.2
A3B1	9.64	10.4	3.28	2.76	3.73	0.33	2.9	11.3
A1B3	11.30	11.70	2.78	2.84	3.85	0.37	4.1	10.4
A2B3	11.0	12.2	2.79	2.8	4.05	0.40	3.9	10.1
A3B2	9.36	10.9	3.07	2.99	4.08	0.48	3.0	8.5
A2B2	8.49	9.10	2.79	3.19	4.79	0.56	3.0	8.6
A2B1	11.6	12.6	2.72	2.81	3.86	0.34	4.3	11.4
A1B1	9.98	10.8	2.99	2.9	3.78	0.34	3.3	11.1

6. 各试验处理感官评析质量

从表 4-22 中可以看出，不同施肥和密度试验处理的中部烟叶的香型风格均为调味香型晒黄烟，低施肥试验处理的劲头为有到较显，随着施肥量的增加有偏大趋势，香气质均为适中＋，香气量总体偏低，浓度、余味、杂气相对处于降低水平，总体得分相对较低，低施肥处理中密度试验处理的香气质、香气量、余味、杂气等指标相对较好，总体得分相对较高；中施肥试验处理的劲头为较显一到较显，劲头适中到适中＋，香气质、香气量总体评价较好，浓度中等，余味最优，杂气少，总得分相对较高，质量档次好，其中A2B2香气质、香气量在所有试验处理中最高，浓度、余味杂气等各项评析指标均较好，总得分最高；高施肥试验处理的劲头为适中＋，香气质、香气量总体相对较好，其中高施肥处理高密度的香气质、香气量偏差，浓度最优，总得分相对较好，高施肥处理中中密度试验处理的各项指标优于其他两个高施肥处理，质量档次达到较好一水平。

表 4-22 不同试验处理中部烟叶感官评价质量

处理	香型		劲头	香气质	香气量	浓度	余味	杂气	刺激性	燃烧性	灰色	得分	质量
	风格	程度		15	25	10	20	10	10	5	5	100	档次
A3B3	调味香型(晒黄烟)	有＋	适中＋	10.93	19.36	7.43	15.57	6.79	7.29	3.36	3	73.7	中等＋
A1B2	调味香型(晒黄烟)	较显	适中＋	11.5	19.86	7.43	16.14	7.29	7.64	3.36	3	76.2	较好一
A3B1	调味香型(晒黄烟)	较显	适中＋	11.29	19.79	7.43	15.93	7.14	7.64	3.36	3	75.6	较好一
A1B3	调味香型(晒黄烟)	有＋	适中＋	10.93	16.57	7.14	15.64	6.93	7.43	3.36	3	71	中等
A2B3	调味香型(晒黄烟)	较显一	适中＋	11.07	19.36	7.29	15.71	7	7.5	3.36	3	74.3	中等＋
A3B2	调味香型(晒黄烟)	较显一	适中＋	11.36	19.79	7.43	16.14	7.21	7.64	3.36	3	75.9	较好一
A2B2	调味香型(晒黄烟)	有＋	适中＋	11.07	19.5	7.36	15.93	6.71	7.5	3.36	3	74.4	中等＋
A2B1	调味香型(晒黄烟)	较显一	适中	11.14	19.57	7.29	16.07	7.07	7.57	3.36	3	75.1	中等＋
A1B1	调味香型(晒黄烟)	有	适中＋	10.86	19.29	7.29	15.71	6.86	7.57	3.36	3	73.9	中等＋

（五）结论

1. 不同试验处理对农艺性状的影响

在本试验施氮水平和密度条件下，不同氮肥用量和密度试验没有对生育期无显著影响。高氮肥用量试验处理的株高大于中施肥试验处理，低施肥试验处理株高最低，综合来看施氮量和晒黄烟叶的农艺形状呈正相关。

2. 不同试验处理对经济性状的影响

综合分析可以看出，中施肥处理中密度试验处理的均价最高，高施肥处理中密度试验处理的亩产量最高，高施肥处理中密度试验处理的产值最高。

3. 不同试验处理对外观质量的影响

上部烟叶：各处理晒黄烟烟叶均在深黄到红棕之间，成熟度为成熟，身份稍厚—到稍厚，其中低施肥处理的细致程度中等，光泽强度略偏浅，弹性偏中等；中施肥处理的细致程度相对最好，光泽强度片稍暗一，弹性相对最优；高施肥处理细致程度略为稍粗＋，略偏粗，光泽强度片稍暗＋，略偏深，弹性一般，相对偏差。中部烟叶：低施肥试验处理的颜色为深黄为主，相对略偏浅，弹性为一般；中施肥试验处理的颜色金黄到深黄，颜色略偏深，细致程度均为尚细，相对较好，光泽强度尚鲜亮一为主体；高施肥试验处理的颜色为深黄偏红棕，颜色相对偏深，细致程度为尚细，相对较好，光泽强度尚鲜亮，相对较好。

4. 不同试验处理对化学成分的影响

在一定施氮水平下，晒黄烟叶上部烟叶随着密度的增加，总植物碱含量呈降低的趋势，在一定密度水平下，随着施氮量的增加总植物碱含量呈增加的趋势。

5. 不同试验处理对感官评析质量的影响

不同施肥和密度试验处理的中部烟叶的香型风格均为调味香型晒黄烟，低施肥试验处理香气质、香气量总体偏低，浓度、余味、杂气相对处于较低水平，总体得分相对较低；中施肥试验处理香气质、香气量总体评价较好，浓度中等，余味最优，杂气少，总得分相对较高，质量档次好，其中 A2B2 香气质、香气量在所有试验处理中最高，浓度、余味杂气等各项评析指标均较好，总得分最高；高施肥试验处理的香气质、香气量总体相对较好，其中高施肥处理高密度的香气质、香气量偏差，浓度最优，总得分相对较好。

三、晒黄烟不同打定时期与留叶数研究

(一) 试验目的

通过开展打顶时期与留叶数试验，确定不同打顶时期和留叶数对宁乡晒黄烟烟叶产量、质量的影响。

(二) 试验材料

1. 试验地点

湖南宁乡仙龙潭村柳山组

2. 试验品种

当地主栽品种（寸三皮）

（三）试验方法

1. 试验设计

选取当地具有代表性的土壤类型和田块，要求肥力中等，排灌良好，设置打顶时期（代号 A）、留叶数（代号 B）2 个因素。每个因素各设 3 个水平（株行距按照当地生产技术方案设置 1.2×0.65）。试验因素及水平见表 4-23。

表 4-23　试验设计表

试验因素	1	2	3
打顶时期（C）	蕾叶平齐	50%中心花开	盛花打顶
留叶数（D）	18 片	20 片	16 片

采用正交设计，共计 9 个处理组合。

表 4-24　处理方案表

处理	代号	打顶时期	留叶数
1	C3D1	盛花打顶	18 片
2	C1D2	蕾叶平齐	20 片
3	C3D3	盛花打顶	16 片
4	C1D3	蕾叶平齐	16 片
5	C2D3	50%中心花开	16 片
6	C3D2	盛花打顶	20 片
7	C2D2	50%中心花开	20 片
8	C2D1	50%中心花开	18 片
9	C1D1	蕾叶平齐	18 片

2. 施肥方法及大田管理

按当地基肥追肥比例，进行施肥，方式同当地生产技术方案，要求所有试验施肥时间与施肥方式相同，施肥量参考各个试验处理。各处理要求单灌单排，避免串灌串排，保证肥水不相互渗透。

3. 田间调查及记载

（1）生育期记载。观察记载各处理烟株团棵期、现蕾期、打顶期、平顶期、采收晒制开始日期、采收晒制结束日期。

（2）主要农艺性状和生物学性状调查。在平顶期调查株高、有效叶数、茎围、节距以及下二棚、腰叶、上二棚叶片的长和宽。

（3）济性状调查。各小区单独采收、单独调制，统一存放分级，测定各区等级结构、产量、产值。单独分级、单独称重，推算单位面积产量、产值和等级质量。

4. 样品分析检测

品质鉴定：取每个处理的中二烟叶样品各 1.5kg，进行外观质量鉴定、化学成分分析、感官质量评吸鉴定。

（四）结果与分析

1. 不同试验处理生育期调查

从表 4 - 25 中可以看出，各个试验处理在移栽期到现蕾期生育时期均一致，可见供试烟田选择合理，可以满足试验要求。蕾叶平齐试验处理的打顶期在 6 月 9 号，50％中心花开打顶试验处理的在 6 月 11 号，盛花打顶试验处理的打顶日期在 6 月 13 号，50％中心花开试验处理晒制日期早于蕾叶平齐和盛花打顶试验处理。

表 4 - 25　试验处理生育时期

处理	代号	移栽期 （日/月）	团棵期 （日/月）	旺长期 （日/月）	现蕾期 （日/月）	打顶期 （日/月）	平顶期 （日/月）	下部叶 晒制日期 （日/月）	中部叶 晒制日期 （日/月）	上部叶 晒制日期 （日/月）
1	C3D1	1/4	10/5	20/5	3/6	13/6	28/6	6/7	19/7	29/7
2	C1D2	1/4	10/5	20/5	3/6	9/6	28/6	7/7	19/7	29/7
3	C3D3	1/4	10/5	20/5	3/6	13/6	28/6	6/7	19/7	29/7
4	C1D3	1/4	10/5	20/5	3/6	9/6	28/6	7/7	19/7	29/7
5	C2D3	1/4	10/5	20/5	3/6	11/6	28/6	7/7	19/7	29/7
6	C3D2	1/4	10/5	20/5	3/6	13/6	28/6	6/7	19/7	29/7
7	C2D2	1/4	10/5	20/5	3/6	11/6	28/6	7/7	19/7	29/7
8	C2D1	1/4	10/5	20/5	3/6	11/6	28/6	7/7	19/7	29/7
9	C1D1	1/4	10/5	20/5	3/6	9/6	28/6	7/7	19/7	29/7

2. 不同试验处农艺性状调查

从表 4 - 26 中更可以看出，同一打顶时期内，随着留叶数的增加株高逐渐变高；盛花打顶试验处理的茎围、节距、腰叶长、上二棚叶长、下二棚叶长最大，蕾叶平齐和 50％中心花开放试验处理差异不显著。

表 4 - 26　不同试验处理农艺形状

处理	株高 (cm)	留叶数 (片)	茎围 (cm)	节距 (cm)	上二棚叶长 (cm)	上二棚叶宽 (cm)	腰叶长 (cm)	腰叶宽 (cm)	下二棚叶长 (cm)	下二棚叶宽 (cm)	上二棚长 (cm)	上二棚宽 (cm)
1	66.5	18	13.2	3.9	77.1	30.1	88.1	38.7	84.1	40.5	82.5	34.7
2	60.4	20	12.8	3.3	69.3	29.0	86.1	39.1	79.9	38.0	79.5	34.0
3	63.1	16	13.2	3.8	70.4	30.9	90.5	40.5	82.1	39.7	82.7	35.0
4	54.7	16	12.6	3.4	68.9	28.5	85.5	38.5	78.0	38.7	80.9	34.3
5	54.3	16	12.5	3.3	69.1	30.2	84.0	38.3	75.5	39.5	82.1	36.9
6	84.9	20	13.4	3.7	72.2	31.3	90.7	41.8	82.5	41.7	79.9	35.5
7	57.3	20	12.5	3.4	67.5	30.1	83.3	38.7	74.9	37.9	80.3	34.4
8	56.0	18	12.5	3.2	69.5	30.3	83.2	37.6	74.8	38.2	82.1	36.1
9	53.0	18	12.4	3.3	70.5	31.1	84.5	38.8	75.1	39.2	80.3	33.7

3. 不同试验处理经济学形状

从表 4 - 27 中可以看出，50％中心花 16 片（C2D3）试验处理的均价最高，其次为 50％中心花开 20 片试验处理（C2D2）和蕾叶平齐 16 偏试验处理（C1D3），蕾叶平齐 18 片试验处理的均价最低。50％中心花开试验处理的亩产量均最高，其次为盛花打顶试验处理，而蕾叶平齐试验处理的亩产量最低；50％中心花开 18 片试验处理的产值最高达到 3 441.1 元/亩，其次为 50％中心花 16 片试验处理（C2D3），蕾叶平齐试验处理的产值均最低。

表 4 - 27　不同试验处理经济学形状

处理	代号	均价（元/kg）	亩产量（kg/亩）	产值（元/亩）
1	C3D1	22.16	122.86	3 312.65
2	C1D2	22.29	120.80	3 272.76
3	C3D3	22.22	123.96	3 349.93
4	C1D3	22.41	120.82	3 287.39
5	C2D3	22.60	125.30	3 432.45
6	C3D2	22.03	124.19	3 331.99
7	C2D2	22.47	124.66	3 399.11
8	C2D1	22.26	127.30	3 441.10
9	C1D1	21.90	119.96	3 203.04

（五）结论

1. 不同试验处理对晒黄烟生育期的影响

不同打顶时期试验处理的平顶期一致，盛花打顶下部烟叶晒制日期迟于蕾叶平齐试验处理和 50％中心花开放打顶试验处理，中、上部晒黄烟晒制日期无差异。

2. 不同试验处理对晒黄烟农艺性状的影响

同一打顶时期内，随着留叶数的增加株高逐渐变高；盛花打顶试验处理的茎围、节距、腰叶长、上二棚叶长、下二棚叶长最大，蕾叶平齐和 50％中心花开放试验处理差异不显著。

3. 不同试验处理对经济学性状的影响

50％中心花 16 片（C2D3）试验处理的均价最高，其次为 50％中心花开 20 片试验处理（C2D2）和蕾叶平齐 16 偏试验处理（C1D3），蕾叶平齐 18 片试验处理的均价最低。50％中心花开试验处理的亩产量均最高，其次为盛花打顶试验处理，而蕾叶平齐试验处理的亩产量最低；50％中心花开 18 片试验处理的产值最高达到 3 441.1 元/亩，其次为 50％中心花 16 片试验处理（C2D3），蕾叶平齐试验处理的产值均最低。

四、饼肥用量对晒黄烟品质的影响

通过开展饼肥用量对晒黄烟烟叶产量、质量的影响试验，确定宁乡晒黄烟优质适产的饼肥用量。

（一）试验材料

1. 试验地点
湖南宁乡仙龙潭村柳山组

2. 试验品种
当地主栽品种（寸三皮）

（二）试验方法

1. 试验设计
选取当地具有代表性的土壤类型和田块，要求肥力中等，排灌良好，设置施亩施饼肥 30kg、50kg、70kg3 个试验处理

处理一：亩施饼肥 30kg

处理二：亩施饼肥 50kg

处理三：亩施饼肥 70kg

试验地选择在水田，所有小区位于同一地块。每个小区不少于 60 株，重复 3 次。试验地块 4 周设置不低于 2 行的保护行。

2. 施肥方法及大田管理

按当地基肥追肥比例，进行施肥，方式同当地生产技术方案，要求所有试验施肥时间与施肥方式相同，施肥量参考各个试验处理。各处理要求单灌单排，避免串灌串排，保证肥水不相互渗透。

3. 田间调查及记载

（1）生育期记载。观察记载各处理烟株团棵期、现蕾期、打顶期、平顶期、采收晒制开始日期、采收晒制结束日期。

（2）主要农艺性状和生物学性状调查。在平顶期调查株高、有效叶数、茎围、节距以及下二棚、腰叶、上二棚叶片的长和宽。

（3）济性状调查。各小区单独采收、单独调制，统一存放分级，测定各区等级结构、产量、产值。单独分级、单独称重，推算单位面积产量、产值和等级质量。

4. 样品分析检测

品质鉴定。取每个处理的中二烟叶样品各 1.5kg，进行外观质量鉴定、化学成分分析、感官质量评吸鉴定。

（三）结果与分析

1. 不同试验处理生育期调查表

从表 4-28 中可以看出不同试验处理生育期一致，可见不同的饼肥用量未对晒黄烟生育期造成明显影响。

表 4-28　不同试验处理生育期调查表

处理	移栽期（日/月）	团棵期（日/月）	旺长期（日/月）	现蕾期（日/月）	打顶期（日/月）	平顶期（日/月）	下部叶晒制日期（日/月）	中部叶晒制日期（日/月）	上部叶晒制日期（日/月）
处理一	1/4	10/5	20/5	3/6	10/6	28/6	9/7	22/7	1/8
处理二	1/4	10/5	20/5	3/6	10/6	28/6	9/7	22/7	1/8
处理三	1/4	10/5	20/5	3/6	10/6	28/6	9/7	22/7	1/8

2. 不同试验处理农艺性状调查表

从表 4-29 中可以看出，不同试验处理的农艺性状存在一定差距，亩施饼肥 70kg 试验处理（处理 3）的株高较高，留叶数相对较多，其他指标不明显。

表 4 - 29　不同试验处理农艺性状

处理	株高 (cm)	留叶数 (片)	茎围 (cm)	节距 (cm)	上二棚叶长 (cm)	上二棚叶宽 (cm)	腰叶长 (cm)	腰叶宽 (cm)	下二棚叶长 (cm)
处理一	57.1	18.2	12.5	3.1	71.8	28.7	84.6	36.1	80.4
处理二	55.3	18.7	12.0	3.5	73.5	30.0	86.3	36.5	83.9
处理三	61.3	18.7	12.4	3.4	71.2	29.5	85.3	35.9	83.3

3. 不同试验处理经济学形状

从表 4 - 30 中可以看出，不同试验处理均价和产值存在差异，亩产量差异不明显。亩施纯氮 70kg 试验处理的均价最高，其次为亩施纯氮 50kg 试验处理，其均价均显著高于亩施纯氮 30kg 试验处理；亩施纯氮 70kg 试验处理的产值最高，其次为亩施纯氮 50kg 试验处理，其产值均明显高于亩施纯氮 30kg 试验处理。

表 4 - 30　不同试验处理经济学形状

处理	均价 (元/kg)	亩产量 (kg/亩)	产值 (元/亩)
处理一	20.94	125.63	3 230.7
处理二	22.11	128.54	3 457.1
处理三	22.42	128.90	3 507.2

4. 不同试验处理的外观质量

从表 4 - 31 中可以看出，所有饼肥试验处理的晒黄烟部位均为上部，颜色为红棕，成熟度成熟，身份稍厚，结构疏松，其中每亩施饼肥 70kg 试验出来的油分为有＋，稍优于其他两个试验处理，亩施饼肥 30kg 试验处理的细致程度为稍粗－，弹性为一般＋略差于其他两个试验处理。

表 4 - 31　不同试验处理上部烟叶外观质量

处理	部位	颜色	成熟度	身份	结构	油分	含青度	细致程度	光泽强度	弹性
处理一	上部	红棕	成熟	稍厚	尚疏松	有	5%	稍粗－	稍暗－	一般＋
处理二	上部	红棕＋	成熟	稍厚	尚疏松	有	5%	稍粗	稍暗	较好
处理三	上部	红棕	成熟	稍厚	尚疏松	有＋	5%	稍粗	稍暗－	较好

从表 4 - 32 中可以看出，增施饼肥试验处理晒黄烟部位均为中部，亩施饼肥 60kg 试验处理的颜色略偏红黄，其他两个试验处理颜色片深黄，成熟度均为成熟，结构疏松，亩施饼肥 70kg 试验处理身份略厚于其他两个试验处理，为中等，细致程度和弹性随着饼肥的增加而增加。

表 4-32 不同试验处理中部烟叶外观质量

处理	部位	颜色	成熟度	身份	结构	油分	含青度	细致程度	光泽强度	弹性
处理一	中部	深黄	成熟	中等一	疏松	有一	5%	尚细一	尚鲜亮	一般+
处理二	中部	红黄	成熟	中等一	疏松	有	4%	尚细	尚鲜亮一	较好
处理三	中部	深黄	成熟	中等	疏松	有	3%	细	尚鲜亮	较好

5. 不同试验处理化学成分

从表 4-33 中可以看出，上部烟叶随着饼肥用量的增加，总糖、还原糖含量呈先升给后降的趋势，总植物碱含量和总氮含量随着饼肥的增加而增加，钾、氯含量基本接近。

表 4-33 不同试验处理上部烟叶化学成分

处理	还原糖 (%)	总糖 (%)	总植物碱 (%)	总氮 (%)	K_2O (%)	Cl (%)	糖碱比	钾氯比
处理一	8.36	8.57	3.83	3.33	3.03	0.35	2.2	8.7
处理二	8.34	9.04	3.69	3.52	3.16	0.42	2.3	7.5
处理三	7.66	8.03	4.35	3.66	3.04	0.35	1.8	8.7

中部烟叶，亩施饼肥 70kg 试验处理的总糖、还原糖含量最高，总植物碱含量随着饼肥的增加而降低，可见增施饼肥有效提高了晒黄烟的产量和香气质、香气量，由于产量的增加总植物碱含量反而呈降低的趋势。

表 4-34 不同试验处理中部烟叶化学成分

处理	还原糖 (%)	总糖 (%)	总植物碱 (%)	总氮 (%)	K_2O (%)	Cl (%)	糖碱比	钾氯比
处理一	8.48	8.82	3.53	3.52	3.25	0.50	2.4	6.5
处理二	8.73	9.16	3.26	3.28	3.85	0.52	2.7	7.4
处理三	10.20	10.70	2.77	2.91	3.91	0.41	3.7	9.5

6. 不同试验处理感官评析质量

从表 4-35 中可以看出，不同饼肥试验处理的香型风格均为调味香型晒黄烟，随着饼肥量的增加，香型程度、香气质、香气量呈增加的趋势，余味逐步趋优，杂气、刺激性降低，总得分呈增加的趋势，可见在一定范围内，增施饼肥可以有效提高晒黄烟的各项评析指标。

表 4 - 35　不同试验处理中部烟叶感官质量

| 处理 | 香型 | | 劲头 | 香气质 15 | 香气量 25 | 浓度 10 | 余味 20 | 杂气 10 | 刺激性 10 | 燃烧性 5 | 灰色 5 | 得分 100 | 质量档次 |
	风格	程度											
处理一	调味香型（晒黄烟）	有＋	较大－	10.93	19.43	7.57	15.5	6.86	7.36	3.36	3	74	中等＋
处理二	调味香型（晒黄烟）	较显－	适中＋	11.07	19.64	7.57	15.79	7.07	7.5	3.36	3	75	中等＋
处理三	调味香型（晒黄烟）	较显－	适中＋	11.21	19.79	7.5	16.14	7.29	7.57	3.36	3	75.9	较好－

（四）结论

1. 不同试验处理对农艺性状的影响

不同处理的农艺性状存在一定差距，亩施饼肥 70kg 试验处理（处理了）的株高较高，留叶数相对较多，其他指标不明显。

2. 不同试验处理对经济性状的影响

亩施纯氮 70kg 试验处理的均价最高，其次为亩施纯氮 50kg 试验处理，两者均价均显著高于亩施纯氮 30kg 试验处理；亩施纯氮 70kg 试验处理的产值最高，其次为亩施纯氮 50kg 试验处理，两者产值均明显高于亩施纯氮 30kg 试验处理。

3. 不同试验处理对外观质量的影响

上部烟叶：每亩施饼肥 70kg 试验出来的油分为有＋，稍优于其他两个试验处理，亩施饼肥 30kg 试验处理的细致程度为稍粗－，弹性为一般＋略差于其他两个试验处理。中部烟叶：增施饼肥试验处理部位均为中部，亩施饼肥 60kg 试验处理的颜色略偏红黄，其他两个试验处理颜色片深黄，成熟度均为成熟，结构疏松，亩施饼肥 70kg 试验处理身份略厚于其他两个试验处理，为中等，细致程度和弹性随着饼肥的增加而增加。

4. 不同试验处理对化学成分的影响

亩施饼肥 70kg 试验处理的总糖、还原糖含量最高，总植物碱含量随着饼肥的增加而降低，可见增施饼肥有效提高了晒黄烟的产量和香气质、香气量，由于产量的增加总植物碱含量反而呈降低的趋势。

5. 不同试验处理对感官评析质量的影响

随着饼肥量的增加，香型程度、香气质、香气量呈增加的趋势，余味逐步趋优，杂气、刺激下降低，总得分呈增加的趋势，在一定范围内可见增施饼肥可以有效提高晒黄烟的各项评析指标。

五、微肥对晒黄烟品质的影响

通过开展微肥用量对晒黄烟烟叶产量、质量的影响研究，确定微肥在晒黄烟叶中的作用，为后期微肥用量和品种提供支撑。

（一）试验材料

1. 试验地点
湖南宁乡仙龙潭村柳山组

2. 试验品种
当地主栽品种（寸三皮）

（二）试验方法

1. 试验设计

选取当地具有代表性的土壤类型和田块，要求肥力中等，排灌良好，设置施亩施饼肥微肥试验，常规试验2个试验处理，每个处理3次重复。

处理1：微肥试验处理

处理2：常规试验处理

试验地选择在水田，所有小区位于同一地块。试验地块四周设置不低于2行的保护行。

表4-36 田间布局

地块1（重复1）	保护行2行	保护行2行		保护行2行
		处理1	处理2	
		保护行2行		
地块2（重复2）	保护行2行	保护行2行		保护行2行
		处理2	处理1	
		保护行2行		
地块3（重复3）	保护行2行	保护行2行		保护行2行

2. 施肥方法及大田管理

按当地基肥追肥比例，进行施肥，方式同当地生产技术方案，要求所有试验施肥时间与施肥方式相同，施肥量参考各个试验处理。各处理要求单灌单排，避免串灌串排，保证肥水不相互渗透。

3. 田间调查及记载

（1）生育期记载观察记载各处理烟株团棵期、现蕾期、打顶期、平顶期、采收晒制开始日期、采收晒制结束日期。

（2）主要农艺性状和生物学性状调查在平顶期调查株高、有效叶数、茎围、节距，以及下二棚、腰叶、上二棚叶片的长和宽。

（3）经济性状调查各小区单独采收、单独调制，统一存放分级，测定各区等级结构、产量、产值。单独分级、单独称重，推算单位面积产量、产值和等级质量。

4. 样品分析检测

品质鉴定：取每个处理的上二、中二烟叶样品各 1.5kg，进行外观质量鉴定、化学成分分析、感官质量评吸鉴定。

（三）结果与分析

1. 不同试验处理生育期

从表 4-37 中可以看出不同试验处理的生育期一致，可见喷施微肥未对大田烤烟生育期产生影响。

表 4-37 不同试验处理生育期

处理	移栽期 （日/月）	团棵期 （日/月）	旺长期 （日/月）	现蕾期 （日/月）	打顶期 （日/月）	平顶期 （日/月）	下部叶晒制日期 （日/月）	中部叶晒制日期 （日/月）	上部叶晒制日期 （日/月）
1	1/4	10/5	20/5	3/6	11/6	28/6	8/7	20/7	30/7
2	1/4	10/5	20/5	3/6	11/6	28/6	8/7	20/7	30/7

2. 不同试验处理农艺性状

从表 4-38 中可以看出不同试验处理农艺性状存在一定差异，喷施微肥试验处理的节距、株高、上二棚叶长优于未喷施试验处理，可见微肥试验处理对株高和节距及顶叶开片有着一定影响。

表 4-38 不同试验处理农艺性状

处理	节距 （cm）	上二棚叶长（cm）	上二棚叶宽（cm）	腰叶长（cm）	腰叶宽（cm）	下二棚叶长（cm）	下二棚叶宽（cm）	上二棚长（cm）	上二棚宽（cm）
1	3.18	69.2	29.6	82.6	36.2	82.8	35.6	76.8	33.6
2	3.44	71.2	31.4	82	36.6	80.6	35.4	79.2	34.4

3. 不同试验处理的外观质量

从表 4-39 中可以看出，微肥试验处理的颜色为深黄，常规试验处理晒黄烟颜色为红棕，略深于常规试验处理；微肥试验处理的叶片结构为尚疏松一，常规试验处理叶片结构为疏松，微肥试验处理的油分为有＋，优于常规试验处理；微肥试验处理晒黄烟总体含青程度略轻于常规试验处理，光泽强度略鲜亮于常规试验处理。

表 4 - 39　不同试验处理上部烟叶外观质量评价

处理	颜色	成熟度	身份	叶片结构	油分	含青度	细致程度	光泽强度	弹性	鉴定等级
微肥	深黄	成熟	稍厚	尚疏松—	有+	3%	稍粗—	尚鲜亮	较好	B2
常规	红棕	成熟	稍厚—	尚疏松	有	5%	稍粗—	稍暗—	较好	B2

从表 4 - 40 中可以看出，两个试验处理的晒黄烟颜色均为红黄，成熟度为成熟，身份中等，油分为有+，其中常规试验处理的叶片结构略偏紧为疏松+，微肥试验处理的细致程度略偏细为尚细+，弹性优于常规试验处理为好。

表 4 - 40　不同试验处理中部烟叶外观质量评价

处理	颜色	成熟度	身份	叶片结构	油分	含青度	细致程度	光泽强度	弹性	鉴定等级
微肥	红黄	成熟	中等	疏松	有+	5%	尚细+	尚鲜亮	好	C2
常规	红黄	成熟	中等	疏松+	有+	5%	尚细	尚鲜亮	较好	C2

4. 不同试验处理化学成分

从表 4 - 41 中可以看出：微肥试验处理的总糖、还原糖略、总氮、总钾、总植物碱等各项常规化学成分指标均略低于常规试验处理。

表 4 - 41　不同试验处理上部烟叶外化学成分

处理	还原糖（%）	总糖（%）	总植物碱（%）	总氮（%）	K_2O（%）	Cl（%）
微肥处理	8.7	9.18	3.52	3.57	2.76	0.33
常规处理	8.65	9.2	4.14	3.62	2.94	0.39

从表 4 - 42 中可以看出，微肥试验处理的总糖、还原糖略、总氮、总钾、总植物碱等各项常规化学成分指标均略低于常规试验处理，和中部烟叶化学成分含量一致。

表 4 - 42　不同试验处理中部烟叶外化学成分

处理	还原糖（%）	总糖（%）	总植物碱（%）	总氮（%）	K_2O（%）	Cl（%）
微肥处理	7.99	8.41	3.39	3.73	3.31	0.51
常规处理	8.24	8.71	3.54	3.54	3.67	0.58

5. 不同试验处理感官评析质量

从表4-43中可以看出,供试样品的香型风格为调味香型晒黄烟,劲头适中+,香气质、香气量、浓度、余味、杂气等各项评析指标差异不大,但微肥试验处理的香型程度为较显-,略优于常规试验处理。

表4-43 不同试验处理感官质量

处理	香型风格	香型程度	劲头	香气质 15	香气量 25	浓度 10	余味 20	杂气 10	刺激性 10	燃烧性 5	灰色 5	得分 100	质量档次
微肥	调味香型(晒黄烟)	较显-	适中+	11	19.42	7.25	15.5	6.83	7.58	3.42	3	74	中等+
常规	调味香型(晒黄烟)	有+	适中+	11.08	19.5	7.25	15.67	7	7.58	3.42	3	74.5	中等+

(四) 结论

1. 不同试验处理对农艺性状的影响

不同试验处理的生育期一致,喷施微肥试验处理的节距、株高、上二棚叶长优于未喷施试验处理,微肥试验处理对株高和节距及顶叶开片有一定影响。

2. 不同试验处理对外观质量的影响

上部烟叶:微肥试验处理的颜色略深于常规试验处理;微肥试验处理的叶片结构为尚疏松-,常规试验处理叶片结构为疏松,微肥试验处理的油分优于常规试验处理;微肥试验处理晒黄烟总体含青程度略轻于常规试验处理,光泽强度略鲜亮于常规试验处理。中部烟叶:常规试验处理的叶片结构略偏紧为疏松+,微肥试验处理的细致程度略偏细为尚细+,弹性优于常规试验处理,为好。

3. 不同试验处理对化学成分的影响

微肥试验处理的总糖、还原糖、总氮、总钾、总植物碱等各项常规化学成分指标均略低于常规试验处理,但差异不显著。

4. 不同试验处理对感官评析质量的影响

不同试验处理的晒黄烟香型风格为调味香型晒黄烟,劲头适中+,香气质、香气量、浓度、余味、杂气等各项评析指标差异不大,但微肥试验处理的香型程度为较显-,略优于常规试验处理。

第四节　宁乡晒黄烟标准化生产技术

一、烟田整地

(一) 目的和意义

整地的目的在于疏松耕作层，清除杂草，改良土壤理化特性，改善土壤通透性和保肥畜墒能力，减少病虫害的发生和传播，便于田间管理，促进烟株早生快发，给烟株生长创造良好的土壤环境。

(二) 翻耕

1. 时间

一般在 11～12 月最适宜，稻烟轮作区于晚稻成熟后期及时沥水，收获后进行晒田和及时翻耕、晒垡，提高地温、疏松土壤。

2. 深度

以根系密集的范围为宜，翻耕深度不低于 20cm。

图 4-19　翻　耕

(三) 起垄

1. 时间

一般情况下，在烟苗移栽前 15～20d 起垄。

2. 规格

起垄高度不低于 30cm；围沟或十字沟应比垄沟深 5～10cm，便于排水。行距为稻田行距 1.2m，旱土行距 1.1m。

3. 垄体走向

一般烟垄的走向要顺着当地经常出现的风向、水流进行起垄，利于加快烟田内空气流通和排灌。

图 4-20 起 垄

二、水旱两段式育苗

(一)水旱两段式育苗技术原理及优点

前期按照漂浮育苗技术规程在育苗工场进行水床育苗，当烟苗达到4叶1芯时，假植到已装填营养土的托盘里进行旱床育苗，最后在烟苗达到8叶1芯的时候进行大田移栽。

因其综合了漂浮育苗和营养土托盘育苗的优点，互为补充，具有生产集约化、管理规范化、烟苗生长一致、病虫害发生少，烟苗健壮、移栽简便、烟苗还苗期短等优点。

(二)场地要求

要求避风向阳，地势平坦，地下水位低，小气候有利于气温、地温回升，并靠近洁净水源（井水、自来水），排灌方便，交通便利的平地；不应在马铃薯地、蔬菜地（特别是番茄、辣椒等）、油菜地建造苗棚；不应在风口处、山脚下、地下水位较高的地方建造苗棚。

(三)技术要求

1. 消毒

新苗盘不用消毒，旧苗盘必须消毒后才能使用。方法是：在播种前用育宝或二氧化氯溶液喷洒或浸泡消毒，晾干备用。

2. 基质装填

首先把基质用水洒湿拌匀，使持水量达到80％左右，即"手捏成团，落地即散"为宜。太干导致装基质时，基质空隙太大，不易吸水和保水；太湿装基质困难，同时易吸水导致湿度过大。装满苗盘后手执苗盘平衡振动，以便基质装填均匀、松紧适度。

图 4 - 21　配制营养土

3. 播种

播种方法是先用压孔器在装好基质的苗盘上压孔，孔深 2～3mm，采用"播种器（机）和人工补播"的形式播种，每孔播种 1～2 粒，播完后立即反复洒水，使种子吃透水分包衣裂开为宜。

4. 营养液管理

正常情况下营养液分 2 次添加。当苗床烟苗发芽后即加第一次营养液，浓度为半瓶/亩，先在水桶中灌水搅拌，再倒入漂浮池内混匀。水位要求保持在 5cm左右，以后必须经常检查水量，保持该水位；出苗后 15d 左右，添加第二次营养液，浓度依旧为半瓶/亩，水位保持一致。第三次加营养液看烟苗长势而定，如长势不旺的可再次适当添加。池中溶液的 pH 保持在 5.5～6.8 之间，可用 pH试纸测定。高于此值，可加 0.1mol/L 的盐酸或硫酸溶液进行校正；若低于此值，可加入 0.1mol/L 的氢氧化钠溶液校正。漂浮池的水必须是自来水或洁净的井水，决不能用山塘水、沟水等。

5. 温湿度管理

主要通过盖膜与揭膜来进行调节。

（1）温度管理在漂浮盘下水后，立即盖好大、小棚。出苗前一般不要揭膜（棚内温度 35℃时以上时要揭膜通风降温），主要是进行保温、保湿，使种子尽快出苗和提高出苗率。

当种子出苗后至小十字期仍以保温为主，晴天可适当揭开大棚膜两头通风降温。进入小十字期，不管晴天或阴天在中午必须揭开大棚两头通风换气1～2h再盖好，即使在气温较低的天气，也要每隔两天在中午揭开大棚两端膜换气1～2h。4叶1芯至5叶1芯期，当膜内气温达到28℃以上时就要揭开大棚膜通风降温，使膜内温度保持在28℃左右，如果仍降不下温度，可在大棚中间两边腰上揭开裙膜通风降温，同时再揭开小棚两边膜降温，在下午5点左右再盖好。4～5叶时可假植到托盘中。

（2）湿度管理从播种至出苗期主要以保湿为主，棚内湿度可达到90％。小十字期至大十字期，仍以保湿为主，棚内湿度保持在80％左右，如大棚内雾气弥漫，小棚内膜上挂满水珠，要先揭开大棚膜两头通风降湿一段时间，再揭小棚膜两边通风降湿，以免水珠滴伤烟苗。大十字期后，棚内湿度保持在70％左右，当大棚内大雾弥漫时要先揭开大棚两头通风降湿，再揭小膜两边降湿。

（3）水分管理实行前浅后深的池水管理。播种至出苗期由于气温和水温较低，育苗池水面可适当降低（4叶前，池水4～5cm），4叶后，待气温和水温上升后再加水加肥至8～10cm。育苗过程中由于蒸发或底膜渗漏等原因会导致育苗池中水分减少，应及时注入清水至适宜水位。

6. 病虫害防治

（1）农业防治。严禁非工作人员进入棚内；操作人员进入棚内严禁吸烟，不得在育苗池中洗手；修剪烟苗或间苗时，工具须用5％的肥皂液浸泡或酒精或漂白粉消毒，修剪掉的和间苗剩下的余苗应及时清理出棚外；在开门通风或炼苗过程中要注意防治蚜虫等害虫；苗床出现病株时，应及时拔除，并对症下药；育苗场地四周环境是病虫害传播的主要场所，其维护措施是：保证育苗拱棚20m内无堆捂的粪堆，定期铲除拱棚四周及排水沟边的杂草并进行药剂消毒，一般用90％的敌百虫原药600倍液和25％多菌灵300倍液分别喷洒2～3次即可；加强大棚温湿管理，防止病害发生。

（2）药剂预防。花叶病：一般进行2～3次防治。每次动苗前3～5d用病毒防治剂防治一次。猝倒病、炭疽病：用72％甲霜灵锰锌可湿性粉剂800倍液、80％退菌特粉剂800倍液或25％多菌灵500倍液喷施。黑胫病：在烟苗移栽前用72％甲霜灵锰锌可湿性粉剂800倍液或移栽灵1 500倍液喷雾一次预防黑胫病。夜蛾科虫害：可用40％辛硫磷乳剂0.5kg加适量水浇洒育苗池地膜下的土壤中，或用2.5％溴氰菊酯乳油3 000倍液药液于傍晚进行喷雾。蛞蝓：用100倍氨水直接喷到虫体上，或用密达颗粒剂按50粒/m² 用量撒施于烟株周围，漂浮池外用生石灰围圈，还可于清晨或傍晚拉开池膜人工捕杀。防止藻类危害，可用0.025％的硫酸铜溶液均匀加入池内水中或喷施。

（3）防止盐害。当育苗盘盘面基质（水分满足的情况下）发白，烟苗发黄时，即发生了盐害，必须及时洒水，每天早晚各洒一次，连续1～2d溶解盐分。

7. 子床管理

（1）子床准备。要求苗床长 10～12m，宽 1～1.1m，每亩大田需子床面积 4～5m²。

（2）营养土的配制与消毒。营养土按 60％的过筛稻田土或山上土、40％的火土灰、每亩 0.5kg 基肥充分拌匀。

（3）托盘消毒。凡用过的托盘，必须用 1％～2％的福尔马林喷洒消毒或用 1％的石灰水浸泡 24h，再用清水洗净晾干。

（4）假植。当大棚漂浮烟苗长到 4～5 叶时即可假植。假植前先把装好营养土的托盘放在子床上，再在子床四周的托盘下锥用泥土封好，以便保水保温。把取出的烟苗栽到托盘内，每孔一株，栽后浇水，使营养土充分湿润，起拱盖膜。

图 4 - 22　烟苗寄栽

（5）水分管理。烟苗假植后 3 天，每天应适当浇水。成活后，视营养土的干湿情况而定，一般保持营养土干湿相间，如表土发白应立即浇水。当烟苗长到 7～8 叶时应控水炼苗。

（6）温度管理。烟苗假植后立即起拱盖膜保温。如遇低温天气全天不可揭膜，但每隔 1～2d 中午揭开拱棚两端膜通风透气 1～2h；如晴天则每天要适当揭膜换气，当膜内温度超过 30℃时，则必须要揭膜通风降温，以防烧苗。

（7）追肥烟苗。成活以后，如烟苗因缺肥发黄时，可用烟草专用苗肥兑水成 1％～5％的浓度洒施，施肥后洒清水一遍，以防肥料沾叶烧苗。

图 4-23　洒　水

（8）剪叶。应坚持"前促、中稳、后控"的原则。当烟苗长到 6 叶 1 芯和 7 叶 1 芯时，各剪叶一次。第一次剪去单叶面积的 1/2，第二次剪去单叶面积的 1/3。注意操作前的工具和手的消毒。剪叶时间应在叶片露水干了后再剪。每次剪叶后应注意及时清除掉落盘内的碎叶。

（9）炼苗。当烟苗 7 叶 1 芯时开始炼苗，适当减少供水量，第一天揭膜1/3，第二天揭膜 1/2，第三天全揭，使烟苗逐渐适应外界环境，增加抗逆性。8 叶 1 芯时即可移栽。

图 4-24　剪叶炼苗

三、大田管理

（一）移栽

1. 移栽期

日平均气温稳定在10℃以上。一般选择在3月中下旬，根据天气情况适时移栽。

2. 移栽密度

实行宽行窄株栽培方式，水田栽培密度为1.2m×0.5m，亩栽1 100株左右；旱土及高岸田栽培密度为1.1m×0.5m，亩栽1 200株左右。

3. 移栽方法

（1）干栽。先栽烟后浇水，即先按预定的行、株距刨穴或开沟施肥，将土、肥充分拌匀，再扒开松土栽植烟苗，然后及时浇水，水渗干后覆土封穴。一般以此移栽方法较常用。

（2）水栽。先浇水后栽烟，即先按行株距挖穴或开沟施肥，将土、肥充分拌匀，浇水入穴或引水入沟，趁水尚未渗下栽苗入穴，水渗后撒上农药再覆土封穴。

图4-25 移栽

（二）合理施肥

1. 施肥原则

以生产优质烟叶为目标，在养分需求与供应平衡的基础上，坚持有机肥料与无机肥料相结合；坚持大量元素与中量元素、微量元素相结合；坚持基肥与追肥相结合；坚持用地与养地相结合。

2. 施肥总量

每亩用氮肥 10～10.5kg，氮、磷、钾肥之比为 1.0：（0.8～1.0）：（2.2～2.5）。

3. 施肥模式

施肥推荐采用"专用基肥＋专用提苗肥＋专用追肥＋硫酸钾"的施肥模式（表4-44）。

表 4-44　施肥模式表

施肥方式	肥料种类	肥料用量（kg/亩）	备注
基肥	火土灰	800～1 000	
	厩肥	300～500	
	饼肥	10～20	根据土壤和品种等因素确定是否使用和使用量
	烟草专用基肥	7.5	
追肥	烟草专用提苗肥	15	
	烟草专用追肥	50	
	硫酸钾	15	

4. 施肥方法

（1）基肥移栽前 10～15d 深施基肥，采用双层施肥法。每亩用量：火土灰 1 000kg、腐熟的厩肥 300～500kg、饼肥 10kg、烟草专用基肥 50kg。穴施基肥时，一定将肥料散开并与泥土拌匀，以免局部浓度过高而伤根烧苗。

（2）追肥原则上分 5 次追肥：第一次在移栽后 5～7d 还苗后，每亩用 2～3kg 烟草专用提苗肥浇施；第二次在移栽后 10～15d，每亩用 3～4kg 烟草专用提苗肥浇施，再用 5～10kg 烟草专用追肥浇施；第三次在移栽后 20～25d，每亩用余下提苗肥（1～1.5kg）补追欠肥烟株，再用 10～15kg 烟草专用追肥浇施；第四次在移栽后 30～35d，每亩用 5kg 硫酸钾和 20～25kg 烟草专用追肥浇施；第五次可在移栽后 40～45d 左右，每亩用余下追肥（5kg 左右）补追欠肥烟株，再用 10kg 硫酸钾浇施。

（三）中耕培土

中耕根据大田生产情况分三次进行。第一次在还苗后（栽后 10d 左右）进行浅中耕小培土；第二次在烟株进入团棵期前（约栽后 25～30d），结合施肥进行

图 4 - 26 施 肥

大中耕高培土，同时摘除近地的 1～2 片脚叶；第三次中耕在打顶前后进行，除净杂草，消除板结，摘除近地的 1～2 片老脚叶，确保近地烟叶通风透光良好，利于成熟，防止早衰。

图 4 - 27 中耕培土

（四）水分管理

1. 烟草不同生育期的需水规律

（1）还苗期（移栽至成活）。还苗期土壤含水量应达到田间最大持水量的 70%～80%。

（2）伸根期（还苗至团棵）。此期土壤湿度为田间最大持水量的 50％～60％较为适宜。

（3）旺长期（团棵至现蕾）。烟草生长最旺盛及干物质积累最多的时期，土壤湿度保持田间最大持水量的 80％为宜。

（4）成熟期（现蕾至收烤完毕）。主要是干物质的合成、转化和积累时期，需水较少，土壤湿度应保持在田间最大持水量为 65％～80％为宜。

2. 灌水类别

（1）安蔸水。移栽时浇足安蔸水，使土壤塌实，根、土紧密接触。

（2）还苗水。其目的在于促进烟苗迅速发根，提早成活，恢复正常的生命活动。移栽后天气干旱可浇水 1～2 次。

（3）伸根水。一般烟田土壤相对含水量在 50％～60％时可不浇水，以利蹲苗，促进烟株根系发育。在严重干旱的情况下可适当轻浇。

（4）旺长水。旺长初期以水调肥，肥水促长。如果墒情不足要适量浇水，掌握"到头流尽不积水，不使烟垄浸透"；旺长中期保持地表不干，但注意促中有控；旺长后期对水分可适当控制，保持土壤相对含水量 70％～80％。

（5）圆顶水。在打顶后，如果土壤干旱，应适当浇水，促进上部烟叶充分伸展，并利于中下部烟叶成熟烘烤。

3. 烟田灌水方法

（1）穴浇。移栽后持续干旱时采用。顺烟株根系每株灌水 1～2kg。

（2）沟灌。可采用大田漫灌，也可采用单沟灌水或隔沟灌水。

（3）滴灌。节水灌溉办法，利用动力将水加压，使之从干管进入支管，支管上按照烟株株距插入毛管作为点水源，水滴连续进入土壤。此法是烟田较好的节水灌溉方法，但滴管的成本较高，管道系统的铺设和安装费时费工。

（4）喷灌。利用喷灌设备，将水从喷枪喷出，形成模拟人工降雨均匀灌溉烟田。省工，节水，减轻病虫害。

第五节　晒黄烟主要病害及其防治

一、烟草炭疽病

（一）发病时期

在烟草整个生育期均可发病。一般年份以苗期为主，整个苗床阶段均可受害。但在低温多雨年份，新移栽的烟苗和大田烟株也可发病。

（二）发病部位

以叶片为主，尤其是下部叶，茎、叶柄、果实、种子均可发病。

（三）症状特点

叶片感染，初期在叶片上产生暗绿色水渍状小点，1～2d 内可扩展成直径 2～5mm 的病斑。在干燥条件下，病斑边缘呈黄褐色或褐色，中央灰白色，稍凹陷，后期病斑中央呈羊皮纸状、破碎、穿孔；在潮湿条件下，病斑稍大，颜色较深，呈褐色或黄褐色，有时有轮纹，并产生小黑点。病斑密集时，常形成大斑块或枯焦似火烧状，俗称"烘斑"。病斑较多或较大时，常使幼苗倒折或叶片折断。茎上发病，病斑呈梭形、较大、呈网状裂纹、凹陷、黑褐色。成株发病多从脚叶开始，逐渐向上蔓延，发病症状与苗期基本相同。

（四）病原菌

烟草炭疽病菌属半知菌亚门，炭疽菌属。

（五）发病规律

（1）病害循环。烟草炭疽病以菌丝、分生孢子盘在病株残体、混有病残体的土壤肥料及种子内外越冬，成为次年的初侵染源。在大田里的其他感病寄主植物也是此病的初侵染来源之一。发病部位产生的大量分生孢子可借风雨传播而进行多次再侵染。

（2）发病条件。烟草炭疽病菌对温度的要求范围很广，但以 20～30℃为发病的最适宜温度，超过 35℃则很少发病。水分对炭疽病菌的传播、繁殖、分生孢子的萌发及传染起着重要的作用，雨量越大、次数越多，则发病越严重；天气转晴，病情则停止发展。

图 4-28　炭疽病苗期叶片危害状

图 4-29　炭疽病苗床危害状

（六）防治方法

（1）要选择地势较高、排灌方便、土壤肥沃疏松的土地作苗床。苗床要远离烤房，不宜选菜地和烟地作苗床。

（2）搞好苗床消毒，可用施美地或甲醛进行药剂消毒。

（3）加强苗床管理，开好排水沟，注意通风降温降湿。

（4）药剂防治在烟苗长到 2～3 片真叶时，喷施 1：1：（160～200）波尔多液，每隔 7～10 天喷一次，连续 2～3 次；发病后可选用 50% 的甲基托布津可湿性粉剂 500～700 倍液，或 50% 代森锌可湿性粉剂 500 倍液喷施，每隔 5～7d 一次，连续 2～3 次，严重的 4～5 次。

二、烟草猝倒病

（一）症状

猝倒病主要为害幼苗，以 3～5 片真叶期最易发病。发病初期，茎基部呈褐色水渍状软腐，并环绕茎部，幼苗随即枯萎倒卧地面，叶子依靠水分保持几天绿色或很快腐烂，苗床呈现一块块空斑，如苗床湿度大时，病苗周围可见密生一层白色絮状物。

（二）病原菌

由腐霉属真菌引起烟草猝倒病。

（三）发病规律

（1）病害循环。腐霉菌主要生存于耕作土壤中，以腐生或在植物上和腐烂的有机物上兼生寄生。在土壤中或病残体上越冬，成为来年的初侵染源，环境条件适宜时在土壤界面上下萌发，侵染烟草茎基部或根系。引起幼苗腐烂，并在病部表面产生孢子囊和游动孢子，借助灌溉和雨水传播，进行再次侵染。

图 4 - 30　烟草猝倒病苗床危害状

（2）流行条件。烟草猝倒病可发生于适合烟草生长的任何温度条件下，但病害严重发生的温度一般低于烟草生长的最适宜温度（26～30℃），如果几天内气温低于24℃，猝倒病便会迅速发生蔓延。土壤湿度是影响猝倒病发生的最重要因素。苗床排水不良，土壤含水量高，利于病菌的传播和繁殖。同时，高湿度造成土壤环境缺氧，影响幼苗根系生长发育，促使根系渗出液迅速扩散，提供病菌生长、侵染的营养。此外，苗床覆盖时间过长，通风不良，植株过密，植株间湿度过大，导致病菌在株间相互传播，加剧了病害的发生为害。土壤 pH 低于 5.0 时腐霉菌不会引起猝倒病，在 5.2～8.5 时易发生。

（四）防治方法

猝倒病是为害苗床的主要土传病害，加强苗床管理是防治的主要措施。

（1）选用无病土育苗苗床。避免选用菜园土和烟草重茬地。

（2）进行苗床土壤消毒。于播种前 10d 左右用施美地进行土壤消毒；也可用 50%的甲基托布津或 50%的多菌灵拌干细土 10～15kg 撒于苗床，用药量为 8～10g/m²。

（3）加强苗床管理。苗床留苗密度要适宜，幼苗三叶期前少浇水，注意排水，湿度过大可撒干细土吸湿。加强苗床通风排湿。

（4）药剂防治。烟苗大十字期后可用波尔多液［1∶1∶（160～200）］，每隔7～10d喷雾一次进行预防。发病后，可选用25%的甲霜灵可湿性粉剂500～600倍液，或58%甲霜灵锰锌800倍液进行喷施，连续2～3次，间隔5～7d。

三、烟草黑胫病

（一）症状

烟草黑胫病主要侵染烟草的根和茎基部，在根茎上形成黑色凹陷的病斑，故称"黑胫病"。

（1）苗期症状。一般发病较少。幼苗首先在近土表的的茎基部出现暗褐色至黑色的病斑或底叶受到侵染，再沿叶柄扩展到茎上，常引起"猝倒"症状。但与烟草猝倒病引起的猝倒不同的是：苗床期烟草黑胫病病苗的部分或全部根系受侵染腐烂变黑，而烟草猝倒病发在病前、中期根系较少受到侵染。

（2）旺长期症状。病菌主要侵染在根系和茎的地下部分。因此，首先看到的症状是烟株叶片突然萎蔫下垂，几天后叶片变黄枯萎。在病害早期拔起病株检查，部分侧根变黑腐烂死亡，但一般在茎上无病斑或症状不明显。随着萎的发展，大部或全部根系和茎基部变黑腐烂，引起整株死亡。

（3）成株期症状。首先在茎基部出现黑色凹陷病斑（图4-32），下部个别叶片凋萎，特别是在中午更为明显，随着病斑迅速向上和横向扩展，伴随叶片自下向上变黄凋萎，悬挂在茎上，烟农形象地称之为"穿大褂"。当病斑扩展到烟茎的1/3以上时，病株基本死亡。纵剖病茎，可以看到髓部干缩面褐色碟片状，碟片之间有稀疏的白色菌丝，这是烟草黑茎病区别其他根茎病害的主要特征，危害状见图4-31。

图4-31　黑茎病成株期危害状

（4）叶部症状。一般情况下，在叶片上较少造成危害，但若生长季节多雨，由于雨点飞溅，将土表或茎基部病斑上的孢子传播到下部叶片上引起叶片侵染，形成圆形大病斑，通常被称为"黑膏药"。病斑初为水渍状暗绿色，随后病斑迅速扩大，中心变淡黄褐色坏死，边缘有淡黄绿色带围绕，常有水渍状淡绿相间的轮纹。病斑直径可达 5cm 以上，其大小是任何叶斑病的病斑不可比的（图 4 - 33）。

图 4 - 32　黑茎病茎秆危害状

图 4 - 33　黑茎病叶片危害状

（5）"腰烂"症状。孢子由雨水飞溅落到抹杈或采收造成的伤口上，导致茎中部受侵染；或叶斑沿主脉扩展到茎上引起茎部发病形成茎斑，病斑同时向上、向下及横向扩展，严重时引起腰折，故称之为"腰烂"。

无论是茎斑还是叶斑，在高湿条件下，病斑表面均可产生一层稀疏的白色菌丝，这是区别于其他叶斑病和根茎病的主要特征之一。

（二）病原菌

烟草黑胫病病菌属鞭毛菌亚门，卵菌纲，霜霉目，疫霉菌属。是半水生的兼腐生真菌，喜高温高湿条件。

（三）发病规律

（1）病害侵染循环。烟草黑胫病菌主要以休眠菌丝体和厚垣孢子在病株残体、土壤、粪肥中越冬，在旱地中一般可以存活 3 年以上，而在烟稻连作的烟田中，因为病组织在淹水的条件下迅速腐烂，一般情况下存活不超过 1 年。

大田初侵染来源主要是病土、被病菌污染的土杂肥，其次是带病烟苗和流经病田的灌溉水或雨水；在温暖潮湿的条件下，大约 3~4d 内越冬的厚垣孢子发育成新的孢子囊或游动孢子，很快在田间积累大量的接种体，并迅速传播蔓延，导致黑胫病流行。

（2）流行条件。烟草黑胫病的流行与否取决于病菌致病性强弱和数量、烟草抗病程度和环境条件。

在环境条件中影响黑胫病流行与否的决定因素是降雨，其次是温度；土壤类型和耕作制度等也有较大的影响。

在温度适宜的条件下，多雨高湿对病害的发生和流行有促进作用。土壤中保持自由水或流动水，有助于游动孢子在根系移动和侵染，而地表水有助于病菌在株间和较大范围内传播。

温度主要对发病的时间有影响。烟草黑胫病是一种高温型病害，平均气温低于 20℃以下时基本不发病，要 22℃以上田间才陆续出现症状。

土壤、地势、排灌能力、耕作方法等对发病有一定的影响。一般地势低洼、排水差、土壤黏重的地块发病重。多年连作可使抗病品种抗性下降，并可能严重感病，不合理的间作、套作、轮作均有利于发病。

（四）防治方法

1. 选育、推广抗病品种。

2. 栽培防病

（1）实行合理轮作。实行水旱轮作，轮作应与禾本科作物进行，要防止与茄科作物轮作、间作。

（2）精耕细作，高垄栽培。高垄单行栽培有利于根系发育，又有利于排水，减少病菌对根系的接触侵染。

（3）适时早栽，卫生栽培。适时早栽使烟株易感病阶段与高温多雨的流行气候错开，具有一定的防病避病作用。不施带菌肥料，防止人为灌溉传病，及时清除病体残株以及田间杂草，保持田间干净清洁。

3. 药剂防治

25％瑞毒霉（甲霜灵）可湿性粉剂 $1g/m^2$ 苗床，拌 12kg 干细土，播种时分层撒施；移栽前 7d 左右可用上述药剂兑水喷施一次，做到带药移栽。

25％瑞毒霉可湿性粉剂 50g/亩拌干细土，随移栽时穴施封窝或对水灌根。

64％杀毒矾 M－8 可湿性粉剂、或 58％瑞毒霉锰锌（甲霜灵锰锌）、或 50％瑞毒铜、或 70％甲霜灵—福美双，在发病前或发病初期喷淋或浇灌茎基部，间隔 15d 左右一次。

四、烟草根黑腐病

（一）症状

（1）苗期症状。幼苗很小时，病菌从土表茎部侵入，病斑环绕茎部，向上侵入子叶，向下侵入根系，使整株腐烂呈"猝倒"症状。较大幼苗感染病后，根尖和新生的小根系变黑腐烂，大根系呈现黑斑，病部粗糙，严重时腐烂，拔出幼苗大部分根系断在土壤中，仅见到变黑的茎基部和少数短而粗的黑根与主茎相连。感病后幼苗生长不均，发病重的植株严重矮化，叶子变浅绿色至黄色，病株一般不死，有时在根系的侵染部位以上产生不定根，新根仍可被侵染；发病苗床的烟苗长势和叶色都不均匀（图 4－34）。

图 4－34　黑腐病团棵期危害状

（2）大田症状。病苗移栽到大田或大田被侵染的烟苗，生长缓慢，遇到低温、潮湿天气病情加重，重病株大部分根系变黑腐烂，植株严重矮化，中下部叶片变黄、枯萎、易早花。轻病株生长高度正常，但中午气温高时，因根系被破坏而供水不足，植株呈萎蔫状，夜间和清晨可恢复正常。天气转暖植株抗病性增强，一些烟株长出新根恢复正常生长。此病在田间极少整田发病，多为零星或局部发病。

（二）病原菌

烟草根黑腐病菌为基生根串珠霉菌，属半知菌亚门，丝孢纲，丝孢目，根串珠属。

（三）发病规律

病害循环。烟草根黑腐病菌主要以厚垣孢子和内生分生孢子在土壤中、病残体及粪肥中越冬后成为初侵染源。厚垣孢子和内生分生孢子，开始以侵染烟草的侧根为主，继而进入细胞内及木质部在内的全部根组织，形成病斑，并产生内生分生孢子和厚垣孢子，在土壤中长期存活并广泛传播（图4-35）。

图4-35 根黑腐病成株期危害状

（四）发病条件

（1）温度。一般烟草根黑腐病菌生长适温为17～23℃，15℃以下很少发病，26℃以上发病程度逐渐减轻。

（2）土壤pH。土壤pH对病害的控制具有关键作用。当pH在6.4以上呈微酸性或碱性时，根黑腐病很低容易发生蔓延；而土壤 pH 为 5.6 或更低时，则不发病或很少发病。

（3）土壤湿度。当土壤湿度大时，尤其是接近饱和时，易于发病。而高湿会降低土壤温度，低温多雨是该病严重发生的主要气候因素。

（五）防治措施

（1）农业措施。

①选用抗病品种；

②培育无病壮苗；

③合理轮作；

④加强田间管理，适时移栽，合理施肥，开沟排水，中耕培土以提温散湿，促进根系生长。

（2）药剂防治。烟苗移栽时，用 75% 的甲基托布津可湿性粉剂 50g/亩拌细土穴施。在发病初期，可用 75% 的甲基托布津可湿性粉剂 1 000 倍喷施，或 50% 多菌灵可湿性粉剂 500～800 倍液，或 50% 福美双可湿性粉剂 500 倍液喷施 2 次，间隔 5～7d。

五、烟草赤星病

（一）症状

烟草赤星病是烟叶成熟期的病害，在烟株打顶后，叶片进入成熟阶段开始发病，主要危害叶片（图 4-36，图 4-37）。赤星病从烟株下部叶片开始发生，随着叶片的成熟，病斑自下而上逐步发展。最初在叶片上出现黄褐色圆形小斑点，

图 4-36　烟草赤星病典型病斑

以后变成褐色。病斑的大小和湿度有关，湿度大则病斑大，干旱则病斑小，一般来说，最初斑点不超过 0.1cm，以后逐渐扩大，病斑直径可达 1～2cm。病斑圆形或不规则圆形，褐色，产生明显的同心轮纹，边缘明显，外围有淡黄色晕圈。病斑中心有深褐色或黑色霉状物，为病菌的分生孢子和分生孢子梗。病斑质脆易破，病害严重时许多病斑连接合并，致使病斑枯蕉脱落，进而造成整个叶片破碎而无使用价值。

图 4-37 烟草赤星病叶片危害状

（二）病原菌

烟草赤星病菌为链格孢菌，属半知菌亚门，丝孢纲，丝孢目，链格孢属。

（三）流行规律

侵染循环：赤星病菌以菌丝传播，菌丝残留在田间的烟叶、病株残体或杂草上越冬，成为第二年初侵染来源。病原由风雨传播侵染下部叶片，形成多个分散的发病中心并向四周传播。

（四）发病条件

（1）品种抗病性。感病品种易发病；栽培管理水平及烟株的营养状态。弱苗、发育迟缓的烟苗及施氮水平高的，特别是氨态氮多的最有利于发病。

（2）气候因素。温度是主要因素，只要温度适当，适合根系发育，有利于烟株健壮生长则抗病。如移栽后至伸根期遇冷空气或连日阴雨，则根系生长受阻，导致晚发迟熟，感病期延长，病害易流行。田间湿度大，夜间露水多，则发病严重。

(五) 防治措施

(1) 农业措施。种植抗病或耐病品种；改进栽培措施，适时早栽，提早成熟采收，使叶片成熟期避开赤星病盛发期；合理施肥；合理密植；搞好田间卫生，减少侵染源；实行合理轮作。

(2) 药剂防治。40%的菌核净可湿性粉剂，或70%的代森锰锌，或50%的扑海因等喷雾防治，连喷2～3次，每次间隔7～10d。

六、烟草青枯病

(一) 症状

烟草青枯病是典型的维管束病害，根、茎、叶各部均可受害，最典型的症状是枯萎。病菌多从烟株一侧的根部侵入，当烟株叶片首次出现萎蔫时，拔根检查往往不易觉查，因为此时只有少数根（有时仅一条）被害。发病初期，先是病株一侧有一、二片叶子软化萎蔫，但仍为青色，故称为"青枯病"。阴雨天或傍晚后可以恢复，但仅维持1～2d。直到发病中期，烟株一直表现一侧烟叶枯萎，另一侧叶片似乎生长正常，这种半边枯萎的症状可作为与其他根、茎病害的重要区别。此期若将病株连根拔起，可见发病一侧的许多支根变黑腐烂，而叶片正常生长的一侧，其根系大部分还生长正常，若将茎部横切，可见发病一侧的维管束呈黄褐色至黑褐色，用力挤压，可见黄白色的乳状黏液渗出，即为细菌菌脓。随着病情的发展，病害从茎部维管束向外部薄壁组织扩展，细菌大量增殖，暗黄色条斑逐渐变成黑色条斑，可一直延伸到烟株顶部。到发病后期，病株全部叶片萎蔫，根部全部变黑腐烂，髓部呈蜂窝状或全部腐烂，形成中空，但多限于烟株茎基部，这是与全部中空的空茎病的主要区别，叶片危害状见图4-38，图4-39。

图4-38　烟草青枯病叶片危害状

图 4 - 39　烟草青枯病叶片危害状

（二）侵染循环

青枯病菌主要在土壤中及病残体上越冬，也能在各种生长着的寄主体内及根际越冬。青枯病的主要初侵染源是土壤、病残体和肥料中的病原菌。借排灌水、流水、带菌肥料、病苗或附着在幼苗上的病土以及人畜和生产工具带菌传播。农事操作如中耕培土、打顶抹杈、采收烟叶等及昆虫为害，均能使病菌传播和侵入同时完成。

（三）流行规律

烟草青枯病发生与流行与否受气候因素、品种抗性、土壤类型及地势、栽培条件、其他病害及虫害为害等诸多因素的制约，其中气候因素影响最大。

（1）气候因素。烟草青枯病是一种高温高湿型病害，日均温度在 22℃ 以上时烟株根层的土壤达到湿润时病菌即可侵入，病害流行的温度是 30℃ 以上，最适发病温度是 34℃，湿度为 90％ 以上。雨量多、湿度大，病害发展快、为害重。暴风雨或久旱后遇暴风雨或时晴时雨的闷热天气更有利于病害的发生与流行。

（2）土壤类型及地势。一般情况下，水田栽烟发病较轻，旱土烟发病较重，青枯病菌在旱土可存活十多年。地势高的发病轻，地势低的发病重。

（3）耕作方式。凡是连作或前作为茄科作物的田块发病较重，凡是与禾本科作物轮作的发病均较轻。大面积水旱轮作的防病效果最好，旱地轮作收效一般不理想。

（四）防治措施

（1）农业措施。选用抗病品种；合理轮作；培育无病壮苗；适时早播，避开发病高峰期；加强田间管理，提高植株抗病性；搞好田间卫生，减少侵染来源。

（2）药剂防治。200ug/ml 农用链霉素、或 50％琥珀酸铜 300～400 倍、或 20％克枯灵 400 倍液于烟草旺长期灌根，每株 50～100ml，每隔 10～15d 一次，共 2～3 次，均有一定的防效。90％的叶青双晴 1 000～1 500 倍液灌根防效也较高。

七、烟草野火病

（一）症状

烟草野火病在苗期和大田均可发病。主要为害叶片，叶片发病初期产生褐色水渍状小圆点，周围产生很宽的黄色晕圈，后来病斑逐步扩大，直径可达 1～2cm。相邻病斑愈合后形成不规则大斑或有不规则轮纹（图 4-40）。天气潮湿时，表面常产生一层黏稠菌脓；天气干燥时病斑破裂脱落，叶片被毁。茎上病斑略有凹陷，周围晕圈不如叶片明显。野火病与赤星病常相混淆，但赤星病的轮纹是规则的同心轮纹，而野火病的轮纹往往是弯曲的多角形或不规则形。

图 4-40　烟草野火病叶片危害状

（二）病原菌

野火病的病原为假单胞杆菌属，丁香假单胞烟草致病变种。

（三）侵染循环

野火病的初侵染来源主要是田间越冬的病残体和带菌种子、带菌的水源和粪便肥。主要从伤口侵入，其次是从自然孔口侵入，引起烟草发病。病菌再次侵染主要是借助于风雨或昆虫传播。

（四）流行规律

病害发生和流行轻重与温湿度、烟草的抗病性、栽培条件等有密切关系。

温湿度：28～32℃的温度有利于野火病的发生。但在烟草生长的适温范围内气温的高低对野火病的发生轻重影响不是很大，湿度则是影响野火病发生和流行的重要因素。如天气干旱、少雨、相对湿度低，野火病少发生或不发生。如降雨多、土壤湿度大病菌可以迅速侵入并大量繁殖扩张蔓延，产生急性病斑，导致野火病大流行。特别是暴风雨后，雨水不仅有利于细菌的传播，而且在叶片上造成伤口，更有利病菌侵入造成病害大流行。

（1）品种抗性。目前在我国烟草上推广的品种大多不抗野火病或抗性较低，这是造成野火病流行的重要原因之一。

（2）栽培条件。施用氮肥过多会降低烟株对野火病的抗性，增施磷钾肥可提高烟株的抗病性。连作比轮作发病重，连作年度越长，发病越重。

（五）防治措施

（1）农业措施。选用抗病耐病品种；进行种子和苗床消毒；加强栽培管理。培育无病壮苗，合理轮作，适时移栽，合理施肥，及时打掉脚叶，减少病菌来源。

（2）药剂防治。苗床期在移栽前喷施一次 200ug/ml 农用链霉素。大田期：在团棵期、旺长期、烟叶封顶后各喷一次 200ug/ml 农用链霉素或 50％的 DT 可湿性粉剂 500 倍液或 DTM 可湿性粉剂 500 倍液，共喷 2～3 次。农用链霉素和 DT 可以交替使用。在烟田遭到暴风雨袭击后，要及时喷施农用链霉素等药剂，以防治病菌从伤口侵入。

（3）生物防治。采用荧光假单胞杆菌或用野火病菌弱毒株注射烟株，可诱导产生抗菌物质抑制野火病的扩展，从而达到防治野火病的目的。

八、烟草空茎病

（一）症状

烟草空茎病又称烟草空胴病、烟草空腔病。

烟草空茎病在苗床期遇高湿条件即可发生，表现为黑脚症状。一般先在接触地面的叶片发病，通过叶片传到茎，叶柄和烟苗茎基部腐烂开裂，腐烂部位变黑。在苗床上常常成片发生。

大田期一般发生于成熟期，盛发于打顶和抹杈前后。发病早的烟株在打顶前即可被发现。通常在大雨后积水的烟田可见个别烟株基部先变黑腐烂，然后沿茎髓部向上蔓延。之后，病菌可从茎上任何伤口部位开始发生，最常见的发病过程是从打顶造成的伤口侵染髓部，由髓部向下蔓延，使整个髓部迅速变褐色，而后呈水渍状软腐，髓部组织完全崩解成黏滑状物，并很快失水而干枯消失，使茎内部中空而呈空茎症状，茎外部的一段或大部分变黑褐色。与此同时，中上部叶片凋萎，叶肉部分失绿而后迅速出现大片褐色斑。进而叶肉组织腐烂仅留叶脉，病株叶片陆续脱落，常只留下烟株光秆。病株髓部腐烂后常伴有臭味（图4-41）。

图4-41　烟草空茎病茎秆危害状（整株）

（二）病原菌

烟草空茎病原为欧氏杆菌属，胡萝卜软腐欧氏菌胡萝卜软腐亚种。

（三）侵染循环

烟草空茎病菌在病残组织和病株及其他寄主植物的根周围土壤中腐生越冬。主要通过雨水和灌溉水扩散，烟草空茎病菌由伤口侵入寄主。所以打顶、抹杈和打老叶等农事操作是空茎病田间传播的重要途径；昆虫也有可能传播病菌。

图 4-42　烟草空茎病茎秆危害状（局部）

（四）流行规律

烟草空茎病主要发生于烟草大田生育期的成熟阶段。如果降雨多，在打顶之前开始发病。一般在打顶后进入发病高峰。

影响烟草空茎病流行的主要因子是降雨量和连续降雨的时间，降雨量多，降雨集中，烟田淹水，则发病早且病害严重。

土壤温度在 21～35℃最适宜该病菌引起软腐病发病。

土壤含水量对空茎病的发生有明显的影响。凡是地下水位高、排水不良的烟田，空茎病发生早且严重。前作是萝卜、白菜等十字花科作物的烟田，发生严重。打顶、抹杈、采收等农事操作造成大量的伤口是烟草空茎病发生的重要诱因，特别是雨天打顶和抹杈的烟田发病严重。

（五）防治措施

（1）农业措施。培育壮苗，提高抗病力；不能用十字花科作物为前茬的田块种烟；施用腐熟的有机肥料；搞好田间管理，避免田间积水；坚持卫生栽培。打顶、抹杈和采收应在晴天露水干后进行，发病初期应拔除病株带出田外烧毁，并在病株的位置上施石灰。

（2）药剂防治。目前最有效的药剂是农用链霉素。用 200ug/g 农用链霉素 200 倍液，每亩每次用药液为 75～150kg，可在田间发病初期浇根 1 次，在烟株成熟采收期视病情发生程度喷施 2 次。

九、烟草普通花叶病

（一）症状

整个生育期均可发病，烟株感病后，在气候温暖、光照充足的条件下，一般5～7d内就表现症状。幼苗感病后，先在新叶上出现"明脉"，即沿叶脉组织变浅绿色，对光看呈半透明状，后蔓延至整个叶片，形成黄绿相间的斑驳，几天后就形成"花叶"，叶片局部组织叶绿素褪色，形成浓绿和浅绿相间的症状。病叶边缘有时向背面卷曲，叶基松散。由于病叶只一部分细胞加多或增大，致使叶片厚薄不均，甚至叶片皱缩扭曲呈畸形。早期发病烟株节间缩短、植株矮化、生长缓慢（图4-43）。接近成熟的植株感病后，只在顶叶及杈叶上表现花叶，有时有1～3个顶部叶片不表现花叶，但出现坏死大斑块，被称为"花叶灼斑"。在表现花叶的植株中下部叶片常有1～2片叶沿叶脉产生闪电状坏死纹。该坏死纹离叶脉稍远且稍窄，约有2～3mm的间隔，而马铃薯Y病毒引起的坏死纹离叶脉很近，且往往很宽（图4-44）。

图4-43　烟草病毒病苗期危害状

图4-44　烟草病毒病成株期危害状

（二）病原菌

烟草普通花叶病是由烟草普通花叶病毒（TMV）引起的。它的毒力和抗逆性都很强，含病毒的新鲜汁液稀释到100万倍时仍有致病力，干病叶在120℃下处理30min仍不失其侵染活力，要在140℃下处理30min才失去其侵染活力。

（三）侵染循环

烟草普通花叶病毒可在土壤中的病株根茎残体上存活2年左右。病株根下105cm深处周围的土壤中尚可检验出土壤颗粒吸附的烟草普通花叶病毒。它在干土中存活力很强，土壤田间最大持水量超过60％时其活力降低。

苗床期初次侵染来源。施用的有机肥中混有病株残体；种子中混有病株残体；风、人及其他媒介将病残体带入苗床；带病的其他寄主作物和野生寄主植物；土壤带菌。

大田烟株发病的侵染源是病苗、土壤中残存的病毒及其他带毒寄主。同时大田发病株又成为新的侵染来源，在田间病毒主要靠植株之间的接触及人在田间操作时与烟株的接触传毒。收获后，除烟株残体外，烤后的烟叶、烟末等，都可成为下季烟草的侵染源。

（四）流行规律

由烟草普通花叶病毒引起的花叶病的流行，主要是通过农事操作借人手和工具的机械接触传染发生的。在通常情况下，刺吸式口器的昆虫（如蚜虫）不传染普通花叶病毒。

环境条件的变化可影响烟株对烟草普通花叶病毒的感染性和潜伏期。温度和光照能够在很大程度上影响病势的发展速度，提高温度和光照的强度可以缩短潜伏期。而最适宜烟草普通花叶病发生发展的温度为 25～27℃，气温在 28～30℃时发病最盛，在高温情况下，由普通花叶病毒引起的花叶病会出现坏死斑点和斑块。在温度 37℃以上或在 10℃以下，或在光照太弱时，则症状会隐蔽和不显著。

植株受土壤条件的影响，从而影响病毒病的发展。土壤板结、通透性差、植株生长缓慢，有利于病毒在烟株内积累。

构成烟草普通花叶病流行的因素有：种植感病品种，土壤结构差，苗期和大田期管理水平低，连作时间长，施用被普通花叶病毒污染过的粪肥，天气干旱烟株得不到正常生长发育，感病时期早等。

（五）防治措施

（1）农业防治。种植抗病品种；培育无病壮苗；适时早栽早发；实行水旱轮作；搞好田间卫生，实行卫生栽培；加强田间管理，增强烟株抗病性。

（2）药剂防治。花叶病重点以防治烟蚜为主，做到防虫治病。花叶病到目前为止，尚没有特效抗病毒剂，药剂防治只能作为各种防治措施的辅助措施。抗病毒药剂有：东旺毒消、倍达、宁南霉素、病毒特等。抗病毒剂的施用应体现一个早字，从苗期开始施用，苗期用药 1～2 次，大田期用药 2～3 次，每隔 7～10d 用药一次，特别注意在移栽前用药一次，以防止移栽时摩擦传病。

十、烟草黄瓜花叶病毒病（CMV）

（一）症状

烟草整个生育期均可发生黄瓜花叶病毒病，苗床期即可感染，移栽后开始发病，旺长期为发病高峰。发病初期表现"明脉"症状，后逐渐在新叶上表现花叶，病叶变窄，伸直呈拉紧状，叶表面茸毛稀少，失去光泽。有些病叶粗糙、发脆，如革质，叶基部常伸长，两侧叶肉组织变窄变薄，甚至完全消失。叶尖细长，有些病叶边缘向上翻卷。黄瓜花叶病毒病也能引起叶面形成黄绿相间的斑驳或深黄色疱斑，但不如烟草普通花叶病多而典型。在中下部叶上常出现沿主侧脉的褐色坏死斑，或沿叶脉出现对称的深褐色的闪电状坏死斑纹。植株随发病的早晚也有不同程度的矮化，根系发育不良，遇干旱或阳光暴晒，极易引起花叶灼斑的症状。症状与普通花叶病毒病显著不同的是病叶基部伸长，茸毛脱落成革质状，病叶边缘向上翻卷（图 4 - 45）。

图 4 - 45　烟草黄瓜花叶病

（二）病原菌

黄瓜花叶病毒是雀麦花叶病毒科花爪花叶病毒属的成员。黄瓜花叶病毒在体外的抗逆性较烟草普通花叶病毒差。在 60～75℃ 条件下 10min 即失去侵染力，室温下病汁液内病毒只能存活 3～4d。

（三）侵染循环

由于黄瓜花叶病毒的抗逆性较差，不能在病残体中越冬，而主要在越冬蔬菜、多年生树木及农田杂草中越冬。还可以在葫芦科、豆科、茄科等作物的种子内越冬。黄瓜花叶病毒通过蚜虫和机械接触传播，蚜虫在病害流行中起决定性作用。有 70 多种蚜虫可以传播此病毒，而以桃蚜为主。蚜虫只需在病株上吸食1min 就可获毒，在健株上吸食 15～120s 钟就完成传毒过程。在病害流行过程中，除蚜虫传毒的主要作用外，病害在烟田中的扩散和加重也和农事操作等机械传染有重要关系。黄瓜花叶病毒在烟株体内增殖和转移速度很快，侵染后在

24℃条件下 6h 就可在叶肉细胞内出现，48h 内可以进行二次侵染，4d 后就表现症状。

(四) 流行条件

黄瓜花叶病毒的发生流行与寄主、环境和有翅蚜数量关系密切。在与黄瓜、番茄等蔬菜地相邻的烟田蚜虫较多时发病就重。气象因素与此病发生轻重有很大的关系。当冬季及早春气温低，降雨雪量大，越冬蚜虫数量少，早春活动晚，花叶病发生轻；反之，就较重。另一方面，4～6 月比较干旱，旺长期前后出现冷雨降温以及干热风，常导致黄瓜花叶病暴发流行。

(五) 防治措施

(1) 农业措施。选用抗病品种，利用避蚜治蚜防病，实行合理轮作、合理布局，坚持卫生栽培：在进行苗床和大田操作时，切实做到手和工具用肥皂水消毒。在苗床及大田管理中，应先处理健株，后处理病株。在操作过程中不能吸烟，在发病初期，及时拔除病株。

(2) 药剂防治同普通花叶病。

十一、马铃薯 Y 病毒 (PVY)

(一) 症状

烟草马铃薯 Y 病毒病自幼苗到成株期均可发病，但以大田成株期发病较多。此病为系统侵染，整株发病。烟草感染马铃薯 Y 病毒后，因品种和病毒株系的不同所表现的症状特点也有明显差异，症状大致可分为 4 种类型。

(1) 花叶症。叶片在发病初期出现明脉，而后网脉脉间颜色变浅，形成系统斑驳，马铃薯 Y 病毒的普通株系常引起此类症状 (图 4 - 46)。

图 4 - 46　烟草马铃薯 Y 病毒叶片危害状

（2）脉坏死症。由马铃薯 Y 病毒的脉坏死株系所致，病株叶脉变暗褐色到黑色坏死，有时坏死延伸至主脉和茎的韧皮部，病株叶片呈污黄褐色，根部发育不良，须根变褐，数量减少。在某些品种上表现病叶皱缩，向内弯曲，重病株枯死而失去烘烤价值（图 4-47）。

图 4-47　烟草马铃薯 Y 病毒病植株危害状

（3）点刻条斑病。症发病初期病叶先形成褪绿斑点，之后叶肉变成红褐色的坏死斑或条纹斑，叶片呈青铜色，多发生在植株上部 2～3 片叶，但有时整株发病，此症状由马铃薯 Y 病毒的点刻条斑株系所致。

（4）茎坏死症。病株茎部维管束组织和髓部呈褐色坏死，病株根系发育不良，变褐腐烂。

（二）病原菌

马铃薯 Y 病毒是马铃薯 Y 病毒科马铃薯 Y 病毒属的典型成员。其繁殖的最适温度为 25～28℃，在 35℃ 以上即停止繁殖。致死温度为 55～65℃，病毒汁液体外保毒期在 20～22℃ 条件下可存活 2～6d。在干燥病叶中存活力也较强，低温（4℃）干燥保存 16 个月病毒仍有侵染力。

寄主范围很广，能侵染 34 个属 170 余种植物，以茄科植物为主，其次是藜科和豆科。在我国严重为害马铃薯、番茄、辣椒等作物。

（三）侵染循环

一般病毒在马铃薯块茎及周年栽培的茄科作物上越冬，温暖地区多年生杂草也是马铃薯 Y 病毒的重要寄主，这些是病害初侵染的主要毒源，田间感染病毒的烟株是大田再侵染的毒源。马铃薯 Y 病毒通过蚜虫取食和机械摩擦传染。

（四）流行条件

马铃薯 Y 病毒病的发生不仅受病毒株系的影响，同时也受介体活动、品种、耕作制度及其他病毒间相互作用的影响。

（1）环境对介体活动的影响。温暖的冬季使蚜虫存活数量大，早春温度高，桃蚜活动早，比晚活动的桃蚜更有可能携带病毒，增加传毒机会。温度低于 15℃，蚜虫基本不活动，最高温度达到 32℃的蚜虫活动减少或死亡。

（2）环境对寄主的影响。温度、湿度和光照对此病有很大的影响，如持续一段高温（25～28℃）后，再突然降温降雨，寄主抵抗力降低，往往使病害加重。

（3）病毒间的相互作用。田间常发生两种或多种病毒的复合侵染，一般讲这些复合侵染使症状加重，种植在低洼或遮阳的地块，症状也往往加重。如 TMV 和 PVY 混合侵染，表现严重的花叶疱斑及叶片畸形，尤其在新生叶几乎停止生长；若 PVY 和 CMV 复合发生侵染，在表现花叶的同时，脉坏死症状也十分明显。

（4）PVY 株系间的交互保护作用也能影响病害发生严重程度。

（5）品种抗病性。烟草品种存在对 PVY 的抗性差异，但在中国主栽品种中尚未发现高抗品种。

（五）防治措施

（1）农业措施。培育和推广抗病品种。铲除野生寄主，注意邻近作物。在烟田附近不能种植茄科作物，尤其不能种植马铃薯。加强田间管理，及时培土、合理追肥，促使烟株生长健壮，提高烟株抗性。实行卫生栽培。避蚜治蚜防病。

（2）药剂防治。栽烟前应把附近茄科作物及杂草上的蚜虫尽量喷杀一次，避免有翅蚜迁飞传毒。栽烟后 40d 内注意防治蚜虫。

第六节　晒黄烟主要虫害及其防治

一、地老虎

（一）分布与寄主植物

小地老虎为东洋区、古北区、非洲区、澳洲区、新北区和新热带区六大区共有种，分布于全国各省（自治区）；各大洲均有分布。黄地老虎为东洋区、古北区、非洲区和新北区共有种。除广东、广西、海南外的所有省（自治区）均有分布；亚洲、欧洲、非洲和北美洲均有分布。

地老虎寄主植物很多，其中小地老虎和黄地老虎几乎取食所有旱植作物的幼苗，三叉地老虎和白边地老虎主要取食甜菜、高粱、大豆、烟草、粟等的幼苗。幼龄幼虫取食嫩烟叶成小孔或缺刻，4龄以上常咬食烟茎，造成缺苗或烟茎上出现蛀孔。地老虎在各地主要是以第一代幼虫取食为害苗床烟苗和移栽至伸根期的烟苗。

（二）年生活史

1. 小地老虎

年发生世代数随纬度增加而递减，同一地区随海拔升高而递减。我国南岭以南地区年发生6～7代，长江南岭之间4～5代，江淮、黄淮地区4代，黄河、海河地区3～4代，东北中北部、内蒙古北部、甘肃西部1～2代；云南省丽江山区2代，海拔（200～300m）稍低处3代。无滞育现象。幼虫、蛹或成虫都可越冬。

2. 黄地老虎

西藏、新疆北部、辽宁、黑龙江年发生2代，北京、河北、新疆南疆3～4代，河南、山东4代。

以幼虫在麦田、油菜田、绿肥田、菜地以及田埂、沟渠、堤坡附近杂草较多的土中越冬，河南、江苏等地亦有以蛹越冬的。

3. 三叉地老虎

东北年发生1代，以2龄幼虫在枯叶下或土缝内越冬，3月下旬开始活动，5月下旬至6月上旬是取食、为害盛期。6～8月老熟幼虫潜入深5cm左右较湿润土壤内做土室化蛹。成虫在8月中旬进入盛期，同时进入产卵盛期。

4. 白边地老虎

年发生1代。以胚胎发育完全的滞育卵越冬。在黑龙江嫩江，4月中旬陆续孵化，幼虫发育历期61.4～64.9d，蛹20～22d。7～8月为成虫盛发期。8月初产卵。孵化后幼虫不破卵壳而是蛰居于卵内越冬。

（三）习性和行为

1. 小地老虎

夜间羽化。羽化后1个多小时即可飞翔。昼伏夜出，白天栖息在田间草丛中、柴草垛内、油菜田、麦田、土缝中等，夜间飞翔、取食、产卵。喜吸食糖蜜等带有酸甜味的汁液。对黑光灯有较强趋性。越冬代成虫一般在旬均气温达5℃时即可始见，稳定在10℃以上时出现蛾峰。

产卵多在夜间。产卵场所因季节和地貌不同而异，杂草或作物未出苗前多产在土块或枯草秆上，寄主植物丰盛时，多产在植物上，卵多散产。一雌一生产卵量800～1 000余粒，最高达30 000粒以上，分数次产完。产卵前期4～6d。成虫高峰出现后4～6d，田间会出现2～3次卵高峰。产卵历期为2～10d，多为5～6d。雌蛾寿命20～25d，雄蛾10～15d。

幼虫一般6龄。1～2龄幼虫在寄主植物心叶处取食，被食叶展开后呈窗纸状孔或排孔。3龄后开始扩散取食，昼伏夜出。4龄以上多在植株茎基部咬食，并将断苗拖入土中或土块缝中取食属迁飞性昆虫。在我国境内一年内有南北往返迁飞现象，春季越冬代蛾由越冬区（南方）逐步由南向北迁出，秋季再由北向南迁回到越冬区过冬。在西南地区还有垂直迁飞现象。

我国1月份0℃等温线为小地老虎能否越冬的分界线。按1月份不同等温线，越冬区可分为4类：①主要越冬区：为10℃等温线以南地区。夏季高温期间种群几近绝迹，秋季由北方迁回。冬季能正常生长发育。3月越冬代蛾大量北迁，是我国境内春季的主要迁出虫源地。②次要越冬区：为4～10℃等温线地区。夏季种群数量明显减少，秋季迁入量亦少。③零星越冬区：为0℃等温线地区。夏季和秋季种群密度低，冬季存活量极少，春季由南方迁入，亦有部分过境成虫。④非越冬区：即0℃等温线以北广大地区。冬前种群数量极少，冬季全部死亡，春季越冬代蛾全由南方迁入，第一代蛾大量外迁。

2. 黄地老虎

以幼虫在田埂和沟渠堤坡向阳面深5.0～8.0cm的土内越冬，也有以蛹越冬的。成虫昼伏夜出，趋光性及趋化性均很强，越冬代发生期较小地老虎晚15～20d。卵多产在杂草的根际、枯草秆及作物上，也产于土缝、土表。产卵历期10d左右。产卵量越冬代大于其他各世代，一般为800～1 000粒。在山东济宁，产卵前期越冬代为4.2d，第1代6.5d，第2代3.5d。

幼虫多为6龄，个别7龄。幼龄幼虫主要取食植物心叶，3龄后昼伏夜出，在根际附近取食。越冬时老熟幼虫在土中做土室，低龄幼虫只潜入土中而不做土室。

3. 三叉地老虎

成虫昼伏土缝、草丛中，傍晚开始活动，有较强的趋光性和趋糖性。卵多散产于干枯的植物上，少数产于表层土缝中。幼虫共7龄，3龄后白天潜伏土内，夜间取食。

4. 白边地老虎

羽化多在5：00～10：00。成虫喜在杂草丛生、植株茂密的阴暗潮湿处栖息，白天不活动，夜间20：00～22：00取食、交尾。产卵前期20d左右，对黑光灯趋性较强。卵多产在土层下宿根植物的根际附近或草根、干草上。卵粒多黏着成堆，也有少量散产的。

幼虫多为6龄，少数5龄或7龄。4龄后开始暴食。3龄以上喜在土中干湿层之间栖息。土壤湿度超过40％并持续2～3d会大量死亡。发育历期平均60d

左右，也有达 100d 之多的。

（四）生态因子的影响

1. 温度

小地老虎不耐高温，也不耐低温，适温区为 18～23℃，1 月份均温低于 0℃ 时即不能越冬。26℃以上时雌、雄蛾的寿命都明显缩短。交配与温度有关，31℃ 时有效交配率为 58.3%，34℃时不交配。31～34℃时，雌蛾在卵未产完时即死 亡。低于 5℃时幼虫经 2h 会死亡。

黄地老虎当年发生为害程度与上一年冬季气温关系密切。冬季愈寒冷，越冬代 幼虫死亡率愈高，次年发生为害程度愈轻，反之则重。老熟幼虫能耐－19℃低温。

2. 湿度

小地老虎喜较高的湿度，因此在北方，主要分布在地势低洼夏秋季积水或过 水、土壤湿润的地区，在西北则集中在具有灌溉条件的河谷低地及河岸平原。

黄地老虎耐旱，因此年雨量低于 300mm 的西部干旱区，是适于黄地老虎生 长发育的常发区，一般干旱的丘陵地、降雨量少的地区以及干旱地区的水浇地发 生得较多。灌溉，尤其是越冬时灌溉，能显著压低幼虫种群数量。

二、烟蚜

（一）分布与寄主植物

烟蚜属东洋区、古北区、澳洲区、非洲区、新北区和新热带区等的共有种。

世界记载的寄主植物有 50 个科 400 多个种，我国大陆记载的有 170 多个种， 台湾省 11 个科 19 个种。寄主植物中，主要是茄科、十字花科、菊科、豆科、藜 科、旋花科、锦葵科、毛茛科、蔷薇科等科的种类。

成蚜、若蚜吸食寄主植物汁液，烟叶被食害后卷缩、变薄，严重被害的植株 生长缓慢，易发生煤污病。被食害烟叶烤后易碎且缺乏光泽，所制成的卷烟吸味 不佳，燃烧性差。

（二）年生活史

1. 类型

烟蚜的祖先是有翅两性卵生昆虫。在长期进化过程中，其年生活史逐渐分化 成全周期型、非全周期型及兼性周期型 3 类。全周期型是原始的年生活史类型， 一年中进行多次孤雌生殖和一次有性生殖。秋末性雌蚜和雄蚜在原生寄主（越冬 寄主）上交配、产卵，以卵越冬。翌年卵孵化为干母，干母进行孤雌生殖产生干 雌，干雌进行孤雌生殖产生有翅蚜，迁移到次生寄主（夏寄主）上进行孤雌生殖 若干代，至秋末形成性母迁回原生寄主上，这种类型主要发生在温带和寒带地区。非全周期型烟蚜全年皆进行孤雌生殖而不发生有性世代，冬季以孤雌生殖个体在寄主植物上越冬。非全周期型的个体仍具有有性生殖的潜能，一定条件下可以转化为全周期型。这种类型在热带、亚热带和温带地区均可见；兼性周期型是全周期型向非全周期型过渡的中间类型，产生的个体有孤雌生殖蚜和雄蚜，但不产生性雌蚜。兼性周期型仅见于热带和亚热带的某些地区。在同一地区，全周期型和非全周期型可以混合发生，以不同的虫态越冬。卵生蚜、孤雌生殖蚜均会成为翌年的有效虫源。

将地球的陆地按温度差异分为 6 个地带时，烟蚜在北半球各地带的年生活史类型分别是：①热带：除高海拔地区外，年生活史均为非全周期型，终年营孤雌生殖。②亚热带：全周期型和非全周期型混合发生，而以非全周期型为主。③温带：全周期型和非全周期型均会发生。④低温带：全周期型和非全周期型均有发生，以全周期型为主，非全周期型个体在室外越冬比较困难。⑤寒带：基本均为全周期型，孤雌生殖蚜在室外越冬似乎是不可能的。⑥亚极地：在当地不能越冬，当地的种群是由南方迁来的。

我国东北和西北地区的年生活史类型均为全周期型，华北至南岭以北这一广袤地区，全周期型和非全周期型混合发生，以卵在原生寄主（主要为桃树）和孤雌生殖蚜在十字花科蔬菜等寄主上越冬。西南和南方主要为非全周期型，终年营孤雌生殖。香港在 1 月份可见到雄蚜，台湾在 3 月份可见到雄蚜，但未见性雌蚜发生，表明南方局部地区也存在兼性周期型。

2. 年发生世代

年发生世代因纬度、海拔不同而不同，东北和京津地区年发生 10～20 代，黄淮地区 24～30 代，云南玉溪 19～23 代，台湾 30～40 代。河南许昌，春季在桃树上发生 3 代，烟草上 15～17 代，秋季十字花科上 5～6 代。

（三）习性和行为

1. 迁飞与扩散

迁飞和扩散是蚜虫的两种散布方式。迁飞是指远距离的迁移，而扩散是指在原生寄主间、原生寄主与次生寄主间以及次生寄主之间的迁移。

飞行有自主和被动之分。自主飞行只能在无风条件下进行，飞行距离短（一般不超过 3m）且飞行高度低（不超过 1m）。被动飞行常受气流的影响。一天内飞行有两个高峰，一个在早晨光照度达到一定程度时出现，另一个出现于下午光照度减弱后。

2. 趋性

对波长 550～600nm 的黄色光有正趋性，对铝光等金属光泽及白色有负趋性。具趋嫩性。在烟草上，有翅或无翅个体大多在烟株上部嫩叶背面取食，烟草现蕾、开花后，大多转移到花蕾上取食。

3. 聚集

在寄主植物上一般不十分密集，个体间常留有 1～2mm 的间隙。新生个体常在距生母 2mm 处取食、定居，即使密度高时，幼蚜个体间的接触现象也很罕见。

在烟田均是以个体群为单位的聚集分布，聚集强度随种群密度上升而增大。有翅蚜聚集由环境引起，无翅成蚜、无翅若蚜聚集是本身习性和行为所致。一般低密度下聚集受环境影响大，而较高密度下聚集由自身习性和行为引起。

4. 对寄主的选择与取食

对寄主的选择主要是在飞行降落后通过口器试探取食实现的。试探取食在 10～15s 完成。无翅和有翅个体的唾液中均含有果胶酶，口针经过植物的表皮细胞到达韧皮部。是否取食某种植物，由口针尖端插入这种植物细胞内，在吸取其表皮细胞汁液而感受原生质内化学物质刺激后决定。

5. 交配与产卵

有翅性母秋季迁回桃树后，多在叶尖正面栖息，发育成熟后渐向叶片基部移动，然后爬至芽缝或其附近，准备交配、产卵。交配多发生于无风晴天 10：00～15：00。性雌蚜一生可交配数次，每交配一次即产一次卵，每次产 2～4 粒。卵多产在芽缝间、芽背面及树皮裂缝间。

（四）生态因子的影响

1. 温度和湿度

温度制约发育历期，无论是若蚜还是成蚜，发育历期都随温度升高而缩短。如若虫，5℃时发育历期最长（57.3d），30℃最短，无翅个体仅 5.3d，有翅个体 6.4d。

云南昆明在自然条件下，16.3℃时 1 龄到雌蚜生殖开始历时平均 14.6d（14～16d），25℃时平均 7.6d。生殖前期 1～2d，24.8℃时 1.5d。生殖期短的 9d，长的 23d，平均 15.2d。寿命短的 11d，长的 31d，平均 19.4d。

湿度与种群数量也有关系，但湿度是与温度综合起作用的。分析贵州 6 年的种群数量、温湿度资料发现，当地 6～7 月的种群数量与 6 月中旬至 7 月上旬的平均温度、平均湿度呈正相关。

2. 天敌

烟蚜天敌种类很多，如福建烟区已知有 47 种，5 月仅蚜茧蜂的寄生率就达 20%～30%。山东、河南中部烟区，蚜茧蜂一般年份可有效控制烟草生长前期烟蚜的种群数量，而大草岭在烟草生长中、后期时对烟蚜的控制作用较强。

3. 管理措施

地膜覆盖，尤其是银灰色薄膜覆盖的烟田，前期蚜量少，5 月份种群数量达高峰时驱避蚜虫的效果也很明显。打顶一般可去除当时烟株上 50% 左右的蚜量。

打顶还会促使有翅蚜产生。

4. 寄主植物

寄主植物影响种群数量。如取食烟草时，繁殖率、存活率等与烟草品种或类型有关。如在晒红烟大花和柳叶品种上的繁殖率、存活率比安 88 和剑叶子高，各种晒红烟品种上的繁殖率、存活率均比烤烟 NC89 和红花大金元高。

三、烟粉虱

（一）分布与寄主植物

烟粉虱属东洋区、古北区、非洲区、澳洲区、新北区和新热带区六大区共有种。在我国，分布于广东、广西、台湾、海南、福建、云南、上海、浙江、江西、湖南、湖北、四川、安徽、河南、陕西、北京等地。各大洲也均有分布。

烟粉虱的寄主植物约 74 个科 420 个种，其中农作物主要是烟草、棉花、甘薯、番茄等。粉虱吸取寄主叶内汁液，致使寄主营养缺乏，排出的蜜露会招致灰尘污染叶面和霉菌寄生，影响寄主的光合作用、外观品质。烟粉虱还传播多种植物病毒。

（二）生活史和习性、行为

一年发生多代，世代重叠明显。羽化通常发生在 8：00～12：00。羽化时成虫从"蛹壳"背裂缝口中爬出。羽化后 12～48h 开始交配。成虫比较活泼白天活动，温暖无风的天气活动频繁，多在植物间做短距离飞行。有趋向黄绿和黄色的习性，喜在植株顶端嫩叶上取食。寿命为 10～22d。一雌一生产卵 30～300 粒。卵多产于植株上、中部的叶片背面，以卵柄附着在叶面上。

1 龄若虫多在其孵化处活动和取食。2 龄后各龄若虫以口器刺入寄主植物叶背面组织内吸食汁液，且固定不动。发育时间随所取食的寄主植物而异 25℃下从卵发育到成虫需要 18～30d。

（三）生态因子的影响

1. 寄主植物

生长、发育、繁殖与寄主植物关系密切。如分别在茄子甘蓝、番茄、黄瓜、烟草、辣椒和菜豆 7 种植物上饲养"烟粉虱 B 型"时发现，不同寄主植物对其存活率、产卵量、内禀增长率、净繁殖率和周限增长率等的影响明显不同。在黄瓜、番茄、茄子、烟草上饲养的产卵量较大；在番茄、黄瓜、茄子上饲养的内禀增长率和净繁殖率较大；在番茄、黄瓜、茄子、甘蓝上饲养的，则周限增长率较大。寄主为菜豆的上述 4 个指标都较小。这表明，在上述 7 类寄主植物中，茄子、番茄和黄瓜最适宜于"烟粉虱 B 型"发育、繁殖。

2. 温度

温度影响成虫的寿命、产卵量等。如 15～16℃时，"烟粉虱 B 型"雌烟粉虱寿命约 50d，而温度升至 27～28℃时，寿命降至 16d。又如 15～16℃时，每只"烟粉虱 B 型"雌烟粉虱产卵量约 60 粒，27～28℃时则达 90 粒。低于 15℃时产卵停止。发育速率也与温度有关，如用一品红饲养，20℃时，从卵至 50% 成虫羽化需经过 49d，25℃时仅需 23d。

3. 天敌

烟粉虱天敌资源丰富。寄生［主要是匀鞭蚜小蜂属（*Enarsia*）和浆角蚜小蜂属（*Eretmocerus*）的种类］、嚼食（瓢虫等）和刺食（草蛉、花蝽等）的天敌昆虫有 30 多种。病原真菌有玫烟色拟青霉（*Paecilomyces fumosoroseus*）、蜡蚧轮枝菌（*Verticillium lecanii*）、粉虱座壳孢（*Ashersonia aleyrodis*）和白僵菌（*Beauveria bassiana*）等。

天敌对烟粉虱种群数量有相当的抑制作用。如淡色斧瓢虫（*Axinoscymnus cardilobus*）成虫日食烟粉虱卵高达 140.3 粒，日食 1～4 龄若虫时分别达 61.0 头、34.7 头、26.4 头和 9.8 头，蛹壳 6.7 头；而其 1～4 龄幼虫每天分别能猎食烟粉虱卵 82 粒、177 粒、311 粒和 576 粒。

四、烟夜蛾和棉铃虫

（一）分布与寄主植物

1. 烟夜蛾

寄主植物约 70 余种，主要有烟草、辣椒、玉米、高粱、亚麻、豌豆、苋菜、向日葵、甘蓝、甘蔗、南瓜、洋葱、曼陀罗、龙葵、扁豆、颠茄、苦蘵（灯笼草）等。棉花不是烟夜蛾的适宜寄主，用棉花饲喂时，幼虫可以很好发育，但死亡率很高。番茄也不是适宜寄主，但有实验显示番茄是烟夜蛾的重要转移寄主。

2. 棉铃虫

寄主植物相当多，但比较喜食禾本科、锦葵科、茄科和豆科植物，如棉花、玉米、番茄、小麦、马铃薯、茄子、烟草、向日葵、甘蓝、瓜类等。

（二）年生活史

1. 烟夜蛾

年发生世代数随地理纬度、海拔等的不同而异，东北地区年发生 2 代，河北 2～3 代，黄淮地区 3～4 代，湖北、安徽、浙江、上海、四川、云南、贵州等地 4～6 代。在这些地区均以蛹在深 10cm 左右土中越冬。

长沙地区年发生 5 代，取食、为害烟草最严重的世代是发生于 5 月下旬至 6 月下旬的第 1 代幼虫。

2. 棉铃虫

长江流域的江苏年发生4～5代。越冬代成虫始见于4月中旬，5月上中旬为盛期。第1代幼虫盛期在5月中旬至6月上旬，第2代6月下旬至7月上旬，第3代7月下旬至8月中旬，第4代幼虫盛期在8月下旬至9月中旬，世代重叠严重。

（三）习性和行为

1. 烟夜蛾

羽化后一般经2～3d补充营养期开始求偶和交尾，夜晚交尾，2日龄雌蛾交配率最高。

产卵活动主要集中于夜间22：00～24：00，这期间所产的卵占全天产卵量的42%。田间第2代雌蛾产卵量最大，平均为739.5粒/雌。产卵量与补充营养的多少有关。如饲喂多维葡萄糖时平均产卵量为526.2粒/雌，最高916粒/雌，而对照（饲以清水）为223.7粒/雌，最高为332粒/雌。

卵多产于嫩烟叶十正面、反面，烟草现蕾后则多产于花瓣、萼片和蒴果上。在辣椒田，第1代卵多散产于辣椒中、上部叶片的叶脉处，2～5代的卵多产于蕾、萼片及嫩叶上，部分产于幼果上。卵多散产，每处1粒，偶有3～4粒在一起的。初产出时乳白色，日均温29℃变温下12h后逐渐变为米黄色，18h卵壳表面出现明显晕圈，64h卵壳顶端出现灰褐色点，此后灰褐色点渐变为黑色，约至74h时幼虫孵化。

孵化后幼虫静止约1h，体色加深后开始爬行并寻找食物。一般5龄，少数6龄，偶有7龄的。大龄幼虫有自残性。山东田间一般为5龄。在河南郑州室内用烟叶饲养，各世代幼虫既有5龄化蛹的，也有6龄化蛹的，极少数7龄才化蛹。

体色因环境、龄次和饲料等的不同而多变。老熟幼虫入土做土室化蛹。

2. 棉铃虫

羽化多在夜间。成虫在夜间有3次明显的飞行时段。第一时段的飞行发生于晚18：00～21：00，第二时段的飞行发生于午夜后1：30～4：00，是觅偶、交尾和产卵最盛时刻，可称之为婚飞。黎明前为寻找隐蔽场所而飞行。日出后飞行停止，隐蔽在寄主植物叶背或杂草丛中。一昼夜间，雌蛾求偶多发生于黑暗后7～8h。2日龄雌蛾的求偶行为最为强烈。需取食花蜜以用作补充营养。对草酸、蚁酸的气味有强烈趋性，对糖醋液气味的趋性较差。对杨树萎蔫叶枝有较强趋性。具趋光性。

卵散产于寄主的幼嫩部位。产卵前期2～3d，产卵历期平均8d左右。一雌一生产卵800～1 000粒，最多3 000多粒。产卵量与幼虫食物种类、成虫补充营养状况有关。产卵有明显的选择性。寄主植物高大、茂密、嫩绿的现蕾开花田卵量较多。卵初产出时乳白色，以后出现紫红色晕环，孵化前变为黑色。

幼虫共 6 龄。初孵幼虫先将卵壳吃掉大部分或全部，然后爬向心叶、嫩叶处栖息、取食。有自残性。食量随龄次增长而加大，5 龄和 6 龄的食量最大。老熟幼虫入土做土室化蛹。

(四) 生态因子的影响

烟夜蛾的发生受多种生态因子的影响。

1. 温度

在 20～36℃，卵、幼虫和蛹的发育历期随温度升高而缩短。如卵发育历期 20℃时 6d，36℃时仅 2d；再如 6 龄幼虫发育历期，20℃时 6d，36℃时仅 3d。

温度影响成虫的寿命和繁殖力。20～36℃，雌蛾寿命随温度升高而缩短，20℃时最长 (17.05d)，36℃时仅 4.36d。24℃和 28℃时产卵量较高，36℃时不产卵。

2. 湿度和降水

湿度和降水是影响发生量和发生期的重要因素。如在山东沂水，第 2 代幼虫盛发期及第 3 代发蛾高峰期，平均温度 26℃，相对湿度 80%左右时蛾量大，卵量多，孵化率高，幼虫为害重；而 27.8℃，相对湿度 70%以下不利于成虫、幼虫的发生。又如在长江中游的武汉郊区，日均温 25～28℃，相对湿度 80%的组合，有利于烟夜蛾发生，日均温高于 30℃，相对湿度低于 80%时，对其发生不利。

湿度也影响卵和幼虫的存活率。一般在高湿与高温 (相对湿度大于 94%，32℃以上) 条件下，卵的存活率较低，而高温与低湿组合末龄幼虫的存活率低。

3. 光照

光照长度、光质与滞育、趋光性有密切关系。每天光照 9～13h (温度 22℃)，安徽凤阳种群大部分 (90%以上) 个体进入滞育，光照时间延长至 13h 以上时滞育率明显下降。24℃和 26℃下安徽凤阳种群滞育的临界光周期分别为 13.18h 和 12.07h。

4. 食物

寄主植物的化学成分，特别是次生物质，对幼虫的生长发育影响很大。如烟碱对烟夜蛾的取食有一定刺激作用，但会降低其对食物的利用率和消化率。番茄苷、棉子酚和单宁酸对幼虫的生长有抑制作用，番茄苷的抑制作用尤为显著。这种影响主要是通过抑制取食实现的，而单宁酸和棉子酚则具有降低消化率的作用。

寄主植物种类不同对发育的影响也不同。如取食辣椒和烟草时发育历期明显不同。同时取食辣椒和烟草的死亡率也不同，取食辣椒的幼虫和蛹的死亡率分别为 2.8%～11.3% 和 1.4%～15.3%，取食烟草的分别为 21.4%～35.2% 和 4.5%～11.1%。室内试验表明，烟夜蛾产卵时对辣椒、烟草、番茄、玉米、紫苏和茄子等没有特殊的偏好，而幼虫对这些植物的选择性明显不同，选择性顺序为：辣椒＞烟草＞番茄、玉米、茄子＞紫苏。但在田间未见幼虫取食番茄、茄子和紫苏。

寄主植物自然抗虫性因品种（类型）而不同。如对 50 个烟草品种（类型）的自然抗虫性研究结果表明，不同品种（类型）的自然抗虫性有显著性差异。这些品种可划分为高抗、抗、不抗、感虫、高感 5 类，其中高抗有大黄金、亮黄；高感的有佛光、NC95 等；感虫的是惠水摆金、滑把柳叶等；NC89、青毛护耳烟等为一般抗性的品种（类型）。同时同一品种在不同年份的抗虫性也不相同，这表明感虫性不仅与品种有关，而且与烟草生长期的气候、栽培措施等因素有关，这在烟草品种的抗虫鉴定中应予注意。

5. 天敌

天敌是制约烟夜蛾种群数量的重要生态因子。常见的天敌昆虫有棉铃虫齿唇姬峰、大草蛉、华姬蝽，另外还有蜘蛛、线虫及病原微生物等，其中棉铃虫齿唇姬蜂是优势种。在河南许昌和驻马店地区，六索线虫（*Hexameris* sp.）分布普遍，对烟夜蛾的抑制作用仅次于棉铃虫齿唇姬蜂，是重要寄生性天敌，寄生率一般在 30％左右，高者可达 50％～70％。

6. 栽培制度与栽培方式

虫害发生程度与栽培制度密切相关。一般烟草与辣椒、小麦、花生等间作或套作时，发生程度都比单作烟田重。如 1973—1982 年我们对山东、云南等地烟田调查发现，套种辣椒的烟田，烟草受害株率高达 100％，而烟草单作受害率仅 10％。

在河南西部，地膜烟田烟夜蛾发生量大，烟草受害重，第 2 代、第 3 代受害尤重。如地膜田第 2 代始见卵期比露地烟田提早 4～7d，百株累计卵量比露地烟田高 1.29 倍，第 3 代高 1.13 倍；百株幼虫量第 2 代高 1.08 倍，第 3 代高 0.87 倍。

五、烟潜叶蛾

（一）分布与寄主植物

烟潜叶蛾原产于中美和南美的北部地区，现为东洋区、古北区、非洲区、澳洲区、新北区和新热带区六大区共有种。于 1937 年在广西柳州发现其取食烟草，现见于云南、贵州、广东、广西、四川、台湾、福建、安徽、江西、湖南、湖北、河南、陕西等省份。世界许多国家曾将其列为检疫对象。

烟潜叶蛾寄主植物有马铃薯、烟草、茄子、番茄、辣椒、颠茄、曼陀罗、龙葵、酸浆、枸杞、刺蓟、莨菪（天仙子）、洋金花等。嗜食马铃薯、烟草、茄子等。

（二）年生活史

年发生世代数因地区、海拔而有明显差异。四川年发生 6～9 代，海拔 650m、年均温 16℃的地区年发生 6～7 代，海拔 247m、年均温 18℃的地区年发生 8～9 代。贵州福泉年发生 5 代，湖南 6～7 代，云南、河南、陕西 4～5 代。无严格滞育现象，只要有相当的食料，适宜的温度和湿度，冬季仍能正常生长发育。

主要以幼虫在冬藏薯块、田间残留薯块、烟草残株、枯枝落叶、茄茬和烟秆堆内等处所越冬，而各虫态在南方均能越冬。一般 1 月份 0℃等温线以北的地区不能越冬。

北方的种群数量是前期（5～6 月）少，后期（7～8 月）多。河南南阳地区的唐河县（位处长江流域）1 代幼虫 3 月下旬即开始取食自生烟苗。稍北的河南西峡，4 月上旬第 1 代幼虫侵害马铃薯。陕西宝鸡县 1 代幼虫在 4 月中旬才开始取食马铃薯，2 代幼虫 6 月上旬至 7 月上旬开始转移到烟草和茄子上取食。在山西风陵渡，3 代幼虫发生于 7 月下旬，8 月下旬见第 4 代幼虫，9 月以后烟草逐渐收获，不完整的第 5 代幼虫即死亡。

在南方，春季越冬代成虫出现后，先在春播马铃薯或烟苗上产卵并孵化，6 月春薯收获后，一部分幼虫随薯块进入仓库或地窖，另一部分转到烟草上继续取食。夏季田间烟草常见被害。10 月，田间烟草上和一部分夏藏薯块上的成虫又转移到田间秋薯上繁殖和取食。秋薯收获后，部分幼虫随薯块进入仓库及窖内继续取食，部分幼虫则在田间残留的薯块和烟草残株内越冬。

（三）习性和行为

成虫白天潜伏在寄主植物植株下部、土块间和杂草丛中，夜晚活动。有一定的趋光性。羽化当天或第 2 日开始交配。交配后第 2 日产卵。寿命因温度而异，一般 10d 左右，30.3℃时为 4～8d，25℃时约 17d，1.5℃时约 41d。

卵多集中在产卵期的前 4～5d 产出，产卵时间均为夜晚。在烟草上，卵多散产于基部第 1～4 片叶的反面或正面中脉附近，有时也产于烟茎基部，幼苗期则多产于心叶的背面。在马铃薯上，卵多产在薯块芽眼、破皮处、裂缝及附有泥土的粗糙不平处，其中芽眼处最多。在马铃薯植株上，多产于植株茎基部与泥沙间，少量产于叶柄、茎部及叶面中央。有孤雌生殖能力，孤雌生殖卵的孵化率为 52.34%，孵化出的幼虫可正常生长、发育和繁殖。

幼虫孵化后四散爬行到叶缘，吐丝下坠随风飘落到附近植株上，即开始蛀食。在烟草苗床期和移栽初期，孵化后幼虫自生长点蛀入茎部，顶芽受害严重。烟苗定植后，产在底部叶片及茎基部的卵孵化后，幼虫即钻入烟叶的上下表皮间，蛀食叶肉，仅剩上、下两层表皮，形成白色的呈丝状弯曲的隧道。隧道随着叶片的生长而逐渐扩大，最后连成一片，形成透亮的大斑，称"亮泡"。多集中在基部叶片，可转叶取食。偶有蛀食烟茎的，耐饥力极强，初孵幼虫耐饥力在8d以上，3龄幼虫长达46d以上。1头幼虫一生平均可潜食叶面积7～11cm²，被害叶初烤后极易破碎。

幼虫老熟后，在土面或土表下深1～3cm处作茧化蛹。羽化率随入土深度而异，入土1.5cm深的羽化率为40%，5cm时为13.3%，10cm深时所有蛹均不能羽化，因此化蛹时结合田间管理进行深中耕，可抑制种群数量。

(四) 生态因子的影响

1. 温度和湿度

烟潜叶蛾性喜温暖干燥，对低温亦有一定的适应能力。如成虫在−7℃下仍能存活。卵在−4.5～1.7℃下经120d仍可孵化，即使在−16.7℃下经24h仍能孵化。幼虫和蛹的耐低温能力不如卵。在四川，1月气温−2～−3℃、地面积雪达20cm时，幼虫仍能存活。老熟幼虫在冬季−10～10℃的变温下可存活15～20d。

均温27.2℃时卵发育历期为2d，12.4℃时25d。均温为27.5～27.7℃时，幼虫发育历期7～11d。蛹发育历期在均温26.9～27.6℃时4～9d，16.8℃时14～21d。卵的发育起点温度和有效积温分别为13℃和58.8日度，幼虫分别为13.4℃和162.4日度，蛹分别为16℃和83.7日度。整个世代的发育起点温度为14.4℃，有效积温为305.8日度。

湿度对种群数量影响极大，一般夏季高湿时种群数量较少，干旱时发生较多。如1954年湖南省一连超过50d干旱无雨，普遍大发生。1991年豫西渑池等地，6～8月一连超过80d无雨，烟草有虫株率达40%～50%，个别地块在60%以上，一株烟被害叶多达6片以上。

2. 寄主植物

主要寄主植物是烟草、马铃薯、茄子等，但将这些寄主植物栽种在一起时，幼虫仅取食烟草而不食马铃薯和茄子。由于嗜食烟草，同时为害马铃薯，因此这两种植物的种植格局直接影响它的分布。

3. 其他生态条件

前茬、土质等影响种群数量和为害程度。一般前茬为马铃薯、烟草或附近有马铃薯、茄子、曼陀罗等茄科植物的烟田发生严重，前茬为水稻的烟田烟草受害极轻。山坡地沙壤土、红壤土烟田，烟草受害严重，黏土地烟田受害轻。此外，田间受害程度与距烟叶、马铃薯仓库的远近有关，距仓库愈近受害愈重。

六、野蛞蝓

(一) 分布与寄主植物

野蛞蝓为世界广布种。分布于我国北起黑龙江，南至海南，西达新疆、西藏，东至沿海等广大地区；亚洲、欧洲、美洲等均有分布。

野蛞蝓的寄主植物有烟草、棉花、麻类、豆类、花生、油菜、薯类、蔬菜、茶树、果树、花卉及多种药用植物、食用菌等。取食烟草时，或将叶片吃成孔洞、缺刻，或将生长点、心叶食尽，大发生时甚至能将整株叶片吃光。

（二）年生活史

浙江宁海年发生 5 代，发育较慢时 3 代。浙东沿海一带年发生 1～3 代，一般 2 代，以各虫态在植物根际、土壤缝隙等处越冬，入土深度 15～20cm。越冬期间如天气温暖，仍会爬出活动。

各地都有春秋两个发生盛期。春季日均气温升至 10℃以上时（南方一般为 3 月下旬至 4 月上旬）开始活动，越冬幼体发育为成体。20℃时进入活动、取食、交配、产卵盛期。7～8 月日均温 30℃以上时，即潜伏于阴凉湿润的土壤缝隙、植物根际等处越夏。9 月下旬气温降至 24℃以下时，又开始活动，10～11 月是第二个取食和产卵盛期。

（三）习性和行为

野蛞蝓多是异体交配授精，也有自体授精并发育正常的。自体授精所发育的个体的生殖力比异体授精者高 2～4 倍。交配在黄昏、夜间进行。多次产卵，卵产于潮湿、疏松、深 2～10cm 的土壤中。产卵前期约 30d。双体交配繁殖者的产卵期为 167d，单体为 176d。产卵量为 155～240 粒/头，多者达 426 粒/头。双体交配繁殖者的产卵量平均 208 粒/头，单体平均为 223 粒/头。

成体、幼体喜湿、怕热、畏光，多生活在阴暗、潮湿、腐殖质丰富的地方。对香、甜、腥味有趋性。有自残性。耐饥力较强，但与温度、湿度关系密切，如气温 9.9℃时，湿土中耐饥时间长达 130d，干土中只能生存 2d。22.5℃以上时，不论干土、湿土，只能耐饥 7d。一昼夜内有两个活动高峰，一般在傍晚 18：00 开始出土觅食、交配、产卵，19：00～21：00 达到高峰，午夜后活动减弱，凌晨 4：00～5：00 是第二个活动高峰，6：00 后入土潜伏。春季遇阴雨天可全天活动。

（四）生态因子的影响

1. 温度

活动温区为 0～25℃，最适温区为 15～25℃，高于 25℃或低于 15℃时活动减弱，30℃以上多数死亡，−5～−6℃可忍耐 24h，温度随即回升后仍可复生。5℃以下卵不孵化，−11℃下 2d 即死亡。对低温的耐力高于高温，越夏死亡率常比越冬死亡率高 1～3 倍。

旬均地温稳定在 9℃或月均地温 8℃以上时开始大量产卵，超过 23℃时产卵量显著下降，高于 25℃ 时产卵停止。14～17℃ 下卵发育历期 20～24d，幼体 157～188d，一生 230d。春季卵发育历期在 30d 以上，有少量超过 100d。

2. 湿度

虫体和卵不耐干燥，空气干燥、土壤缺水时，卵不能孵化，暴露于干燥空气中时卵会很快爆裂。最适于生长发育的土壤含水量为 20%～30%，含水量 10%～15% 时大量死亡，但含水量超过 40% 时生长受抑制，死亡率也高。不耐水淹，虫体浸水 16h，卵浸水 2d 便死亡。适宜温度下，种群数量决定于雨水量。雨水多且分布均匀时，发生量偏多。

七、江西巴蜗牛

（一）分布与寄主植物

江西巴蜗牛为我国的特有种，湖南地区时有发生。

江西巴蜗牛的寄主植物有烟草、棉花、麻、桑、麦类、油菜、豌豆、蚕豆、苜蓿、马铃薯、甘薯、瓜果等。对烟草的危害很大，如位于洞庭湖区的湖南临沣县新安镇晒黄烟地 1989 年 5～6 月大面积发生，烟株下部 5～6 片叶几乎全被其所食。

（二）生物学

江西巴蜗牛年发生 1 代。在江西南昌，3 月上旬开始活动，清明后活动增强，3 月下旬至 5 月中旬和 10 月取食活动最盛。高温、干燥天气活动量小。10 月以后活动逐渐减弱，继而越冬。

晴日多在夜间活动，雨天可终日活动。栖息场所主要是阴暗、潮湿、有机质丰富、土壤疏松的农田，也见于林边、灌木树叶背面、杂草丛中、乱石堆里、住宅附近等。江西主要发生地区为赣江两岸，湖南为洞庭湖区。

幼贝主要以腐叶为食，成贝以新鲜绿色植物为食，尤喜食幼芽和嫩叶，故发生严重时常截断烟苗嫩芽、嫩茎。成贝对甜味物质趋性较强，因此，可在杀蜗剂中加入蔗糖，制成毒饵诱杀。

有较强的再生能力，如剪除小部分（约 0.2cm²）贝壳后，25～30d 可恢复原状。耐寒、耐饥，在 -5℃ 下短期内不会被冻死。对高温的抵抗力较弱，寒冷或干燥时，足腺分泌靥膜封住贝口，不食不动。适宜环境能力中等，不取食可存活 30d 左右。

适宜于活动的温度为 18～25℃，pH 为 5～7。怕强光，300～500lx 光照下活动正常，3 000lx 减弱，8 000lx 活动微弱。卵成堆产于疏松、潮湿的土壤中。

第七节　晒黄烟采收及存贮

一、成熟采收

（一）成熟特征

叶色由绿变黄绿，叶尖叶缘表现尤为明显，中部以上的烟叶或较厚的烟叶出现黄斑，且突起；烟叶表面茸毛（腺毛）脱落、有光泽，似有胶体脂类物质显露，有黏手感觉；主脉变白发亮，叶基部组织产生离层，采摘时硬脆易摘，断而整齐；叶尖叶缘下垂，茎叶角度增大。

（二）采收标准

1. 下部叶

烟叶基本色为绿色，稍微显现落黄，茸毛部分脱落，采摘声音清脆、断面整齐、不带茎皮。

下部叶：成熟采收为宜，即叶色以绿为主，稍有转黄，叶尖显黄色，主脉1/3变亮，易采摘，采摘时声音清脆，断面整齐。

2. 中部叶

以成熟采收较好，即烟叶落黄明显（青黄各半），叶面出现少量成熟斑，茸毛大部分脱落，叶尖下垂，叶缘向外翻卷；主脉1/3～1/2变乳白，采摘时声音清脆，断面整齐。

3. 上部叶

以9成熟采收较好，即叶色黄绿，叶面有成熟斑，主脉1/2～2/3变白发亮，支脉1/2发亮，茸毛大部分脱落，叶尖下勾，叶缘下翻，易采摘，采摘时声音清脆，断面整齐。

（三）采收原则

1. 看叶位采收

下部烟叶适熟早采，中部烟叶成熟稳采，上部烟叶充分成熟采，顶部4～6片叶完熟一次采。

2. 看叶龄采收

下部叶叶龄50～60d，中部叶叶龄60～70d，上部叶叶龄70～90d。

3. 看栽培环境条件采收

（1）种植在肥沃黏重的土壤上或施氮肥较多、稀植和留叶少的烟株，应在叶面表现出典型且充分的成熟特征时采。

（2）种植在土壤肥力差、质地轻的土壤上或因留叶数过多而造成早衰的烟株，应在略具成熟特征时及时采。

（3）在肥水过多和密度过大的条件下，下部叶易发生"底烘"，叶色稍褪绿转黄时就要采收。

（4）在正常栽培条件下形成的良好烟叶，应适熟采收。

4. 看品种采收

主要包括：

（1）一般叶色浅、叶片薄、水分多和变黄快的多叶型品种，不耐成熟，应在其显现成熟特征就算成熟，即可采收。

（2）叶色深、叶片较厚、成熟慢且耐熟的品种，应等其充分显现成熟特征时采收。

（3）叶色、身份介于两者之间的品种，要适熟采收。

二、科学晒制

（一）晒制工具的准备

在进行晒黄烟晒制工作前要准备好一些必备的晒制工具，具体有：

一是烟折。烟折也称烟笪，用竹篾编制而成，是晒烟应用最广泛的工具。

二是划筋器。用木头片和大头针（缝衣针）做成。

三是晒场。根据烟农户实际具体情况选择晒烟场地。

（二）划筋上折

为缩短晒制试验，晒黄烟调制过程采取划筋方式，烟叶采回后及时用划筋器从叶尾至叶柄将主脉划破，不要划破叶片。所谓划筋即为，采用晒制工具中划筋器，在烟叶背面沿着烟株主脉基部向叶尖部分将烟叶主脉划开，烟叶划筋后主筋溢出大量水分，可以大大减少晒黄烟晒制时间。划筋的同时，将无价值的无效叶（病斑多、破损大、过生、过熟等叶）剔除和分类。划筋后依烟叶成熟度、烟叶厚薄和大小差别分类上折，上折要求稀密适度，烟叶在烟折上的排放不可过密也不必过稀。

（三）晒制过程

根据晒制过程天气状况，晒黄烟叶晒制干燥一般需要 7~12d 的连续时间。

一是小晒变黄时期。这阶段以晒叶背为主、晒制任务是促使烟叶变黄和适度脱水。晒至叶片发软、手摸有热感时收堆。以后出晒可根据烟叶的变黄及失水程度以及天气状况灵活掌握晒制角度大小和晒制时间。一般随时间后延，角度加大，晒制时间延长。收堆保湿变黄：为避免初出晒的烟叶因在烈日下曝晒时间过长，杀死叶细胞和失水过快过多，在中午阳光强烈时将出晒后的烟叶收拢，在室内或室外阴凉处横排或堆高 1m 左右。顶及四周用草帘或麻片等物覆盖遮阴保湿，促进变黄。晚上则收入室内覆盖保温、保湿，继续变黄。阴天要缩短收堆的时间或不收堆。烟叶变黄 7～8 成，划筋口变白，叶缘微卷现干，失水达 30％～40％，即可转入定色期。

二是大晒定色时期。此阶段的晒制任务是促使叶片继续变黄和水分散失，并最终使变黄的颜色固定下来，这个时期应更多地接受阳光照射，可以通过逐渐加大两蓬相靠的夹角和不断调整烟折朝向逐渐增加阳光正射面，到叶片基本全黄时可进一步大晒定色，当叶片基本干燥仅主脉尚未干时则转入平晒干筋。

三是平晒干筋时期。此阶段的晒制任务是将烟叶置于晒场上曝晒，直到烟筋晒至手折断并有清脆的响声为止。定色期以叶片干燥为主，同时也使烟叶残留的叶绿素充分转化变黄，并进行脱水干燥，固定烟叶的品质，促进致香物质形成。具体操作要点：晒折两副一组在晒坪内架成"∧"形，以晒制背面为主，根据天气状况调整晒折角度，视叶背叶面颜色变黄、失水情况轮番晒制，控制在两天内定色完毕，确保正反两面为金黄、正黄。

三、原烟储存与保管

（一）储存地点选择

选择：清洁、干燥、凉爽、密闭、背风、无异味且受外界温湿度影响较小、远离各种化肥、农药等异味的物资，太阳光不能直射的地点来存放烟叶，以防烟叶发生霉变和虫害。

（二）水分要求

原烟下炕后，自然回潮至水分在 14％～15％，即手摇叶片沙沙作响；叶脉较硬脆，较容易折断；叶片硬，容易破碎。

（三）堆放要求

（1）烟堆下部架空 0.3m，离墙 0.5m，堆高不超过 1.5m。烟叶最好在木板上堆放，并要高于地面 40cm 以上。木板上方先铺上稻草或麦草、草席，然后堆放烟叶。烟叶以垛放为宜，烟垛宽度一般 1.5cm 左右，垛高 1.0～1.5m，长度因烟叶数量而定。垛与垛之间留出宽度为 0.8cm 左右的过道，以便堆放期间进行管理。烟垛要距离墙壁 30cm 左右，防治墙壁透潮侵入烟垛。

（2）覆盖物的选择。为防止烟叶吸收外界水气或气温较高时烟堆排出水气，虫源进入烟堆危害烟叶，防止强光照射使烟叶退色，外围宜选用塑料薄膜等无孔隙隔湿物，内围及烟堆周边宜选用干稻草、麻片、草席等物。

（3）覆盖物也是各种霉菌和虫源的载体，所以要进行消毒。消毒的方法，一是在干净场所的阳光下暴晒，二是同贮藏场所一样用药剂消毒，然后将其晒干使其含水量达到14%以下的干燥状态时再使用。以防覆盖物过湿造成烟叶贮藏中霉菌的发生和繁殖。

（4）堆放烟叶时叶尖朝内。烟叶堆垛时叶尖朝内，叶柄朝外，整齐叠放，层层压紧。每次堆垛完后要用麻袋、草席、旧棉被等植物制品严加裹覆，垛顶用重物压实。

（5）分烤次、分部位堆放。垛放要分清炕次，区分部位，便于分级。

（6）垛内温度宜控制在35℃以下，空气相对湿度应小于75%，以防烟叶发热霉变。

第五章　宁乡晒黄烟提纯复壮技术

晒黄烟品种纯度的高低直接关系到农业生产的收成。纯度高的种子，因具备品种的优良特性而获得优质和高产；纯度低的种子，则作物生长不整齐，植株高矮不一，成熟期有差异等造成减产或品质降低。如果种子失去真实性，危害就更大，不仅延误农时，严重的甚至可能失收。烟草种子在生产过程中，随着繁殖代数的增加，会发生品种纯度降低，典型性下降，种性变劣等混杂退化现象，所以种子生产应严格防止品种混杂退化。烟草种子生产要利用遗传学、育种学和栽培学的理论，采用各种技术措施提高烟草种子的繁殖系数，加快种子生产速度，保持品种的优良特性，防止品种混杂退化。

尽管烟草属于自花授粉作物而且异交率很低，但即使是一个相对稳定的品种群体，其个体间的基因型也不完全一致。然而遗传上不完全一致的品种群体经过若干世代的随机交配后，其遗传组成处于平衡状态，品种的特征特性表现相对稳定。处于遗传平衡状态的品种群体，一旦受到某些因素的干扰，如机械混杂、生物学混杂、突变等，其遗传状态就会受到破坏，主要表现为有关性状的不一致。如云南省推广的烤烟 K326 品种，由于在推广初对原种的使用意见不一致，各地自选单株繁殖后代，造成生产上曾经出现十余个性状不一致的K326 株系。

烟草良种在生产上推广几年后，为避免出现混杂退化现象，必须做好品种提纯复壮工作。提纯复壮包括提纯和复壮两个方面。提纯就是通过除杂除劣，提高和保持种子的纯度；复壮是通过一些必要的技术措施和生产技术操作规程，恢复原品种的种性和经济性状，使其充分发挥增产作用。烟草种子提纯复壮的方法较多，目前生产上较多的是混合选择法，此法简单易行，适用于混杂退化不严重的品种和技术条件较差的单位。对于混杂退化较严重的品种和繁育条件较好的单位，最好采用分系选择法。

我国晒晾烟种植历史悠久，资源丰富，各地烟叶质量各具特色，香气类型风格多样，是发展中国特色的低焦油混合型卷烟丰富的原料资源。晒黄烟作为晒晾烟的一种类型，是我国所特有的，具有巨大的潜在开发前景，也是我国发展"中式卷烟"的特色原料之一。晒黄烟产区分布零散，主要在广东省南雄、连县，广西壮族自治区南平、贺州，湖北省黄州，湖南省宁乡，福建省沙县、云南省龙陵县等地，其面积共 40 万～50 万亩。其调制方法有折晒、半晒半烤等方式。为保障寸三皮品种的稳定和发展，开展宁乡特色晒黄烟提纯复壮项目，通过对晒黄烟寸三皮品种退化原因及其提纯复壮等各个关键技术环节的配套研究，提纯现有品种并形成一套适合宁乡晒黄烟的提纯复壮技术体系和操作规程，对宁乡晒黄烟叶的可持续发展具有十分重要的意义。

第一节　宁乡特色品种寸三皮提纯复壮

一、提纯复壮的概念

烟草良种在生产上推广几年后，为避免出现混杂退化现象，需要经常进行提纯复壮工作。品种提纯复壮方法较多。目前烟草行业较多采用的是混合选择法，此法简单易行，适用于混杂退化不严重的品种和技术条件较差的单位。对于混杂退化较严重的品种和繁育条件较好的单位，最好采用分系选择法。

（一）混合选择法

混合选择法是在某品种相对整齐的群体中（一般是在种子田），选则具有该品种典型性的健壮烟株。品种混杂退化的主要原因就是选种、留种粗放，后代退化，变异株数逐年增多，品种纯度下降。因此在留种田内，严格选择具有原品种优良性状的典型烟株留种（也可以将选种的植株套袋严格自交），淘汰病株、劣株和杂株，混合收种。

（二）分系选择法

分析选择法又加改良混合选择法。分系选择法的程序可概括为：单株选择—分系比较—混系繁殖。亦即所谓的"两年一圃制"。

第一年单株选择。在纯度较高，生产较好的种子田内广泛选择合乎要求的单株。选择的单株必须具备原品种的典型性。选择最少进行 3 次，第一次在现蕾前，第二次在开花初期，第三次在青果期。入选单株要实行疏花疏果，每株蒴果数一般不超过 50 个。以单株为单位收种，作为下年株系比较鉴定的种子。

第二年分系比较又称株行圃。目的是对上年入选单株在相同条件比较每个单株后代的表现，从中选出整齐一致并具有原品种典型性的优良株株行。每个入选单株种植一行，每行 30 株左右，每 5～10 行设一行对照。对照采用同品种的原种或纯度高的种子。从现蕾到初花期，进行初步选择与淘汰。青果期进行决选，淘汰的株行一般占全部株行的 30%～40%。在每一当选株行内选择 3～5 株套袋自交，混合收种。

第三年（若原种数量不够的条件下，可进行第三年繁殖）混系繁殖。烟草由于繁殖系数大，一般株行圃中采收的原种能够满足种植的需要，因此通常无须进一步繁殖原种。若原种需要量大，可以在原种圃进一步繁殖原种。

二、提纯复壮的意义

宁乡晒黄烟生产具有 200 多年的历史，20 世纪 90 年代，经过提纯、复壮的地方品种寸三皮已列入国家名晾晒烟种子库。独特的晒制方法和良好的自然资源条件造就了独具地方特色的晒黄烟叶。经中国烟草总公司青州烟草研究所、中国烟草总公司郑州烟草研究院和湖南中烟工业公司等单位专家的评析鉴定：宁乡晒黄烟叶品质上乘、色泽金黄、香醇馥郁、气味醇香、余味舒适、燃烧性强、烟灰洁白，是生产低焦油、低危害型高中档烤烟型卷烟和混合型卷烟的理想原料。目前，宁乡已发展成为湖南省唯一的特色晒黄烟叶生产基地，产品供不应求。

近年来，晒黄烟寸三皮品种退化严重，主要表现为株形矮化，节间变短，叶片变厚，叶片木质化严重，抗性弱化、烟碱含量增高、黑胫病、青枯病发生较严重。本项目主要是对具有独特风格但品种退化明显的宁乡晒黄烟寸三皮品种进行提纯复壮，充分挖掘、开发、利用晒黄烟特色资源，开发具有明显地域特色的配伍性强，色、香、味俱佳的优质晒黄烟叶，助推原料保障上水平。提纯复壮寸三皮品种的开展对提供具有明显地域特色、产量和质量稳定的优质晒黄烟叶原料保障具有十分重要的现实意义。

三、提纯复壮的研究内容

（一）品种表现及退化原因分析

近年来，晒黄烟寸三皮品种退化，主要表现为株形矮化，节间变短，叶片变厚，叶片木质化严重，抗性弱化、烟碱含量增高、黑胫病、青枯病发生较严重。对该品种在不同生产区、大面积生产上的生育期、形态特征、品质、抗性等性状表现进行分类调查、取样分析、测试，研究该品种退化的植物学、遗传学及生理生化原因，为提纯复壮技术方案的制定和实施提供依据。

（二）提纯复壮技术研究

根据该品种在生产上的各种性状退化表现和植物学、遗传学及生理生化原因，研究制定晒黄烟品种寸三皮的提纯复壮的技术路线和实施方案。通过对晒黄烟品种寸三皮品种提纯复壮技术方案的实施及其效果分析，确定最优的提纯复壮原种生产、繁殖技术方案，解决宁乡地方品种晒黄烟退化问题，保持晒黄烟特色。

（三）制订晒黄烟品种提纯复壮原种生产技术规程

对晒黄烟品种寸三皮提纯复壮技术方案的实施进行总结分析和示范，建立晒黄烟品种提纯复壮原种生产和技术规程。

四、技术特点及技术路线

(一)技术特点

由于品种的种性受遗传的制约,又不同程度地受环境条件的影响,因而品种提纯复壮是一个比较复杂的问题,技术性和时间性强,涉及种子生产的各个环节。

(二)关键技术和关键工艺

如何针对宁乡晒黄烟寸三皮品种的退化表现,制定合理的提纯复壮原种生产技术流程,使该品种恢复原有的种性与经济性状,是本研究的关键技术。

(三)技术路线

技术路线图如图5-1所示。

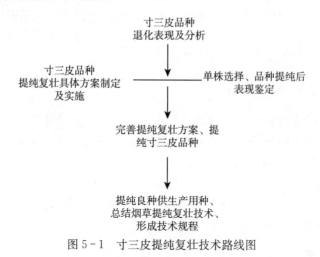

图5-1 寸三皮提纯复壮技术路线图

第二节 寸三皮提纯复壮规程

一、育苗

(一)播种

将压孔器边套在苗盘边上,均匀用力,在基质上压约0.5cm的穴。播种时将播种器的隔板回位后,使每个播种孔都填上1~2粒种子;用手轻抹盘面盖种,至基本看不到种子。然后将2m小竹条架在苗盘上方;盖上农膜,防止悬滴水溅飞种子。

（二）小十字期前管理

注意棚内温度不能超过35℃。漂浮育苗保持池内水深0.1m左右；保持基质表面湿润，否则可用喷雾器适当补水，棚内湿度维持85％左右。

（三）大十字期前管理

间苗补苗，确保齐苗；自此期间开始，温度管理以防止极端温度烧苗为主，严防出现35℃以上的高温。持续38℃的高温会形成热害，造成死苗；湿度控制在75％左右。

（四）大十字期后管理

棚内湿度控制在55％～65％；大十字后期按每吨水1kg添加第二次营养液；封盘后去掉小拱棚，并进行第一次剪叶，此后每5～7d剪一次，最多不超过5次；浅水育苗要逐步减少补水次数，降低池内水位；漂浮育苗要适时架盘，进行干湿交替，促进烟苗根系发育；每次补水时同时酌情添加少量营养液，如烟苗脱肥变黄要酌情补肥；第3次剪叶后掐去部分老叶，并逐步干湿交替进行炼苗；发现病株及时拔除，并对发现区域施药防治。

（五）剪叶和掐叶露杆

第1次剪叶在封盘后，此后每5～7d剪一次，最多不超过5次；第1次剪叶程度不可超过最大叶的50％，此后每次剪到心叶上方约3～4cm；将剪下的叶片清理出大棚，晒干后烧毁。

第3次剪叶后，将下部的3～4片黄叶连同叶柄全部掐去，优化茎部光照，增强柔韧性。将掐下的叶片清理出棚，并晒干烧毁；同时去除过弱苗；掐叶前1d喷施抗毒丰防治病毒病。

（六）炼苗

在移栽前15d视天气逐步揭开棚膜，在移栽前3～4d可完全揭去。成苗达到以下标准：出苗后苗龄65～75d、叶数7～9片、茎高10～15cm、茎粗4～6mm、韧性好、叶色清绿、健壮无病虫。

（七）移栽前处理

移栽前2～3天剪叶一次；移栽前1d叶面喷施一次病毒特。并用农用链霉素、营养液、移栽灵、金雷多米尔溶液浸至基质湿透（盘下开始有水渗出）。

（八）苗期病害的防治

（1）盐害。水分蒸发过快，使盘面产生白色结晶盐而发白，可导致烟苗死亡。可采用清水淋溶消除。

（2）冷害。低温导致烟苗畸形、卷边、发黄、坏死等病症。保温增温可消除冷害。

（3）热害。持续38℃以上的高温导致变黄、褐死等烧苗现象。必须严防棚内出现38℃以上的高温。

（4）微量元素缺乏或中毒症。一般由于溶液 pH 不适当导致，通过调节 pH 可得到控制。施铵态氮肥过多易导致铵中毒。

（5）侵染性病害。常见的有炭疽病、猝倒病、立枯病。搞好苗床卫生，经常通风排湿，加强光照是防病的主要措施。药剂防治可采用25％金雷多米尔400～500 倍液防治黑胫病；70％甲基托布津1 000～2 000 倍液防治立枯病；25％甲霜灵 500～1 000 倍液防治猝倒病；80％代森锌 600 倍液防治炭疽病。

烟苗大十字期至成苗，每次剪叶前喷施一次抗毒丰或病毒特，以及甲基托布津、必备的混合溶液，浓度为正常浓度的50％～70％，前期浓度要低，苗长大后可逐步提高，温度高的天气浓度要低。

二、大田栽培

做到雨过田干，沟中无渍水，田间无杂草，顶上无花，腰中无杈，烟叶无病害，底层无烂叶，培育出"看上一斩齐，行间一条线，分层落黄"的大田烟叶，是生产出优质种子的基础。

（一）繁殖田选择

自然地理条件：选择地势平坦，光照充足，土壤结构良好，砂黏适中，肥力较好，排灌方便的田块，无化学物质，无重金属，无放射性元素，无有害微生物污染的田块。

非地下水位高的深泥田、冷浸田、锈水田。地势较高，灌溉方便，土壤结构优良。不在常年发病烟区，前茬不是茄科、葫芦科、十字花科作物的田块。

（二）繁殖田肥料管理

1. 施肥的原则

控制总施氮量，增施磷钾肥，重视有机肥，硝态氮与铵态氮相结合，中微量元素肥料相结合，基肥与追肥相结合；同时施肥看烟苗长势长相，酌情进行调整，避免造成肥害。

2. 施肥方案

表 5 - 1　寸三皮种子繁殖田施肥方案

肥料种类	亩用量	施肥项目	施用方法及用量	施肥时期与天气
基肥	火土灰　500kg 以上 腐熟农家肥　250kg 活性专肥基肥　75kg 钙镁磷肥　50kg	双层施肥	1. 钙镁磷酸与专用基肥、已腐熟农家肥一起混匀作为基肥深施 2. 火土灰经过筛、喷水浇湿,堆至湿润,再与无菌干素土混匀,作为移栽营养土施于移栽穴中 注:施基肥前要留出 5%～10% 用于平衡丘块之间、本丘之间土壤肥力差异	深施底层基肥:移栽前 7d 施放,起垄前开条施沟后即施,施后随即起垄、覆土保肥 晴天或阴天
追肥	提苗肥　5kg	第一次追肥	以每 50kg 水加提苗肥 0.1kg 的浓度将烟株四周浇湿,湿径 25cm,湿深 30cm 以上。每亩约用提苗肥 2kg,兑水 1 000kg(不能少)	移栽后 3～4d(晴天或阴天)
		第二次追肥	以每 50kg 水加提苗肥 0.1kg 的浓度将烟株四周浇湿,湿径 0.25m,湿深 0.3m 以上。每亩约用提苗肥 2kg,兑水 1 000kg(不能少)	移栽后 6～8d(晴天或阴天)
	硝酸钾　30kg	第三次追肥	以每 50kg 水加硝酸钾 0.25～0.3kg 的浓度将烟株四周浇湿,湿径 0.25kg,湿深 0.3m 以上。每亩约用硝酸钾 5.5kg,共兑水 1 000kg(不能少)	移栽后 12～15d 内,晴天或阴天
		第四次追肥	以每 50kg 水加硝酸钾 0.3～0.35kg 的浓度,每亩共用硝酸钾 7.5kg 兑水 1 000kg 以上	移栽后 20～22d
	硫酸钾　40kg	第五次追肥	硝酸钾 12kg、硫酸钾 20kg 拌匀,每穴施 29g,株距中间打穴深施,深度 0.15m,穴宽 0.2m,施后覆土	揭膜中耕后进行,并结合培土

注: 1. 施肥量 $N:P_2O_5:K_2O=11.06:15.05:42.38\approx1:1.36:3.8$
　　　2. 基肥 N:追肥 $N=54.27\%:45.73\%$;基肥 P_2O_5:追肥 $P_2O_5=97.18\%:2.82\%$;基肥:追肥 $K_2O=20.94\%:79.06\%$。

（三）备耕

1. 稻草还田

稻草还田能增加土壤有机质含量，改善土壤理化结构，提高土壤肥力；方法为晚稻收割后及时将稻草均匀撒入田中，而后灌水浸泡 15～20d。

2. 田间处理

清除残存的烟杆、烟蔸、同病源作物残留物及杂草，并带出田外烧，减少田间病虫草传播源。

土壤 pH 低于 6.0 的酸性土壤，每亩均匀撒施生石灰 80kg。灌水充分湿润田间土壤，确保消毒效果。

3. 冬季烟田处理

采用大型拖拉机深翻，耕作深度达 25cm 以上。加深耕作层，改善耕作层土壤结构和通气状况。为保证烟田排灌通畅，开好中围沟，降低烟田地下水位，调整土壤气、液比例。中沟深 0.5m 以上，围沟深 0.45m 以上。

4. 整地起垄

按 2.4m 的间距拉线分大厢；按每厢两垄，垄距 1.2m（旱土 1.1m）的规格（每垄中心线到沟中心线约 0.6m，旱土约 0.55m）设置单垄；在单垄中心线开一条宽 30cm，10～12cm 深（沟底须距硬底层 8～10cm）的浅宽沟；堆成高 30cm 左右，底宽 80～85cm，面宽 60～65cm，丰满微拱的单垄体；按株距 65cm 拉线打深 15～18cm，圆径 23～25cm 的穴，边打边整平厢面。以两行之间每 3 株烟苗成"品"字形。

（四）移栽

将准备好的营养土按每穴约 1kg 的量放入移栽穴中。在阴天或小雨天抢天气在 2～3d 内移栽完毕。按照育苗要求将烟苗作好移栽前的处理；选择整齐一致的烟苗使用，栽后烟苗茎尖必须出土 2～3cm，距垄面约 5～6cm；叶片低于垄面；每穴用清水约 1kg 浇在苗茎周围，保证湿润深度和宽度均达到 25cm 以上；每亩栽植 50～100 株预备苗。

采用日高 2 000 倍液喷雾防治小地老虎等地下害虫。然后用配色膜覆盖。做到 4 个当天，即当天起苗、当天移栽、当天浇水、当天盖膜。各品系必须按行移栽，防止栽混，并树立醒目标牌。

（五）大田管理

1. 查苗补蔸

确保齐苗，保证烟苗生长均匀。对弱苗、小苗偏施偏管，低浓度多次数追肥。

2. 破膜掏苗

在最高气温超过 20℃时或烟苗将膜拱起后及时选择无风、无大太阳、气温适中的天气,在苗上方膜上划开一个"十"字形口,将烟苗掏出膜外。

3. 揭膜除草

在大田烟株平均叶片数达 12～14 片或日平均气温稳定通过 18℃时,选择晴暖天气进行。揭膜后立即使用宝成(每亩 7.5g,兑水 60kg,加入适量洗衣粉)喷雾(带罩,严禁喷到烟苗,特别是心叶上)除草。

4. 除脚叶

摘除 2～3 片脚叶,打脚叶造成烟株伤口,容易导致病害流行。因此,必须选择晴天进行,遵循先健株、后病株的原则进行。并结合病虫害的防治,打掉的脚叶应带出田外集中销毁。

5. 中耕培土

本着"头遍浅、二遍深、三遍四遍不伤根"的原则进行中耕。并用细土培到烟蔸周围,培土深度要达 5～6cm,培土后的垄高要达到 35cm 左右。

6. 追肥

在烟苗成活后马上进行第 1 次追肥,时间和方法请遵照施肥方案进行;在打顶前后及采完第 1、第 2 房烟叶后可根据烟株长势适当追施少量硝酸钾,确保顶叶开片及中上部叶后期不脱肥。对小苗、弱苗、高脚苗偏施偏管。

7. 水分管理

还苗期:田间相对持水量 80％～85％为宜,低于 65％或超过 85％,对烟苗的成活和新根的发生不利。

伸根至团棵期:田间相对持水量临界值为 55％,以 65％为适宜。若天气晴朗,在 60％时即应补充水分;在达到 80％时将会影响根系的全面发育。

团棵后至旺长现蕾期:是决定产量的重要需水时期,必须保持 80％或略高的相对持水量。低于 75％的时间达 1 周以上,产量将会受到无法挽回的严重影响,且整体质量也会下降。

顶叶展开至成熟期:顶叶展开前以 75％～80％为宜,保证充足的平顶水;顶叶完全展开后,以 65％～70％为宜,保证烟株成熟期正常所需水分而又不贪青晚熟。成熟期多雨,则应严控田间水分和加强排水工作。

8. 种株选择与花果控制

保留最初 2 周内开花的大约 60 个花果,以获得质量较好的种子,其他花果应疏掉。从花果的部位来看,由最顶端的三叉花枝向下数至第 5 花枝,以及每一花枝的第 5 分叉点以里,是保留花果的适宜部位,其余花枝和保留花枝的末梢都可剪去。

9. 打顶抹杈

种子田采用严格去杂去劣的选择方法,不具备本品种特征特性的混杂株、变异株、病株、劣株，一概提早打顶，保证种子有较高的纯度。选留种株以具备本品种典型性为主要标准，在现蕾前（移栽后 50～60d 左右）进行第一次去杂去劣，大约半个月后烟株将烟进入开花期时进行第 2 次去杂去劣。以后发现杂株、劣株要随时打顶，不使被淘汰的烟株有开花传粉的机会。一般纯度较高、病害较轻的种子田可选留 70%～80% 的植株。种子田内如发现个别植株表现优异，但其性状又明显偏离了该品种的典型性，应套袋自交，并将种子个别收获，作为育种材料供下年继续观察。

按 350 倍浓度配好灭芽灵药液，并按每 50kg 水 1 000 万单位的浓度加入农用链霉素，然后在打顶后 24h 内采取杯（壶）淋法或笔涂法处理好每一个腋芽。

（六）病虫草害防治

表 5-2　烟草病虫草害化学防治用药及安全使用一览表

（按每亩用药水量 50kg 计算亩用量）

病虫草害	农药名称	常用浓度	最高浓度	施药方法	最多使用次数	安全间隔期 (d)
炭疽病、立枯病、赤星病、蛙眼病、角斑病、野火病、气候斑病	波尔多液	0.044 676	0.044 097	喷雾	4	≥10
	必备	400～500 倍液	300 倍液	喷雾	3	10～15
炭疽病、立枯病	甲基托布津			喷雾		
	退菌特	700 倍液	500 倍液	喷雾	3	≥7
黑胫病	东旺黑达	1 500 倍液	1 200 倍液	灌根	3	15
	甲霜灵锰锌	500 倍液	400 倍液	灌根	2	10
猝倒病	百菌清	800 倍液	600 倍液	喷雾	3	7
角斑病、野火病、青枯病	农用链霉素	200 单位/mL 30mL/株	200 单位/mL 50mL/株	灌根	2	—
空茎病		200 单位/mL	200 单位/mL	处理伤口	—	—
花叶病	病毒特	700 倍液	500 倍液	喷雾	4	7～10
	东旺杀毒	1 000 倍液	500 倍液	喷雾	4	7～10
	抗毒丰	500 倍液	300 倍液	喷雾	4	7～10
小地老虎	日高	2 000 倍液	1 000 倍液	喷雾	3	7
烟蚜	莫蚜灵	2 000 倍液		喷雾		
烟青虫	红箭			喷雾		
斜纹夜蛾	安打	8.8～13.3g/亩	—	喷雾	3	5～7
单、双子叶草害	宝成	5～7.5g/亩	—	喷雾	—	—

（七）烟叶的成熟采收

晒黄烟提纯复壮时，一边进行留种，一边可以进行烟叶的正常采收，采收后烟叶处理同大田生产管理。

①下部叶：在烟叶褪绿转黄（6～7 成熟），主脉和支脉开始变白，叶面茸毛开始脱落，叶尖下垂，采摘不脱皮时采收；

②中部叶：8～9 成熟，主脉和支脉 2/3 变白发亮，叶片有皱折、有明显的成熟斑，叶面主体色转为黄色，叶耳变黄，茎叶角度增大，叶尖下垂，茸毛脱落，采时声音清脆，采下时马蹄口断面完整；

③上部叶：9 成熟以上，主脉和支脉全白发亮，茎叶角度明显增大，叶片皱折，叶面有突起的黄白色泡状成熟斑，叶尖下垂，叶缘下卷，叶耳全黄，采时声音清脆。

三、品系的单株选择

在纯度较高长势良好的晒烟田中选择 100 株，分别在现蕾前根据株形、叶形等农艺性状，选择生长健壮，具有本品种典型性状的烟株。将入选烟株进行编号、挂牌。在初花期复查上次当选植株，根据花色、病害等进行精选。入选单株摘除已开花朵，套袋自交。在种子成熟期，对入选单株进行疏花蔬果，每株保留蒴果 20～30 个，种子褐熟期至完熟期分单株收获，分单株脱粒、装袋、标记。

四、株系鉴定圃（选种圃）比较

对经过单株选择后的几个单株进行了分系比较，分系比较在株行圃进行。

注意土壤 3 年内没有种植过茄科作物，试验地四周 500m 内没有烟田。经过单株选择的标系分行种植。在现蕾前将株行内的杂株、病株打顶，田间杂株率超过 5% 或性状表现明显不同的株行全部淘汰，然后在数个株系中分别选择具有宁乡寸三皮典型性状的株行（各选 1 行），并在当选株行内分别留典型单株 4 株，将入选单株进行疏花套袋，种子褐熟期至完熟期分单株行收获、晾晒、脱粒、装袋、标记。

打顶后两周观察注意其农艺性状和植物学性状并作记录。

五、原种圃繁殖和鉴定

将从性状表现相对较好的株系种子播于原种圃，开展原种繁育和品性鉴定，同时开展小区试验和生产示范。

从栽培示范和小区示范的结果填写各生育期的农艺性状、植物学性状和经济性状是否优于参照品种。

六、种子的收获、脱粒与干燥

田间繁殖生产寸三皮种子，在花枝蒴果半数（50%）以上呈褐色，其余蒴果也开始转褐色时便可进行蒴果（种子）的收获。收获后的蒴果在晾晒场地进行晾晒，直到蒴果全部干燥，便可进行种子脱离。在这期间要防止种子因水分、通风不畅发生霉变而影响质量。干燥主要是利用自然风干和晒种进行干燥。

七、种子精选

利用种子物理特性的差异，用物理机械方法将异作物和杂草以及无生命杂质清除，利用光、热等方法抑制病原菌，保持种子健康，提高种子的活力和种子的质量。

八、烟草种子质量检验

（一）田间检验

主要检验品种纯度和病虫害程度。根据寸三皮的品种、种源、繁育技术、病虫害情况划分检验区，按区选点，每区面积 15 亩以内的选 3 个点，30 亩以内的选 5 个点，每个点取样 10 株。可采取对角线式或梅花式取样。品种纯度指本品种株数占供检总株数的百分率。病虫感染率指病虫感染株数占供检总株数的百分率。

（二）室内检验

烟草种子的室内检验包括以下内容：①种子净度检验。②种子发芽率检验。③种子水分的检验。④种子分级。以达到以下标准。

表 5 - 3　烟草种子分级指标见下表

级别	纯度（%）	净度（%）	发芽率（%）	水分（%）	色泽	籽粒状况
原种	≥99.9	≥99.0	≥95.0	7～8	深褐、油亮、色泽一致	饱满、均匀
一级良种	≥99.5	≥98.0	≥90.0	7～8	深褐、油亮、色泽一致	饱满、均匀
二级良种	≥99.0	≥96.0	≥85.0	7～8	深褐色、稍有油光、色泽稍差	均匀，捻时的少量粉状皮屑

九、种子包衣加工

烟草种子须经过包衣加工，一是推进烟草种子的标准化、丸粒化、商品化，实行精量播种；二是进一步提高种子质量；三是减少病虫害发生；四是减少种子用量；五是便于机械化操作；六是适应于育苗新技术的需要（如：湿润育苗、漂浮育苗等）。

第三节　复壮的主要成果和成效

一、复壮的成果

（一）寸三皮品系的单株选择

在纯度较高长势良好的晒烟田中选择 100 株，分别在现蕾前根据株型、叶形等农艺性状，选择生长健壮，具有本品种典型性状的烟株。将入选烟株进行编号、挂牌。在初花期复查上次当选植株，根据花色、病害等进行精选。入选单株摘除已开花朵，套袋自交。在种子成熟期，对入选单株进行疏花疏果，每株保留蒴果 20～30 个，种子褐熟期至完熟期分单株收获，分单株脱粒、装袋、标记。共挑选出 4 个单株，分别记作 M1 株、M2 株、M3 株、M4 株。

（二）寸三皮株系鉴定圃（选种圃）比较

2010 年开始，主要是对经过单株选择后的 4 个单株进行了分系比较，分系比较在株行圃进行。

在宁乡县朱良桥乡罗巷村，选择地势平坦、肥力中等、灌溉方便的试验地 2 亩，试验地质地为黏壤，前作为水稻且 3 年内没有种植过茄科作物，试验地四周 500m 内没有烟田。经过单株选择的 M1 株、M2 株、M3 株、M4 株各种植 6 行，每行 40 株，每 6 个单株行左右两侧各设置 6 行寸三皮原种作对照，总共种植 54 行，2 160 株烟。在现蕾前将株行内的杂株、病株打顶，田间杂株率超过 5％或性状表现明显不同的株行全部淘汰，然后在 M1 株、M2 株、M3 株、M4 株株行中分别选择具有宁乡寸三皮典型性状的株行（各选 1 行），并在当选株行内分别留典型单株 4 株，将入选单株进行疏花套袋，种子褐熟期至完熟期分单株行收获、晾晒、脱粒、装袋、标记。

打顶后两周观察，其农艺性状和植物学性状分别见表 5-4。

表 5－4　农艺性状记录

调查时间：6 月 23 日（打顶后两周）

处理	株高 (cm)	茎围 (cm)	节距 (cm)	有效叶 (片)	脚叶长 (cm)	脚叶宽 (cm)	下二棚长 (cm)
M1	67.6	14.58	4.1	18.6	56.8	27.2	69
M2	72.6	14.88	4.3	18.6	57.2	27.8	66.8
M3	75.2	13.76	4.5	19	57.8	27.2	65.8
M4	75.8	13.78	4.58	19	58.2	27.4	66.4

处理	下二棚宽 (cm)	腰叶长 (cm)	腰叶宽 (cm)	上二棚长 (cm)	上二棚宽 (cm)	顶叶长 (cm)	顶叶宽 (cm)
M1	28	78.4	33.6	78.6	30.8	61.2	27.2
M2	28.4	79	33.2	79	30.4	60.4	26.4
M3	27.8	80.6	33.6	80.2	30.4	61.2	27
M4	27	83.4	34.2	82.2	31.6	62	27.2

从上表可以看出，M1 株株高最矮，M4 株最高，茎围以 M4 株最细，M1株、M2 株均比 M4 粗，节距以 M4 株和对照最长，而其他株系均比 M4 短，有效叶以 M4 多，为 19 片叶，M3 株与 M4 同，其他株系较少，脚叶长、宽以对照最优，其他株系较少，下二棚叶长、宽以 M4 小，其他株系较大，腰叶、上二棚叶和顶叶均以 M4 最大，其他株系均小于 M4。株系 M4 的株高、节距和各部位的叶片长宽均与对照相同，高于其他几个株系。

表 5－5　植物学性状记载表

处理	株形	叶形	叶色	茎叶 角度	主脉 粗细	田间 整齐度	成熟 特性	生长势 苗期	栽后 30 天 生长势	栽后 50 天 生长势
M1	塔形	长椭圆	绿	大	中	好	明显	强	中	中
M2	塔形	长椭圆	绿	大	中	好	明显	强	中	中
M3	塔形	长椭圆	绿	中	中	好	明显	强	强	中
M4	塔形	长椭圆	绿	中	中	好	明显	强	强	中

从表 5－5 可以看出，植物学性状四个株系均没有多大差异。株系 M4 栽后30d 的生长势强于对照和其他几个株系，其他植物学性状株系间无显著差异。

（三）寸三皮原种圃繁殖和鉴定

2011 年，将从性状表现相对较好的株系 M4 株种子播于原种圃，开展原种繁育和品性鉴定，同时开展小区试验和生产示范。

从栽培示范和小区示范的结果来看，提纯复壮后的寸三皮品种各生育期的农艺性状、植物学性状和经济性状优于对照，具有较为明显的寸三皮品种特性。

表5-6　提纯后的寸三皮品种团棵期农艺性状调查表

处理	株高 (cm)	茎围	节距	叶数 (片)	脚叶长	脚叶宽	下二棚长
栽培示范	42.4	/	/	14.5	/	/	/
区示	41.9	/	/	13.8	/	/	/
对照	40.1	/	/	13.2	/	/	/

处理	下二棚宽	最大叶长 (cm)	最大叶宽 (cm)	上二棚长	上二棚宽	顶叶长	顶叶宽
栽培示范	/	50.3	23.7	/	/	/	/
区示	/	48.6	23.1	/	/	/	/
对照	/	48.3	22.7	/	/	/	/

注：调查时间为团棵期

表5-7　提纯后的寸三皮品种团棵期植物学性状调查表

处理	株形	叶形	叶色	茎叶角度	主脉粗细	田间整齐度	苗期生长势	栽后30d生长势
栽培示范	半球形	长椭圆	深绿	小	中	好	强	强
区示	半球形	长椭圆	深绿	小	中	好	强	强
对照	半球形	长椭圆	深绿	小	中	较好	强	强

注：调查时间为团棵期

表5-8　提纯后的寸三皮品种农艺性状调查表

处理	株高 (cm)	茎围 (cm)	节距 (cm)	有效叶 (片)	脚叶长 (cm)	脚叶宽 (cm)	下二棚长 (cm)
栽培示范	77.8	12.61	4.58	19.4	58.2	27.4	66.4
区示	75.2	12.53	4.5	19.2	57.8	27.2	65.8
对照	67.6	11.58	4.1	18.8	56.8	27.2	69

处理	下二棚宽 (cm)	腰叶长 (cm)	腰叶宽 (cm)	上二棚长 (cm)	上二棚宽 (cm)	顶叶长 (cm)	顶叶宽 (cm)
栽培示范	27.4	83.4	34.2	80.2	31.6	62	27.2
区示	27.3	80.6	33.6	77.4	30.4	61.2	27
对照	27	79.7	33.6	72.6	30.8	57.3	23.2

注：调查时间为（打顶后两周）

表 5 - 9　提纯后的寸三皮品种植物学性状调查表

处理	株形	叶形	叶色	茎叶角度	主脉粗细	田间整齐度	成熟特性	苗期生长势	栽后 30d 生长势	栽后 50d 生长势
栽培示范	塔形	长椭圆	绿	大	中	好	明显	强	中	中
区示	塔形	长椭圆	绿	大	中	好	明显	强	中	中
对照	塔形	长椭圆	绿	中	中	较好	明显	强	强	中

注：调查时间为打顶后两周

二、复壮的成效

生产出的寸三皮种子统一送湖南省永州市烟草科学研究所进行包衣加工。

（一）寸三皮种子的发放

（1）寸三皮种子的发放安排专人负责。

（2）各烟叶种植区域必须严格地执行"一乡一品"的优良品种种植结构，种植烤烟的乡镇，不能种植寸三皮品种。

（3）坚决杜绝杂劣品种种植，同时加强烟草专卖管理监督力度，严厉打击任何单位或个人擅自经营、倒卖晒黄烟种子的违法行为。

（4）严格要求发放和领用部门建立详细的寸三皮种子供应和种植面积档案，包括到乡（镇）、村委会的种植品种、种子生产批次、用种量、种植面积、剩余种子数量等信息。

（5）对播种后剩余的寸三皮种子严格管理，严格登记造册、回收，并确定专人保管。

（二）建立寸三皮种子提纯复壮基地

在朱良桥乡罗巷新村建立烟叶一级种子田，二级种子田。

种源准备及繁育对象为本项目提纯复壮的目前生产上大面积推广晒黄烟品种寸三皮。后续提纯复壮最好利用原种的第一代、第二代种子，一级种子田用原种，二级种子田用一级种。用于良种繁育的种子必须经严格的植物检疫和质量检验后方可使用。繁殖田应选择在土壤中上等肥力，排灌方便，集中连片，便于隔离的区域，有自然隔离条件的尤佳。晒黄烟是自花授粉作物，自然异交率一般不超过 1％，但最高可达 4％，所以同作物异品种严禁在繁殖区内种植，并和繁殖区保持适当距离，以有效防止生物学混杂。

第六章　宁乡晒黄烟调制体系构建

第一节　烟草的调制

一、调制的实质

烟草调制的实质是烟叶脱水干燥的物理过程和生物化学变化过程的统一。核心是碳素和氮素代谢的程度及其与水分动态的协调，必须向着有利于烟叶品质的方向发展。

烟叶调制的目的是提供适宜的温度和湿度条件，促使烟叶发生适当的生理和生物化学变化，以便使烟叶具有优良的外观和物理特征，改善化学成分含量，适合于烟草制品的要求。合理地调制还可以在一定程度上弥补田间农艺性状的不足，尽可能地提高烟叶品质。事实证明，调制是决定烟叶质量的一个关键步骤。

当然烟叶的调制质量决定于鲜叶的质量，而鲜叶的质量是潜在的，需经过调制过程，才能表现出烟叶的最终质量。毫无疑问，调制不当将有损烟叶的质量，因此研究烟叶的调制具有重要的意义和重大的经济价值。

晒烟的调制主要用太阳能进行晒制，促使新鲜烟叶凋萎、变色、干燥。烟叶的晒晾过程是在自然的温湿度条件下进行的，受自然气候影响较大。晒晾过程必须具备专用的晒晾设备。晒制多使用烟折夹着烟叶，索晒烟一般使用烟棚和烟架，用绳索串着烟叶挂晒。

表 6-1　我国晒黄烟商品类型划分

类型		名称	调制方法	主要栽培特点	主要品质特点	主要产区
晒黄烟	淡色	半晒半烤烟	用折夹晒变黄，定色期采用人工加温	栽培在坡地上，施氮肥较多，基肥较追肥多，打顶较低，顶叶中部叶大小相近	叶色鲜明黄亮，全叶一致均匀，叶片较厚，总糖含量在10%以上，总氮1%～2%，蛋白质10%以下，烟碱1%～2%	广东南雄、始兴，江西信丰等地
		折晒淡黄烟	用烟折夹晒，整个过程全用日光干燥	栽培在瘠瘦山坡地上，施氮肥不多，基肥用量稍多，追肥次数少，打顶较高，留叶较多	叶色鲜明黄亮，均匀一致，叶片较薄、较小。总糖10%以下，蛋白质10%～15%，总氮1.5%～3%，烟碱1%～3%，烟味不够醇和，青杂气较重	江西广丰、浙江新昌、桐乡，湖北黄冈，河南邓县，湖南湘潭、宁乡，福建厦县等地

（续）

类型	名称	调制方法	主要栽培特点	主要品质特点	主要产区
晒黄烟　深色	折晒深黄烟	用烟折夹晒，整个过程全用日光干燥	栽培在肥沃的稻田土壤上，施用氮肥较多，基肥少，追肥次数多，打顶低，留叶少	叶色深黄或带红黄，或青绿斑纹，叶身较厚，叶片大，总糖10%以下，蛋白质10%～15%，总氮2%～4%，烟碱2.5%～4%。烟味较浓	四川绵竹、郫县，浙江萧山，广东大埔，广西灵山、北流等地
	架晒烟	用木架将烟叶用绳串起挂晒，多采用捂黄后晒	栽培在肥沃土壤上，施肥较多，打顶低，留叶少	叶色深黄带青绿斑纹，叶身扭缩，叶片较大而厚，化学成分与折晒深黄烟近似。烟味较浓，青杂气较重	河南邓县，湖北均县等地

二、调制的意义

随着人们观念、消费习惯的转变，相对低焦、混合型卷烟将逐步被广大消费者接受，市场发展潜力巨大；而晒黄烟叶是混合型卷烟的主要原料，因此晒黄烟的发展大有前途。中国烟草"走出去"的发展战略也为晒黄烟提供了发展的广阔空间。为了人们的健康，生产低焦油卷烟、提高烟叶的安全性已风靡世界各地，并且是今后烟草行业发展的方向。烤烟焦油含量高，而晒黄烟焦油含量低。在烤烟中加入一定量的晒黄烟开发混合型卷烟，是卷烟生产达到"降焦减害"的有效措施之一。国外混合型卷烟开发早，进度快，品牌多，质量好，焦油含量降到12mg/支以下，已占全部卷烟市场的70%以上。为控制国外低焦油混合型卷烟进入中国，中国正在加速混合型卷烟的开发，大力开发低焦油卷烟，提高吸烟的安全性，增强与进口烟的竞争力，保住国内市场，严防财源外流，是我国烟草行业十分紧迫的任务。世界各产烟国都在大力发展低焦油混合型卷烟，为适应国际烟业新形势，国家烟草专卖局提出了"改造烤烟型，发展混合型"战略方针，烟草生产和卷烟工业正在经历着艰辛的战略转移。进一步调整并改善烟草生产结构和布局，以满足烟草产业新发展的需要是烟业各界人士和烟草行业的紧迫任务。

研究调制技术的目的在于响应国家烟草专卖局提出的"改造烤烟型，发展混合型"战略方针。为调整并改善烟草生产结构和布局，实现生产具有地方特色的烟叶原料为目标，以满足烟草产业新发展的需要，同时，更好地挖掘和提升长沙宁乡晒黄烟风格和特色，为发展宁乡特色晒黄烟，做大做强晒黄烟产业、为发展地方经济提供可靠保障。为晒黄烟区域化、规模种植提供技术支持，使晒黄烟生产得到健康、良性的发展。对提高烟农种植积极性，实现规模种植、提高土地资源的整合和利用率，在技术层面上保障晒黄烟叶的稳定、快速、持续健康地发展，为新农村建设和产业化规划以及培养职业烟农都有积极意义。

三、宁乡晒黄烟的调制技术

晒黄烟顾名思义是晒出来黄色的烟，它是依靠阳光加热进行干燥而调制出来的烟叶。宁乡晒黄烟具有色泽鲜黄、叶片醇厚，油润丰满、评吸清香浓郁，无青杂味，烟灰白色，燃烧性好，阻燃力强等特点，是名晒烟之一。烟叶利用阳光加热干燥调制而成，用竹子编织成烟夹，两夹为一副，将烟叶呈鳞片状排列折上，上下两折将烟叶夹成一副，用长短适度的四根手指粗细的竹杆捎紧，在阳光下两副烟折摆成"∧"形（俗称一棚）叉开晒制。古老的晒制方法传承至今，保留了晒黄烟浓郁醇厚的清香。但这种调制方法受天气影响颇大，持续阴雨天烟叶无法正常调制造成沤坏霉烂，短时雷阵雨也会使人手忙脚乱、腰酸背痛，救烟如救火；阵雨多的一天可要把烟叶晒了又收、收了又晒折腾多次，极为苦恼。改变这种传统的调制方法，探索新的调制技术，是晒黄烟产区亟待解决的问题。

根据晒制过程天气状况，晒黄烟叶晒制干燥一般需要 7～12d 的连续过程。一是小晒变黄时期。这阶段以晒叶背为主、晒制任务是促使烟叶变黄和适度脱水，一般在上午采烟，中午划筋上折，即可出晒，出晒之初两蓬相靠的夹角应较小，傍晚收回室内，第 2 天继续小晒，遇中午烈日要收折并棚，小晒经 2～4d 后当烟叶变黄达 7～8 成、水分损失大半时转入大晒定色。变黄期以叶片变黄为主，同时也适量脱水，因此，晒制时间不宜过长，不能在烈日下曝晒，失水不宜过快过多。变黄时间，中下部叶片一般需 2d 左右，中上部叶片需 3d 左右。出晒：一般在 10：00 前或 16：00 后，将夹好烟叶的烟折搬出，两副一组在晒坪内架成"∧"形，叶背向外，将棚口对准太阳，并随太阳的转动而移动，使烟棚两侧都能均匀受光吸热。第一次出晒角度要小，烟棚夹角 25°（烟折不倒地即可），晒 1h 左右。晒至叶片发软、手摸有热感时收堆。以后出晒可根据烟叶的变黄及失水程度以及天气状况，灵活掌握晒制角度大小和晒制时间。一般随时间后延，角度加大，晒制时间延长。收堆保湿变黄：为避免初出晒的烟叶因在烈日下曝晒时间过长，杀死叶细胞和失水过快过多，在中午阳光强烈时将出晒后的烟叶收拢，在室内或室外阴凉处横排或堆高 1m 左右。顶及四周用草帘或麻片等物覆盖遮阴保湿，促进变黄。晚上则收入室内覆盖保温、保湿，继续变黄。第一次出晒的烟叶，白天收堆变黄时间要达 6h 左右（10：00～16：00）。阴天要缩短收堆的时间或不收堆。第一天叶片的失水量控制在 5％ 左右（不含主脉破筋失水量），以后根据烟叶变黄，失水的程度逐步减少白天收堆变黄的时间，增加晒制时间。经过 2d 左右的晒制和收堆变黄，烟叶变黄 7～8 成，划筋口变白，叶缘微卷现干，失水达 30％～40％，即可转入定色期。

二是大晒定色时期。此阶段的晒制任务是促使叶片继续变黄和水分散失，并最终使变黄的颜色固定下来，这时期应更多地接受阳光照射，可以通过逐渐加大两蓬相靠的夹角和不断调整烟折朝向逐渐增加阳光正射面，到叶片基本全黄时可进一步大晒定色，当叶片基本干燥仅主脉尚未干时则转入平晒干筋。

三是平晒干筋时期。此阶段的晒制任务是将烟叶放置于晒场上让其曝晒，直到烟筋晒至手折断并有清脆的响声为止。定色期以叶片干燥为主，同时也使烟叶残留的叶绿素充分转化变黄，并进行脱水干燥，固定烟叶的品质，促进致香物质形成。具体操作要点：晒折两副一组在晒坪内架成"∧"形，以晒制背面为主，根据天气状况调整晒折角度，视叶背叶面颜色变黄、失水情况轮番晒制，控制在两天内定色完毕，确保正反两面为金黄或正黄。

干筋期以干燥主筋为主，并利用阳光漂退叶面残留的浮青，将结束定色的烟折两副一组摆成"∧"字形，叶背向外，夹角尽量放大，在烈日下曝晒，待主筋彻底干燥后再酌情晒一下叶面（晚上收入室内防潮堆放）晒至叶面无青斑，1～2d 次日早晨主脉能折断为宜。

复晒晒制好的烟叶，通常带有微青色痕迹，需要进行复晒去青，方法是把晒的烟叶，除去烟筐，整齐起，堆泅晒制，青痕会逐步退去，烟叶转为金黄色。

具体措施如下：

调制步骤如下：采摘划脉—上笪—晒企棚（第 1 天）—室内雄积—晒小棚（第 2 天）—晒大

棚（第 3 天）—上烤烤一倒地晒白（第 4 天）—上朴

（1）采摘。在早晨采摘，每株烟只摘 1～2 片成熟烟叶，采收后放软。

（2）划脉。为加速烟叶主脉水分散失，在装笪前用划脉器将王脉划破 4～5 条裂缝，目的是缩短晒制时间和防止在堆积变黄时产生阴筋。

（3）装笪（上折）。竹笪是用竹片制成的长 1.6m，宽 0.7m 的烟夹，将已划脉的烟叶平铺在竹夹内，必须叶面或叶同向，上夹时烟叶要排薄，叶片相互遮盖，但以不盖住主脉为原则，第 2 排叶片盖在第 1 排叶片的 1/2 处，叶柄与中脉互相交错，避免重叠，每笪装生烟 2kg 左右。

（4）晒企棚。装笪后的当天上午 10 时左右出晒，将烟笪两块一组架成 20°角的∧字形（叶背向外）朝着太阳放笪，使两笪烟都能均受到太阳照射，时间 8～10min，将烟笪收起堆枳室内，并盖上麻包，保持烟叶温度和湿度，使之变黄。

（5）晒小棚。第 2 天早晨露水干后（9 时以后）再出晒，将两个烟笪叶背向外，架成 30°角的"∧"字形向着太阳，晒 2h 左右（9～11 时），中午气温升高，为防止叶片水分散失过快，需将烟夹堆积在晒场上，然后用草席或麻覆盖，让其继续变黄。

（6）晒大棚。第 3 天早上 9 时左右晒大棚，晒法同晒小棚相似，将烟夹再行架起，此时两夹角度可增大至 45°～50°，以增大受光面积，吸收多一些热量，晒 2～3h 左右，再行夹堆变黄，下午再撑出来晒到太阳偏西。当烟叶经过 3d 左右晒制和堆泅至变黄 6～7 成时，叶身柔软，将结束定色的烟折两副一组摆成 "Λ" 字形，叶背向外，夹角尽量放大，在烈日下曝晒，待主筋彻底干燥后再酌情晒一下叶面（晚上收入室内防潮堆放）晒至叶面无青斑，早晨主脉能折断为宜。

（7）复晒。晒制好的烟叶，通常带有微青色痕迹，需要进行雄泅去青，方法是把晒的烟叶，除去烟笪，整齐起，约 23kg 为 1 朴，用竹篾捆紧，堆泅 40～60d，青痕会逐步退去，烟叶转为金黄色。

通过全面了解和掌握宁乡晒黄烟所突显的特色，并从产业开发、规模化发展的角度出发，摸清制约晒黄烟发展的主要因素并对这些因素进行分析和研究，找出解决的方法。遵循以保持和提升晒黄烟原有特色的原则，对晒黄烟采取不同的调制方式、调制设施及调制机理进行研究，通过设计建设晒黄烟调制棚，对其配套调制工艺进行深度研究，找出晒黄烟调制对环境因素要求的基本规律和最佳组合以及合适的调制方式，为制订新的晒黄烟调制工艺技术规程找出理论依据和技术支撑，逐步推广应用研究成果，提高晒黄烟调制质量的人为可控程度，充分发挥先进技术和新工艺等优势，减少不良天气对烟叶品质造成的影响；从根本上解决晒黄烟户均规模小、效益低、调制占地面积大、受天气制约性强、劳动量过多且繁杂等问题；从源头上解除制约晒黄烟生产发展的瓶颈、相应降低晒黄烟调制季节对烟叶调制质量的季候影响；从而提高晒黄烟品质及保证农户的生产效益。

第二节　调制的物理学基础

一、湿烟叶的物理学特性

烟叶属于多种复杂的大分子有机物质组成的多微孔毛细管胶体物质，鲜烟叶是含有大量水分的湿物料，要通过加热不断将水分排出。鲜烟叶和在调制中水分尚未被彻底排除之前的烟叶，都属于某种状态的湿烟叶。

（一）湿烟叶的水分状态

研究人员根据水分结合形式和理化性质，把烟叶组织中水分分为束缚水和自由水两类。束缚水又称为结合水，它是靠近亲水胶体胶核，被胶核紧紧吸附而不易自由活动的水，它处于分子力场的高压下难以蒸发和排除掉。严格地说，在生物胶体体系中，只有单分子层水，即厚度为一个分子的水层（水分子的直径等于 3×10^{-8} cm），是以分子键显能结合的，以后各层水随着到吸附表面距离的增加，结合能力减小。自由水又称游离水，是生物胶体体系中的第一相水，它存在于细胞原生质内和细胞间隙内。很明显，自由水距离胶核比较远，被胶核吸附不紧密而能自由流动。自由水含量影响原生质的物理性质和酶的活性，制约生理过程的代谢活动。自由水含量越多，原生质的浓度越小，生物胶体体系能保持溶胶状态，黏性小，代谢活动旺盛；反之，自由水含量减少，引起原生质含水量减少，原生质将由溶胶变为凝胶，黏性增大，生命活动大大减弱；如果原生质失水过多，就会引起生物胶体被破坏，生命活动终止两种水分的划分是相对的，并没有严格的界限。比如，干燥后烟叶的回潮过程，靠微毛细管的表面引力吸附周围环境的水分，溶解一些简单的化学物质，使之成为胶体系统的一部分。

（二）湿烟叶的主要热物理特性

烟叶的热物理特性（参数），主要是烟叶的比热容（c）、导热系数（λ）和导温系数（a），还有烟叶生化反应所放出和消耗的热量以及其他一些状态参数和函数（压力、体积、温度、焓等）。

1. 烟叶的比热容

烟叶的比热容是指 1kg 烟叶在温度升高 1℃ 时所需的热量，单位是 J/ (kg·℃) 或 kJ/ (kg·℃)。烟叶的热量转换过程十分复杂，也有很多影响因素。烟叶比热容需要用试验测得，在考虑烟叶烘烤有关热能问题时，一般可以通过公式计算烟叶的比热容。

$$c_{烟} = c_{干}(1-\bar{\omega}) + c_{水}\bar{\omega} = c_{干} + (c_{水} - c_{干})\bar{\omega}$$

式中 $c_{烟}$——不同含水量烟叶比热容，kJ/ (kg·℃)；

$\quad c_{干}$——烟叶干筋后干烟叶比热容，kJ/ (kg·℃)；

$\quad c_{水}$——水的比热容，kJ/ (kg·℃)；

$\quad \omega$——烟叶含水量（以小数表示）。

实测表明，烟叶的比热容与烟叶含水量呈直线正相关，湿烟叶的比热容随烟叶含水量降低而逐渐变小，在 1.831 2～3.975 4kJ/ (kg·℃)，烟叶烘烤干筋后的比热容为 1.83kJ/ (kg·℃)。但是，由于不同类型和干燥状态烟叶所含水分的形态不同，在其汽化时所吸收的汽化热也会不同，因此某一干燥状态烟叶的比热容也不会是一个定数。

2. 烟叶的导热性及导热系数

烟叶传导热量的能力称为烟叶的导热性，通常以导热系数（λ）表示。若只考虑烟叶干燥，可以把烟叶看做干物质与水分的复合物，烟叶的传热与所含水分的关系密切。烟叶调制过程中随着水分的散失，烟叶与烟叶之间、烟叶组织内均存在着一定的孔隙，充满着大量空气，因此，烟叶的导热性与空气也有一定关系。就单个烟叶来说，鲜烟叶比干烟叶传热快，即导热性能好，导热系数大。就整竿、整炕烟叶来说，烟叶互相挤压接触传热较快，但由于烟叶与炕内空气之间的热质（水）交换机会减少，影响了烟叶的水分散失，从而对烟叶干燥和烘烤质量不利。

3. 烟叶的导温性及导温系数

烟叶的导温性是衡量烟叶受热传导温度能力的参数，常用导温系数（a）表示。烟叶的导温系数与烟叶的导热系数（λ）、比热容（c）、密度（ρ）有如下关系：

$$\alpha = \frac{\lambda}{c\rho}$$

由上式可知，烟叶的导温系数随烟叶导热系数增加而增加。由于 $c\rho$（热容量）的大小与烟叶含水量关系密切，因而烟叶的导温性亦受制于烟叶含水量。

二、烟叶的干燥过程

（一）烟叶干燥过程中的热湿交换

在烟叶调制干燥过程中，空气作为工作介质，既是热的载体，又是湿的载体，可以把它看做烟叶的干燥剂。空气与烟叶之间以及叶组织内部发生热交换和质（水分）交换，热交换是热量由空气传递给烟叶，质交换是将水分由烟叶传递给空气。热交换的动力以温度梯度为基础，即由高温区域向低温区域传递；湿交换的动力主要来源于水分蒸发引起的湿度差和压力差，交换的能力与烟叶和空气的温度、渗透压、含湿量和水蒸气分压力的差有关。干燥过程的热湿交换彼此相互联系，互为依存和制约。

（二）烟叶中水分的蒸发

在加热对流干燥过程中，物料表面水分要先蒸发，含水量降低，造成内部和表层之间水分含量的差异，而使内部的水分向表面转移补充。同时，在干燥过程中，由于物料表面先受热，物料表面温度比内部温度高，从而引起热量的转移，其方向是由表及里的。随着热量的传递，又会引起物料中的水分从含水量比较多的内部向表层转移，这一现象叫热湿传导。热传导的存在不利于水分由内向外转移。在较低温度条件下干燥时，由于温度较低，热传导的影响也就小得可以忽略不计，这时物料内部水分的转移主要还是取决于湿传导。但在高温干燥时（特别是空气流干燥），热传导对于物料内部的湿传导就有很大影响。

三、烟叶的干燥速度

干燥速度一般用单位时间内物料脱水量表示（单位是 kg/h 或 g/h），即每小时物料的水分蒸发量。表示物料表面蒸发脱除水分速度，用单位面积、单位时间内脱水量来表示，单位是 kg/（h·m²）。

实际上，干燥速度是指单位时间内物料的含水量变化。物料的含水量有两种表示方法。第一种是湿基含水量（m），即以物料的湿重（物料干重＋水分）为基准的，用％表示，其含水量数值在 100％以下，用下式表示：

$$m = \frac{W_m}{W_m + W_d} \times 100\%$$

式中 m——湿基含水量，％；

　　W_m——水分的重量，g 或 kg；

　　W_d——绝干物料的重量，g 或 kg。

用湿基含水量表示物料干燥程度，往往会导致不正确的印象，因为含水量及其基准随干燥过程的进行而变化，因而在研究物料干燥速度时，常采用自由含水量，即干基含水量是以达到平衡水分的物料重量为基准的，也用％表示，其数值大都在 100％以上。鲜烟叶的干基含水量多在 500％～600％。干基含水量（M）可用下式表示：

$$M = \frac{W_m}{W_d} \times 100\%$$

干基含水量实际上是水分与物料绝干重量的比率，能准确地反映出物料的干燥速度。因为干物料的重量在水分蒸发时，仍然保持不变。

干基含水量（M）与湿基含水量（m）间关系可用下式表示：

$$m = \frac{M}{1 + M}$$

$$M = \frac{m}{100 - m}$$

第三节　晒黄烟调制过程物理变化和化学变化

晒黄烟的调制是在外界环境中进行的，利用光、热等自然资源，协调烟叶的失水速率与颜色变化，从而使烟叶中的化学成分向有利的方向转化。湖南宁乡晒黄烟属折晒黄烟，其烟叶调制常按传统方法进行，对调制过程中烟叶物理化学变化规律以及调制工艺缺乏研究，生产上常出现因操作不当而造成烟叶调制效果不理想，有的烟叶甚至丧失了使用价值。因此，对晒黄烟调制过程中物理和化学的变化进行研究，以采取适当的措施调控烟叶的变化，旨在为晒黄烟的调制提供依据。

一、材料与方法

(一) 试验基本情况

试验于 2002—2003 年在湖南省宁乡县菁华铺乡金龙村进行，品种为当地主栽品种寸三皮。前作为水稻，纯氮用量为 180kg/hm²，N：P₂O₅：K₂O＝1：1：3，其中有机氮占总施氮量的 30%，为腐熟的菜籽饼，全部的饼肥和磷肥、60% 的氮肥和钾肥于起垄时开沟条施，剩余的氮肥和钾肥分别在移栽后 15d 和 30d 追施。4 月 15 日移栽，行距 120cm，株距 55cm，现蕾时打顶，每株留叶数 18 片。

(二) 调制方法及取样

选择同一田块生长均匀一致烟株的中部烟叶，在成熟时逐叶采收，划筋上折。依据烟叶外观的变化，将调制过程划分为 3 个时期：凋萎变黄期、定色干叶期和干筋漂白期（漂白即利用太阳光将烟叶晒为不含浮青和青筋），整个调制过程需时 8d。传统晒制方法（简称传统法）是白天晒制，晚上堆积；改进晒制方法（简称改进法）是在调制第 1 和第 2 天的白天 10：00～15：00 时及晚上堆积，其余时间晒制，从第 3 天开始转为白天晒制。不定时取样，以确保烟叶在晒制和堆积时均能取到样品。样品在 70℃ 下烘至恒重，粉碎过 40 目筛，保存在干燥的广口瓶内，用于化学成分分析。

(三) 测定项目及方法

含水率：常压恒温干燥法；总氮：凯氏定氮法；烟碱：紫外分光光度法；淀粉：酸解法；可溶性总糖：蒽酮比色法；蛋白质：考马斯亮蓝染色法；游离氨基酸：茚三酮比色法；变黄程度：按黄色叶面积占总叶面积的比例计算。

二、结果与分析

(一) 调制过程中晒黄烟含水率的变化

调制过程中烟叶失水速率与内部生理生化变化以及烟叶的变黄密切相关。由图 6-1 可以看出，随着晒黄烟调制的进行，烟叶的含水率下降，特别是在调制的 49h 内烟叶的相对含水率下降较快，49～73h 烟叶相对含水率下降较慢，73h 之后烟叶的相对含水率已降到 20% 以下，叶片基本干燥。晒制方法不同，烟叶相对含水率差别较大，改进法由于在晒制第 1 和第 2 天的中午温度较高、光照较强时进行堆捂，因此，在调制的 49h 内对烟叶相对含水率、加快烟叶变黄具有重要作用；调制 49h 之后两种调制方法的烟叶相对含水率的差异逐渐减小，尤其是调制 97h 之后两种方法晒制的烟叶相对含水率基本接近。

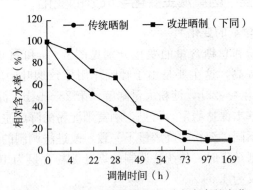

图 6-1 调制过程中晒黄烟相对含水率的变化

注：相对含水率指调制过程中烟叶的含水率相对于调制前鲜烟叶含水率的百分比。

（二）叶绿素含量的变化与烟叶变黄的关系

调制过程中叶绿素含量的变化在某种程度上反映了烟叶的变黄程度。由图 6-2 可知，在调制过程的前 4h，叶绿素含量快速下降，此时传统晒制方法调制的烟叶变黄 2～3 成；改进晒制方法后，此时处在堆积阶段，烟叶变黄 2 成；调制 4～28h 时，尽管叶绿素含量降低较少，但在 28h 时，传统晒制方法的烟叶已变黄 7～8 成，而改进法调制的烟叶变黄 6～7 成，这可能与该阶段呼吸作用导致干物质损失较多有关。调制 28～49h 叶绿素含量又大幅度下降，此时传统法烟叶已变黄 8 成，而改进法调制的烟叶变黄 7～8 成；调制 49h 之后，叶绿素含量缓慢减少，直至调制结束。图 6-2 表明，在调制的 49h 之前，改进晒制方法调制的烟叶叶绿素含量高于传统法，可能与烟叶堆积时温度较低、叶绿素分解较慢有关；从调制第 49h 直到结束，改进法调制的烟叶叶绿素含量低于传统法，这与改进法调制的烟叶失水较慢有关，特别是在调制的 49～73h 时，改进法调制的烟叶相对含水率明显高于传统法（图 6-1），这有利于叶肉细胞保持生命活动状态，促进色素和其他大分子物质的进一步降解。

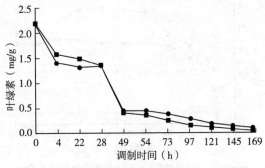

图 6-2 调制过程中晒黄烟叶绿素含量的变化

（三）调制过程中晒黄烟主要化学成分的变化

1. 淀粉和总糖含量的变化

晒制过程中淀粉和总糖含量的变化分别见图6-3和图6-4。在调制的前4h，淀粉含量明显提高，这主要是由于呼吸作用导致烟叶中的干物质损失所致（图6-3）。调制的第4～28h，淀粉大量降解；第28～54h，淀粉降解速度减慢，之后烟叶淀粉含量基本保持稳定，可见，晒黄烟淀粉的降解主要是在烟叶的凋萎变黄期。调制方法不同，淀粉的降解量不一致，改进法调制的烟叶淀粉降解量明显大于传统法，调制结束时，传统法调制的烟叶淀粉含量为10.73%，改进法调制的烟叶淀粉含量仅为4.54%。

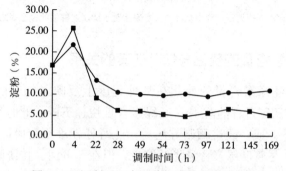

图6-3　调制过程中晒黄烟淀粉含量的变化

从图6-4可以看出，在调制的28h内，传统法调制的烟叶总糖含量大幅度增加，这与其烟叶淀粉大量降解相吻合，调制28～121h期间烟叶总糖含量稍有增加，121h之后烟叶总糖含量略有下降。改进法调制的烟叶总糖含量在调制最初的4h中下降，这可能与此时改进法调制的烟叶处在堆捂期，叶温较低，淀粉降解量少，而烟叶呼吸消耗较多有关；调制的4～49h内即烟叶变黄期末，烟叶总糖含量快速升高；在调制的49～97h即定色干叶期，烟叶总糖含量保持在较高的水平，但在调制的97h之后即干筋漂白期，烟叶的总糖含量有所减少。图6-

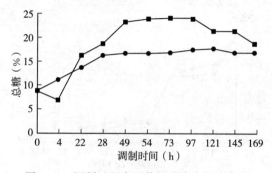

图6-4　调制过程中晒黄烟总糖含量的变化

4 表明，从凋萎变黄中后期至调制结束，改进法调制的烟叶总糖含量高于传统晒制法，这与其烟叶淀粉降解量较多有关。

2. 蛋白质和游离氨基酸的变化

调制过程中晒黄烟烟叶的蛋白质含量呈下降趋势，调制的前49h下降速度稍快，49h之后下降速度相对较慢（图6-5）。在调制的前28小时，传统法调制的烟叶蛋白质降解快于改进法；调制28～49h，改进法调制的烟叶蛋白质降解速度快于传统方法，最终改进法调制的烟叶蛋白质含量低于传统法。由图6-6可知，从调制开始到第73小时，烟叶的游离氨基酸含量增加，这可能是由于蛋白质的降解和干物质的损耗所致；从73小时直到调制结束，游离氨基酸含量下降。与蛋白质的情况相反，整个调制过程中改进法调制的烟叶游离氨基酸的含量均高于传统法。

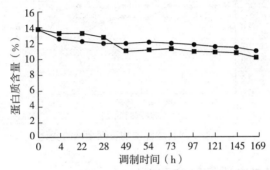

图6-5　调制过程中晒黄烟蛋白质的变化

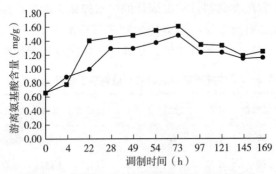

图6-6　调制过程中晒黄烟游离氨基酸的变化

3. 总氮和烟碱的变化

从图6-7可以看出，调制过程中晒黄烟总氮的变化规律不明显，到调制结束两种方法调制的烟叶总氮含量均略低于采收时。图6-8表明，晒黄烟调制过程中烟碱含量有所减少，这与烤烟的研究结果一致，原因可能是烟碱的氧化和生物降解。在整个调制过程中，传统法调制的烟叶烟碱含量低于改进法，可能与其烟叶失水较快、叶肉细胞较早被破坏，致使烟碱氧化较多有关。

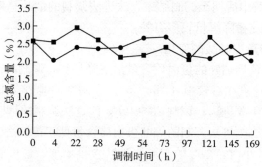

图 6-7 调制过程中晒黄烟总氮的变化

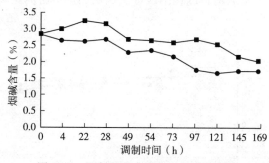

图 6-8 调制过程中晒黄烟烟碱的变化

（四）不同调制方法烟叶的品质比较

由于不同调制方法在调制过程中烟叶的失水速率、内含物降解程度不同，导致了烟叶的化学成分有所差异，最终使烟叶感官质量不同。表 6-2 表明，改进法调制的烟叶杂气较轻，香气量较足，总评优于传统法调制的烟叶。

表 6-2 传统晒制和改进晒制法调制的烟叶品质比较

调制方法	风格程度	香气量	浓度	杂气	劲头	刺激性	余味	燃烧性	灰色	总评
传统晒制	有	尚足	中等	有	中等	有	尚舒适	较强	灰白	中偏上
改进晒制	有	较足	中等	有	中等	有	尚舒适	较强	灰白	较好

三、结论

（1）调制过程中晒黄烟物质降解及烟叶变黄与失水速率密切相关。当叶片失水达 70% 左右时，细胞已基本停止呼吸，失去了活性。本试验结果表明，传统法由于晒制干燥较快，在调制 49h 时烟叶相对含水率只有 23%（失水率为

77％），这不利于色素、淀粉、蛋白质等大分子物质的降解；而改进法在调制49h时烟叶相对含水率仍高达 40％左右（失水率 60％），叶片细胞仍具有一定的呼吸作用，这有利于大分子物质的进一步降解，说明凋萎变黄期烟叶失水达到60％左右有利于晒黄烟的调制。

（2）试验还表明，晒黄烟的叶绿素、淀粉、蛋白质的降解以及总糖、游离氨基酸含量的增加主要发生在调制的前 49h，即烟叶凋萎变黄期。因此，在此阶段控制烟叶的晒制时间、适当增加堆捂时间，有利于降低烟叶中叶绿素、淀粉和蛋白质的含量，增加总糖和氨基酸的含量。

（3）改进法调制过程中烟叶叶绿素、淀粉和蛋白质的降解量大于传统法，因而，改进法调制的烟叶杂气减轻，香气量提高，品质得到明显改善。

第四节　晒黄烟主要化学成分与致香成分的关系

据报道，烤烟烟叶化学成分是决定评吸质量和烟气特性的内在因素，烟叶中的主要化学成分的含量及其比值直接影响着烟叶品质的优劣，多数研究均将烤烟内在化学成分作为评价烤烟品质的重要指标，通过分析烟叶中致香物质的含量，可对烟叶质量进行比较客观准确的评价。然而，目前有关晒黄烟化学成分与致香成分间的关系研究鲜见报道，因此，研究晒黄烟主要化学成分与致香成分间的相关性，将为传统晒烟烟叶的开发利用和替代技术以及"中式卷烟"原料特色研究提供一定的理论依据。

一、材料与方法

（一）材料、试剂与仪器

选取具有代表性 4 个晒黄烟品种，每个品种取 3 个部位的烟叶，每个样品设置 5 个重复。二氯甲烷（AR，重蒸）、无水硫酸钠（AR，550℃烘 4h）（广东西陇化工股份有限公司）；萘（98％，内标；美国 Sigma 公司）。

同时蒸馏萃取装置（自制）；R114 旋转蒸发仪（瑞士 Buchi 公司）；Agilent6 890N/5 975N 气相色谱—质谱联用仪（GC/MS）、HP‐5MS 毛细管色谱柱（美国 Agilent 公司）；AA3 连续流动分析仪（德国 BranLuebbe 公司）。

（二）方法

1. 晒黄烟主要化学成分的测定

分别按照烟草行业标准 YC/T159—2002，YC/T246—2008，YC/T161—2002，YC/T162—2002，YC/T217—2007 和 YC/T166—2003 的方法测定总糖和还原糖、烟碱、总氮、氯、钾及蛋白质。

2. 晒黄烟中性香味物质提取和测定

在同时蒸馏萃取装置的一端接盛有 10g 烟样（过孔径 0.246mm 筛）、1g 柠檬酸、350mL 蒸馏水和 0.5mL 内标的 500mL 圆底烧瓶，使用恒温电热套进行加热，装置的另一端接盛有 40mL 二氯甲烷的 250mL 圆底烧瓶，采用 60℃ 恒温水浴加热，同时蒸馏萃取 2.5h。萃取完成后，加入 10g 无水硫酸钠干燥有机相，过滤，将滤液于 60℃ 水浴中旋转蒸发浓缩至 1mL 左右，取样进行 GC/MS 分析。GC/MS 分析条件为：

色谱柱。HP-5 型毛细管柱（60m×0.25mm i. d. ×0.25μm d. f.）；进样口温度：250℃；程序升温：50℃（2min）2℃/min120℃（5min）2℃/min240℃（30min）；进样量 2μL；分流比：1∶15；载气：He；流速：0.8mL/min；传输线温度：280℃；电离方式：EI；电离能量：70eV；离子源温度：230℃；四极杆温度：160℃；质量数范围：50～500amu；溶剂延迟：2min。

采用 Nist02 质谱数据库检索定性，内标法定量。

二、结果

（一）晒黄烟主要化学成分与分类致香成分的简单相关性

4 种晒黄烟提取物中共测得 70 种致香成分，这些成分可分为 10 类（烃类、醇类、酚类、醛类、酮类、酸类、酯类、内酯、含氧杂环类和含氮化合物），晒黄烟的 7 种主要化学成分（总糖、还原糖、烟碱、总氮、氯、钾和蛋白质）、糖碱比、氮碱比、钾氯比和 10 类致香成分的简单相关性分析结果如表 6-2 所示。

从表 6-2 看出，在晒黄烟主要化学成分与分类的致香成分之间，达到极显著正相关的指标有 13 对：总糖与还原糖和糖碱比，还原糖与糖碱比，总氮与蛋白质，钾与钾氯比，醇类与酮类和酯类，酚类与醛类和内酯，醛类与内酯和含氮化合物，内酯与含氮化合物，含氧杂环类与含氮化合物；达到显著正相关的指标有 17 对：烟碱与总氮和醇类，总氮与醇类、酚类、含氧杂环类和含氮化合物，蛋白质与醛类、含氧杂环类和含氮化合物，烃类与酯类，醇类与酚类、酸类和含氧杂环类，酚类与含氮化合物，酮类与含氧杂环类和含氮化合物，酸类与酯类。达到极显著负相关的指标有 5 对：总糖与蛋白质，总氮与糖碱比，钾与醛类，氯与钾氯比，蛋白质与糖碱比；达到显著负相关的指标有 12 对：烟碱与糖碱比和氮碱比，总糖与总氮，还原糖与总氮和蛋白质，钾与酚类和含氮化合物，糖碱比与醇类和酮类，钾氯比与醛类、含氧杂环类和含氮化合物。

（二）晒黄烟主要化学成分与具体的致香成分相关性

4 种晒黄烟的 7 种化学成分、糖碱比、氮碱比、钾氯比与 70 种致香成分的简单相关性分析结果如表 6-3 所示。主要化学成分 10 个指标和致香成分 70 个

表6-3　晒黄烟主要化学成分与分类致香成分的简单相关系数

指标	烟碱	总糖	还原糖	总氮	钾	氯	蛋白质	糖碱比	氮碱比	钾氯比	烃类	醇类	酚类	醛类	酮类	酸类	酯类	内酯	含氧杂环类	含氮化合物
烟碱	1																			
总糖	-0.307	1																		
还原糖	-0.322	0.997**	1																	
总氮	0.708*	-0.685*	-0.675*	1																
钾	-0.195	0.20	0.168	-0.411	1															
氯	-0.289	0.432	0.469	-0.213	-0.496	1														
蛋白质	0.529	-0.725**	-0.707*	0.974**	-0.431	-0.166	1													
糖碱比	-0.707*	0.877**	0.877**	-0.885**	0.237	0.475	-0.835**	1												
氮碱比	-0.657*	-0.368	-0.334	0.015	-0.215	0.276	0.229	0.029	1											
钾氯比	0.026	-0.164	-0.203	-0.198	0.784**	-0.843**	-0.247	-0.132	-0.3	1										
烃类	0.151	0.054	0.047	0.146	0.154	-0.052	0.127	-0.086	-0.127	0.068	1									
醇类	0.680*	-0.345	-0.329	0.633*	-0.144	-0.380	0.542	-0.641*	-0.32	0.016	0.464	1								

（续）

指标	烟碱	总糖	还原糖	总氮	钾	氯	蛋白质	糖碱比	氮碱比	钾氯比	烃类	醇类	酚类	醛类	酮类	酸类	酯类	内酯	含氧杂环类	含氮化合物
酚类	0.460	-0.358	-0.313	0.592*	-0.625*	0	0.563	-0.531	0.028	-0.406	-0.219	0.615*	1							
醛类	0.125	-0.526	-0.481	0.552	-0.711**	0.344	0.623*	-0.467	0.539	-0.636*	-0.131	0.302	0.754**	1						
酮类	0.491	-0.502	-0.490	0.565	-0.511	-0.145	0.521	-0.65*	-0.042	-0.240	0.373	0.734**	0.476	0.435	1					
酸类	0.269	0.252	0.290	0.127	-0.269	0.209	0.066	-0.018	-0.241	-0.346	0.242	0.615*	0.519	0.218	0.406	1				
酯类	0.352	0.064	0.078	0.233	0.252	-0.447	0.167	-0.223	-0.88	0.300	0.623*	0.764***	0.263	-0.121	0.294	0.586*	1			
内酯	0.222	-0.404	-0.356	0.361	-0.575	0.199	0.362	-0.417	0.270	-0.458	-0.120	0.486	0.823**	0.824**	0.516	0.463	0.058	1		
含氧杂环类	0.370	-0.115	-0.077	0.583*	-0.574	0.207	0.581*	-0.314	0.041	-0.605*	0.468	0.631*	0.559	0.53	0.651*	0.449	0.390	0.465	1	
含氮化合物	0.283	-0.516	-0.474	0.609*	-0.690*	0.306	0.641*	-0.522	0.382	-0.643*	0.109	0.437	0.645*	0.849**	0.655*	0.245	-0.072	0.811**	0.733**	1

注：①**表示在0.01水平（双侧）上显著相关；*表示在0.05水平（双侧）上显著相关。下同。

指标间的相关系数有 700 个，其中 130 个达到显著或极显著相关。按照线性相关程度将表 6-3 中达到显著性、极显著性的晒黄烟主要化学成分与具体致香成分的相关系数分 3 个等级：简单相关系数 $|r|<0.65$ 为低度相关，$0.65<|r|<0.75$ 为中度相关，$|r|>0.75$ 为高度相关，对 3 组相关系数分别进行 $\rho=0.65$，$\rho=0.65$ 并 $\rho=0.75$，$\rho=0.75$ 的总体假设 t 检验，如表 6-4 所示。由表 6-4 可知，4 次总体假设 t 检验结果都是 $p<0.01$，说明划分的 3 个相关程度等级是有效的。

表 6-4 晒黄烟主要化学成分与具体致香成分的简单相关系数[①]

指标	烟碱	总糖	还原糖	总氮	钾	氯	蛋白质	糖碱比	氮碱比	钾氯比
1-戊烯-3-酮	0.087	−0.099	−0.108	−0.094	−0.091	−0.294	−0.141	−0.068	−0.277	0.276
3-羟基-2-丁酮	0.261	−0.135	−0.097	0.541	−0.116	0.048	0.566	−0.306	0.138	−0.304
3-甲基-1-丁醇	0.461	−0.602*	−0.590*	0.784**	−0.239	−0.215	0.794**	−0.683*	0.141	−0.183
吡啶	0.086	−0.596*	−0.554	0.469	−0.701*	0.232	0.536	−0.475	0.538	−0.522
3-甲基-2-丁烯醛	0.510	−0.574	−0.548	0.655*	−0.451	−0.411	0.623*	−0.714*	−0.037	−0.051
己醛	0.050	−0.482	−0.438	0.474	−0.745**	0.141	0.554	−0.411	0.466	−0.482
面包酮	0.245	−0.514	−0.498	0.515	−0.532	−0.195	0.540	−0.496	0.176	−0.184
3-甲基-2-5H-呋喃酮	0.418	−0.216	−0.205	0.353	−0.645*	0.016	0.290	−0.369	−0.190	−0.269
糠醛	0.159	−0.533	−0.487	0.662*	−0.735**	0.188	0.744**	−0.518	0.484	−0.578*
糠醇	0.116	−0.584*	−0.531	0.636*	−0.665*	0.148	0.726**	−0.528	0.557	−0.531
2-环戊烯-1,4-二酮	0.464	−0.232	−0.203	0.710**	−0.766**	0.132	0.704*	−0.437	−0.018	−0.579*
α-乙酰基呋喃	0.098	−0.629*	−0.594*	0.528	−0.626*	0.058	0.603*	−0.526	0.486	−0.360
丁内酯	0.399	−0.582*	−0.549	0.599*	−0.764**	0.240	0.592*	−0.614*	0.250	−0.550
2-吡啶甲醛	0.485	−0.179	−0.154	0.479	−0.775**	0.121	0.419	−0.376	−0.156	−0.519
糠酸	0.487	−0.485	−0.458	0.622*	−0.518	−0.273	0.591*	−0.639*	−0.024	−0.177
苯甲醛	0.018	−0.636*	−0.595*	0.443	−0.415	0.172	0.526	−0.490	0.579*	−0.337
5-甲基糠醛	−0.110	−0.577*	−0.547	0.374	−0.554	0.208	0.484	−0.375	0.640*	−0.391
苯酚	0.609*	−0.322	−0.296	0.580*	−0.521	−0.215	0.501	−0.562	−0.240	−0.198
6-甲基-5-庚烯-2-酮	0.241	−0.489	−0.455	0.344	−0.428	−0.208	0.336	−0.493	0.144	−0.133
2-戊基呋喃	0.351	−0.091	−0.050	0.433	−0.582*	0.111	0.407	−0.303	−0.030	−0.467
2,4-庚二烯醛 A	0.439	0.144	0.169	0.354	−0.558	0.092	0.284	−0.137	−0.342	−0.460
4-吡啶甲醛	0.207	0.306	0.335	0.280	−0.216	−0.046	0.269	0.024	−0.225	−0.232
1H-吡咯-2-甲醛	0.570	−0.361	−0.347	0.622*	−0.514	−0.096	0.565	−0.556	−0.138	−0.318

（续）

指标	烟碱	总糖	还原糖	总氮	钾	氯	蛋白质	糖碱比	氮碱比	钾氯比
2，4-庚二烯醛 B	0.217	0.088	0.144	0.363	−0.695*	0.280	0.367	−0.116	0.005	−0.619*
苯甲醇	0.632*	−0.156	−0.142	0.418	−0.011	−0.411	0.299	−0.475	−0.449	0.134
苯乙醛	0.394	−0.575	−0.547	0.541	−0.666*	0.054	0.524	−0.602*	0.161	−0.351
α-乙酰基吡咯	0.608*	−0.263	−0.234	0.623*	−0.655*	0.126	0.553	−0.489	−0.178	−0.523
2-甲氧基苯酚	0.475	−0.505	−0.469	0.638*	−0.746**	−0.023	0.614*	−0.607*	0.065	−0.455
芳樟醇	0.237	−0.603*	−0.568	0.449	−0.541	0.051	0.464	−0.548	0.344	−0.377
壬醛	0.537	−0.340	−0.307	0.562	−0.717**	0.187	0.503	−0.516	−0.060	−0.496
β-乙酰基吡啶	0.524	−0.176	−0.140	0.494	−0.626*	−0.050	0.426	−0.415	−0.221	−0.373
苯乙醇	0.690*	−0.497	−0.480	0.706*	−0.157	−0.293	0.626*	−0.727**	−0.180	−0.044
氧化异佛尔酮	0.548	−0.670*	−0.647*	0.755**	−0.592*	−0.105	0.730**	−0.765*	0.087	−0.295
2，6-壬二烯醛	0.596*	−0.059	−0.032	0.598*	−0.300	−0.216	0.526	−0.418	−0.347	−0.147
苯并［c］噻吩	0.455	−0.464	−0.428	0.624*	−0.540	−0.185	0.603*	−0.602*	0.032	−0.265
藏花醛	0.528	−0.457	−0.427	0.614*	−0.723**	0.022	0.568	−0.591*	0.003	−0.438
2，3-二氢苯并呋喃	0.293	−0.103	−0.075	0.538	−0.430	0.219	0.552	−0.245	0.076	−0.547
胡薄荷酮	0.652*	−0.299	−0.289	0.652*	−0.500	−0.196	0.573	−0.552	−0.272	−0.278
吲哚	0.117	−0.607*	−0.569	0.525	−0.521	0.266	0.593*	−0.499	0.543	−0.507
2-甲氧基-4-乙烯基苯酚	−0.029	−0.226	−0.164	0.328	−0.552	0.458	0.404	−0.205	0.513	−0.648*
茄酮	0.497	−0.271	−0.277	0.426	−0.094	−0.475	0.352	−0.471	−0.322	0.151
β-大马酮	−0.005	−0.284	−0.257	0.252	−0.552	0.314	0.304	−0.190	0.365	−0.553
β-二氢大马酮	0.344	−0.127	−0.126	0.365	−0.734**	0.364	0.329	−0.208	−0.040	−0.664*
去氢去甲基烟碱	0.551	−0.665*	−0.652*	0.690*	−0.538	−0.008	0.652*	−0.733**	0.085	−0.350
香叶基丙酮	0.340	−0.343	−0.320	0.421	−0.770**	0.238	0.397	−0.380	0.107	−0.614*
β-紫罗兰酮	0.349	−0.174	−0.184	0.306	0.097	−0.368	0.256	−0.325	−0.228	0.161
丁基化羟基甲苯	0.452	−0.489	−0.464	0.564	−0.610*	−0.078	0.532	−0.587*	0.051	−0.350
3-（1-甲基乙基）-1H-吡唑［3，4-b］吡嗪	0.269	−0.119	−0.071	0.512	−0.791**	0.405	0.528	−0.260	0.185	−0.789**
2，3'-联吡啶	0.449	−0.371	−0.334	0.561	−0.698*	0.268	0.530	−0.478	0.109	−0.607*
二氢猕猴桃内酯	0.206	−0.386	−0.337	0.339	−0.555	0.194	0.341	−0.398	0.269	−0.446
巨豆三烯酮 A	0.637*	−0.651*	−0.659*	0.664*	−0.010	−0.511	0.593*	−0.794**	−0.200	0.272
巨豆三烯酮 B	0.645*	−0.692*	−0.703*	0.623*	−0.193	−0.371	0.541	−0.794**	−0.190	0.177

（续）

指标	烟碱	总糖	还原糖	总氮	钾	氯	蛋白质	糖碱比	氮碱比	钾氯比
巨豆三烯酮 C	0.772**	−0.409	−0.402	0.662*	−0.410	−0.355	0.547	−0.672*	−0.430	−0.06
巨豆三烯酮 D	0.646*	−0.645*	−0.660*	0.581*	−0.043	−0.459	0.491	−0.771**	−0.258	0.300
3-氧代-α-紫罗兰醇	−0.021	−0.384	−0.356	0.218	−0.283	0.253	0.269	−0.255	0.474	−0.383
十四醛	−0.150	−0.315	−0.276	0.268	−0.443	0.545	0.370	−0.167	0.672*	−0.631*
豆蔻酸甲酯	0.458	−0.024	0.010	0.564	−0.412	−0.097	0.530	−0.321	−0.186	−0.329
豆蔻酸	0.325	−0.048	−0.008	0.444	−0.439	0.083	0.429	−0.279	−0.031	−0.389
茄哪士酮	0.269	−0.530	−0.486	0.606*	−0.757**	0.216	0.641*	−0.536	0.382	−0.617*
新植二烯	0.149	0.053	0.049	0.143	0.157	−0.052	0.124	−0.083	−0.127	0.070
十五酸	−0.226	0.217	0.258	0.067	−0.360	0.352	0.153	0.193	0.284	−0.522
邻苯二甲酸二丁酯	0.282	0.023	0.058	0.432	−0.059	−0.199	0.428	−0.245	−0.132	−0.059
金合欢基丙酮 A	−0.183	−0.221	−0.185	0.064	−0.719**	0.566	0.136	−0.044	0.506	−0.696*
棕榈酸甲酯	0.270	0.021	0.035	0.191	0.358	−0.489	0.143	−0.208	−0.305	0.362
棕榈酸	0.279	0.273	0.309	0.097	−0.239	0.206	0.027	−0.004	−0.278	−0.321
棕榈酸乙酯	0.516	0.026	0.043	0.458	−0.350	−0.001	0.385	−0.295	−0.319	−0.299
寸拜醇	0.697*	−0.183	−0.176	0.610*	−0.181	−0.332	0.509	−0.534	−0.426	−0.024
亚麻酸甲酯	0.314	0.104	0.111	0.124	0.358	−0.499	0.048	−0.170	−0.443	0.432
西柏三烯二醇	0.431	−0.091	−0.092	0.256	0.201	−0.528	0.169	−0.347	−0.406	0.360
金合欢基丙酮 B	−0.115	−0.240	−0.206	0.057	−0.668*	0.551	0.105	−0.087	0.466	−0.651*

注：①表中相关系数字体加粗为高度相关，斜体为中度相关，其他为低度相关。

由表 6-4 可知，在晒黄烟主要化学成分与具体的致香成分之间，达到高度正相关的指标有 4 对：烟碱与巨豆三烯酮 C，总氮与 3-甲基-1-丁醇、氧化异佛尔酮，蛋白质与 3-甲基-1-丁醇。达到中度正相关的指标有 17 对：烟碱与苯乙醇，胡薄荷酮和寸拜醇，总氮与 3-甲基-2-丁烯醛、糠醛、2-环戊烯-1，4-二酮、苯乙醇、胡薄荷酮、去氢去甲基烟碱、巨豆三烯酮 A 和巨豆三烯酮 C，蛋白质与糠醛、糠醇、2-环戊烯-1，4-二酮、氧化异佛尔酮和去氢去甲基烟碱，氮碱比与十四醛。达到高度负相关的指标有 11 对：钾与 2-环戊烯-1，4-二酮、丁内酯、2-吡啶甲醛、香叶基丙酮、3-（1-甲基乙基）-1H-吡唑 [3，4-b] 吡嗪和茄哪士酮，糖碱比与氧化异佛尔酮、巨豆三烯酮 A、巨豆三烯酮 B和巨豆三烯酮 D，钾氯比与 3-（1-甲基乙基）-1H-吡唑 [3，4-b] 吡嗪。达到中度负相关的指标有 30 对：总糖与氧化异佛尔酮、去氢去甲基烟碱、巨豆三烯酮 A 和巨豆三烯酮 B，还原糖与去氢去甲基烟碱、巨豆三烯酮 A、巨豆三烯酮 B 和巨豆三烯酮 D，钾与吡啶、己醛、糠醛、糠醇、2，4-庚二烯醛 B、苯乙醛、

α-乙酰基吡咯、2-甲氧基苯酚、壬醛、藏花醛、β-二氢大马酮、2，3′-联吡啶、金合欢基丙酮 A 和金合欢基丙酮 B，糖碱比与 3-甲基-1-丁醇、3-甲基-2-丁烯醛、苯乙醇、去氢去甲基烟碱和巨豆三烯酮 C；钾氯比与 β-二氢大马酮、金合欢基丙酮 A 和金合欢基丙酮 B。

关于 r 的总体假设 t 检验见表 6-5。

表 6-5 关于 r 的总体假设 t 检验①

r 取值范围	检验值	样本量 N	均值	标准差	均值的标准误差	t 值	自由度 df	P 值	均值差值	差值的95%置信区间 下限	差值的95%置信区间 上限
|r|<0.65	0.65	68	0.611	0.021	0.003	−15.463	67	0	0.039	−0.044	−0.034
0.65<|r|<0.75	0.65	47	0.690	0.031	0.004	8.938	46	0	0.040	0.031	0.049
	0.75	47	0.690	0.031	0.004	−13.443	46	0	−0.060	−0.069	−0.051
|r|>0.75	0.75	15	0.776	0.014	0.004	7.304	14	0	0.026	0.018	0.034

注：①样本量 N 是表 6-2 中的简单相关系数个数，其中，|r|<0.65，0.65<|r|<0.75，|r|>0.75 的相关系数个数分别为 68，47 和 15。

三、结论

晒黄烟主要化学成分与多种分类致香成分之间具有相关性，其中烟碱、总氮、蛋白质与分类致香成分有较显著正相关关系；钾、糖碱比、钾氯比与分类致香成分有较显著负相关关系。烟碱、总氮、蛋白质、氮碱比与具体的致香成分有较显著正相关关系；钾、糖碱比、钾氯比、总糖、还原糖与具体的致香成分呈较显著负相关关系。晒黄烟主要化学成分与分类致香成分的相关性分析结果和主要化学成分与具体致香成分相关性分析结果较一致，因此，可通过提高或降低烟叶中这几种化学成分含量间接调节致香成分的含量。本研究为传统晒黄烟烟叶开发利用与替代技术以及"中式卷烟"原料特色研究提供了一定的理论依据。

第五节 调制设施对晒黄烟烟叶质量的影响

在分析调研宁乡地区现在晒制烟叶的基础上，结合产区实际情况及前期研究基础，以实用性、推广性强为前提，重点针对产区调制技术进行了优化比较试验，通过棚内架晒和棚内常规晒制的比较，确定是否对烟叶质量产生影响，为今后晒黄烟调制质量的提高以及推广应用找出理论支撑依据。

通过开展微肥用量对晒黄烟烟叶产量、质量的影响试验，确定宁微肥在晒黄烟叶中的作用，为后期微肥用量和品种提供支撑。

一、试验材料

（1）试验地点。湖南宁乡仙龙潭村柳山组。
（2）试验品种。当地主栽品种（寸三皮）。

二、试验方法

试验设计

处理1棚内常规晒制。
处理2棚内架晒。

三、结果与分析

（一）晒制过程温湿度情况见表6-6。

表6-6　晒制过程温湿度记录表

采叶日期：7月18日，划筋上折时间：07：00～12：00，进棚出晒时间：15：30，共459折，采叶部位：中部，成熟度：8成，采叶总折数：459，每组合折数：229/230，天气状况：晴

记录时间			棚上层（2.1m）		棚中层（1.2m）		棚下层（0.3m）		常规∧处理	
月	日	时：分	温度	湿度	温度	湿度	温度	湿度	温度	湿度
7	18	07：00								
		10：00								
		13：00								
		16：00	40	29	40	29	39	29	36	29
		22：00	30	28	29	26	28	25	26	25
7	19	07：00	29	24	29	25	26	24	26	24
		10：00	37	21	36	22	29	27	29	27
		13：00	39	29	39	29	36	27	35	28
		16：00	38	29	39	29	35	28	34	28
		22：00	30	28	30	29	29	28	29	29
7	20	07：00	28	19	28	21	27	21	26	20
		10：00	32	28	32	29	30	29	31	29
		13：00	40	29	39	31	39	31	40	30
		16：00	40	30	46	31	38	30	29	29
		22：00	29	25	29	25	28	26	27	26

（续）

采叶日期：7月18日，划筋上折时间：07：00～12：00，进棚出晒时间：15：30，共459折，采叶部位：中部，成熟度：8成，采叶总折数：459，每组合折数：229/230，天气状况：晴

记录时间				棚上层（2.1m）		棚中层（1.2m）		棚下层（0.3m）		常规∧处理	
月	日	时：分		温度	湿度	温度	湿度	温度	湿度	温度	湿度
7	21	07：00		28	23	28	25	27	24	27	25
		10：00		37	27	37	29	30	28	31	28
		13：00		40	30	39	29	39	30	38	29
		16：00		42	30	41	30	40	31	38	29
		22：00		33	30	33	20	30	28	30	28
7	22	07：00		30	25	30	26	26	29	29	26
		10：00		40	30	40	31	39	31	41	32
		13：00		40	30	39	29	39	30	38	29
		16：00		42	30	41	30	39	30	38	29
		22：00		35	31	35	31	33	32	33	32
7	23	07：00		28	24	29	26	27	28	27	28
		10：00		40	30	39	31	37	30	44	31
		13：00		41	30	41	31	45	32	45	31
		16：00		40	30	42	31	44	31	44	30
		22：00		35	34	35	34	30	30	30	31
7	24	07：00		30	25	31	26	30	26	29	26
		10：00		38	27	39	28	36	23	37	29
		13：00		39	29	40	29	39	28	38	27
		16：00		39	28	39	28	38	28	35	27
		22：00		35	30	35	30	34	31	34	31

（二）不同试验处理的外观质量

从表6-7中可以看出，上部烟叶：转向架晒晒黄烟颜色为红棕，略深于常规晒制，成熟度都为成熟，身份为稍厚一，结构尚疏松，转向架晒晒黄烟油分、弹性好于常规晒制，细致程度为稍粗一。

表6-7 不同试验处理上部烟叶外观质量评价

处理	颜色	成熟度	身份	叶片结构	油分	含青度	细致程度	光泽强度	弹性	鉴定等级
转向架	红棕	成熟	稍厚一	尚疏松	有	4%	稍粗一	稍暗	较好	B2
常规	红棕一	成熟	稍厚一	尚疏松	有一	3%	稍粗	稍暗	一般	B2

从表6-8中可以看出，中部烟叶：转向架晒颜色深于常规晒制，其他各项外观质量指标差异不大。

表6-8　不同试验处理中部烟叶外观质量评价

处理	颜色	成熟度	身份	叶片结构	油分	含青度	细致程度	光泽强度	弹性	鉴定等级
转向架	深黄＋	成熟	中等	疏松	有	2%	尚细	尚鲜亮	较好	C2
常规	深黄	成熟	中等＋	疏松	有	2%	尚细	尚鲜亮	较好	C2

（三）不同试验处理化学成分

从表6-9中可以，上部烟叶：看出转向架晒试验处理上部烟叶总糖、还原糖、总氮、总植物碱等指标略高于常规晒制试验处理，钾、氯略低于常规晒制试验处理。

表6-9　不同试验处理中部烟叶化学成分

处理	还原糖（%）	总糖（%）	总植物碱（%）	总氮（%）	K_2O（%）	Cl（%）
转向架	8.74	9.24	4.08	3.62	2.84	0.32
常规	8.07	8.72	3.2	3.43	3.66	0.39

从表6-10中可以看出，中部烟叶：转向架晒试验处理上部烟叶总糖、还原糖、总氮、总植物碱等指标略高于常规晒制试验处理，钾、氯略低于常规晒制试验处理。

表6-10　不同试验处理中部烟叶化学成分

处理	还原糖（%）	总糖（%）	总植物碱（%）	总氮（%）	K_2O（%）	Cl（%）
转向架	8.94	9.52	3.34	3.56	3.84	0.54
常规	8.66	9.18	3.86	3.53	3.22	0.51

（四）不同试验处理感官评析质量

从表6-11看出不同晒制方式对晒黄烟中感官评析质量的影响：常规晒制试验处理香型为调味晒黄烟，香型程度为有＋，劲头较大－，转向架晒试验处理的香型风格为调味香型，香型程度为较显－，劲头为适中＋。转向架晒试验处理晒黄烟香气质、香气量、余味、杂气、刺激性略优于常规试验处理，质量档次均为中等。

表 6 - 11　不同试验处理中部烟叶感官评价质量

处理	香型		劲头	香气质 (15)	香气量 (25)	浓度 (10)	余味 (20)	杂气 (10)	刺激性 (10)	燃烧性 (5)	灰色 (5)	得分 (100)	质量档次
	风格	程度											
转向架	调味香型 (晒黄烟)	较显一	适中＋	10.83	19.33	7.25	15.33	6.83	7.33	3.42	3	73.3	中等
常规	调味香 (晒黄烟)	有＋	较大一	10.75	19	7.25	15.08	6.67	7.08	3.42	3	72.3	中等

四、结论

（一）不同试验处理对晒黄烟外观质量的影响

上部烟叶：转向架晒晒黄烟颜色为红棕，略深于常规晒制，成熟度都为成熟，身份为稍厚一，结构尚疏松，转向架晒晒黄烟油分、弹性好于常规晒制，细致程度为稍粗一。中部烟叶：转向架晒颜色深于常规晒制，其他各项外观质量指标差异不大。

（二）不同试验处理对晒黄烟化学成分的影响

转向架晒试验处理上部烟叶总糖、还原糖、总氮、总植物碱等指标略高于常规晒制试验处理，钾、氯略低于常规晒制试验处理。

（三）不同试验处理对晒黄烟感官评析质量的影响

常规晒制试验处理香型为调味晒黄烟，香型程度为有＋，劲头较大一，转向架晒试验处理的香型风格为调味香型，香型程度为较显一，劲头为适中＋。转向架晒试验处理晒黄烟香气质、香气量、余味、杂气、刺激性略优于常规试验处理，质量档次均为中等。

第六节　宁乡晒黄烟晒制设施研究

宁乡晒黄烟具有色泽鲜黄、叶片醇厚，油润丰满、评吸清香浓郁，无青杂味，烟灰白色，燃烧性好，阻燃力强等特点。烟叶利用阳光加热干燥调制而成，用竹子编织成烟夹，两夹为一副，将烟叶呈鳞片状排列折上，上下两折将烟叶夹成一副，用长短适度、手指粗细的竹棍四根梢紧，在阳光下两副烟折摆成∧形（俗称一棚），叉开晒制。

通过全面了解和掌握宁乡晒黄烟所突显的特色，从产业开发、规模化发展的角度出发，摸清制约晒黄烟发展的主要因素并对这些因素进行分析和研究，找出解决的措施和方法，遵循以保持和提升晒黄烟原有特色的原则，采取对晒黄烟不同的调制方式、调制设施及调制机理进行研究，通过设计建设晒黄烟调制棚，对其配套调制工艺进行深度研究，找出晒黄烟调制对环境因素要求的基本规律和最佳组合以及合适的调制方式，为制订新的晒黄烟调制工艺技术规程找出理论依据和技术支撑，逐步推广应用研究成果，提高晒黄烟调制质量的人为可控程度。充分发挥先进技术和新工艺等的优势，减少不良天气对烟叶品质造成的影响，从根本上解决晒黄烟户均规模小、效益低、调制占地面积大、受天气制约性强、劳动量过多且繁杂等问题，从源头上解除制约晒黄烟生产发展的瓶颈、相应降低晒黄烟调制季节对烟叶调制质量的季候影响，从而提高晒黄烟品质及保证农户的生产效益。

以调制棚温湿度与外界温湿度的相关性为切入点，设计温湿度可调控的调制棚，实现棚内温度与光照同自然温度条件相近，以晒黄烟的特色衡量指标为控制标准，以保持和提升晒黄烟的特色和品质为目标，通过改造调制设备、完善调制工艺、对晒黄烟进行调制处理，探索不同部位烟叶的最佳调制工艺，达到设备的人为可控性和科学性，提高抵御不利天气影响晒烟调制的能力。

一、研究材料

(一) 供试材料与品种

试验在湖南长沙宁乡县朱良桥乡云济村进行，供试品种为当地晒黄烟主栽品种寸三皮。选择土壤肥力中等、均匀，易排灌的水稻田，种植方法严格按照《宁乡县优质晒黄烟生产技术方案》要求进行，田间生长整齐、农艺性状良好，成熟度较为一致，调制对应面积8～10亩。

(二) 试验调制棚构造

调制技术研究试验调制棚取用湖南汉唐农业有限责任公司生产的育苗工场框架的基本结构模式，根据场地与试验的需要，自行设计，联系厂方进行了框体改进，制作并安装各试验处理的专用设施。调制棚规格为 $24m \times 16m$，共 $384m^2$，内设四个处理单元，每个单元为 $12m \times 8m$，每个单元 $96m^2$。调制棚南北两侧膜及棚顶长条形天窗，均安装了卷膜器，可任意开关。棚膜采用长寿无滴膜，可通过侧膜和顶部长条形天窗的开闭进行通风降湿。棚外西端设加热升温煤灶，连接白铁皮输热管，两边对称分布、水平安放在在调制棚内，管下端距地面 10cm，用石棉布与垫底物隔离（防止向地下传热），棚外东端设置拨火排烟烟筒。

(三) 主要试验仪器

天津气象仪器厂 WHM5 型温湿度表，用于棚内各处理水平高度温湿度测定；长春气象仪器有限公司毛发湿度计、双金属温度自动记录仪作为仪表较对和中层高度的温湿度标准值依据。

二、研究方法

（一）调制棚调制与常规调制的比较

（1）调制环境条件比较（主要包括：温度、湿度变化比较）。温湿度记载采用温湿度仪表显示值进行记载，设室外、（常规．距地面1m）棚内上部、（距地面2.3m）棚内中部、（距地面1.5m）棚内下部处理，（距地面0.7m）每天记载6次，分别为6：00，8：00，11：00，14：00，17：00，22：00。

（2）调制过程劳动量成本比较。采用常规调制与调制棚调制相对比，进行等量烟叶调制所需劳动量成本的比较。

（3）调制过程中烟叶变化规律探讨。记载和观察在正常天气环境条件下，变黄期、定色期、干筋期明显、关键的外观特征。

（4）不利天气下晒黄烟调制技术研究。测定在不利天气采用加热设备和去湿设备控制调制棚的温度和湿度，确保晒黄烟的品质。

（5）调制后等级鉴定。按晒黄烟分级标准对不同处理的烟叶进行等级鉴定。

（二）试验设计

1. 处理设计

调制棚内设计包括：转盘区、折挂区、站立区、索挂等4种调制方式，每种调制方式均处理一个小区，每一小区内分多个处理（组）而作为重复；常规调制为对照，进行各种不同烟叶置放方式与不同空间密度的调制探索。

2. 试验处理小区设置

试验视图见图6-9至图6-13。

表 6 - 12　试验处理

试验处理	设计概述
转盘区 96m²	可设置轮盘转动速率，均衡光照时间。5个轮盘1组，共5组，每个轮盘可置烟8折，1次可晒烟200折，约2 200片
折挂区 96m²	上下共4层，可上下调节。16条一组，共4组，每组可置烟5折，一次可晒320折，约3 300片
站立区 96m²	分上下2层，均可调光照角度。每层5组，每组可置烟14折，一次可晒烟70折，约770片
索挂区 96m²	上下共4层，可上下调节。16条1组，共4组，一次可晒64条绳索烟，约10 560片
对照区 96m²	2折1组，1次40组。一次可晒80折，880片，室外条件下调制

试验设置见表6-12。

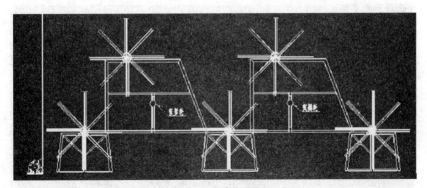

图 6-9 转盘区侧视图示

图 6-10 折挂区、索挂区侧视图示

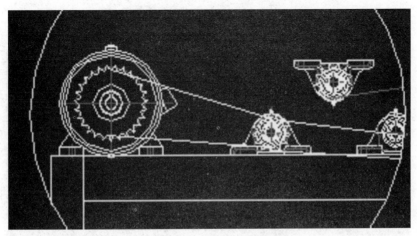

图 6-11 升降转动侧视图示

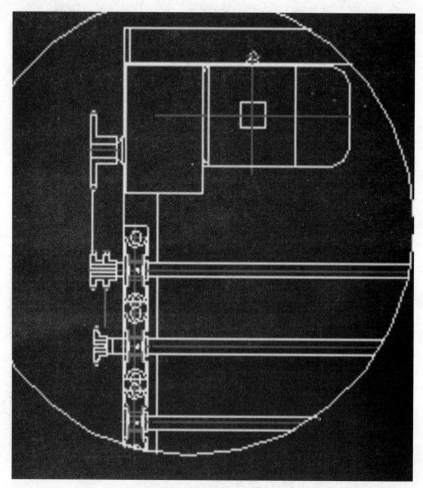

图 6-12 升降转动正视图示

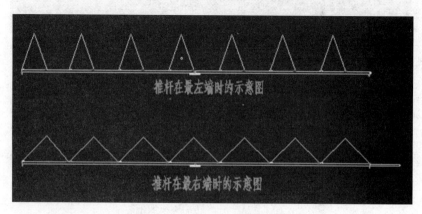

图 6-13 站立区烟折置放图示

3. 试验小区间减少操作误差方法，确保一致性和可比准确度

为尽量减少试验小区间操作误差，采用：

①统一由下向上采叶方式。

②统一部位成熟度标准。

③统一同批次烟叶同一天采收、划筋、上折调制。

④统一由专人观察记录和外观质量鉴定。

4. 试验操作基本要求

为确保试验数据的真实性，对参试人员的工作进行 6 点严格要求：

（1）转盘区操作技术要求。

①按常规方法划筋上折，篾折四边对齐，捎折棍采用同方向捎紧（不要一正一反）。

②批次满负荷烟折为 200 副，一次性装满，成熟度稍高的装上层；装折前检查、调整每根夹折主铁杆是否紧固、副杆松紧弧是否适度。

③装折时要注意将烟折调整方正、组内烟折两端余空一致，防止转动时与机架挨擦，主脉柄端全朝西南方向。

④轮盘转动程序设置原则为：晒叶背或叶面时，以烟折同面与阳光成直晒来确定转动幅度、转动时间的设置。

⑤间隔时间长短的设置，要根据光照强弱、当前烟叶的所需来进行设置；探索烟叶两面均能晒黄的操作方法。

（2）站立区操作技术要求。

①分类、划筋、上折、捎折全按常规方法进行；先后两批烟折采摘期应相隔 4～5d。根据棚口朝向太阳使两面受晒一致的原则，定时转动站立架，调整折面角度。

②变黄期缩小站立角度，定色期适当拉大角度，干筋期拉至最大（设定极限）。

③叶背、叶面换晒时需将烟架外端的一副烟折换位到另一端的外侧、其他烟折与原方向进行反倾、移位即可。

④叶面换晒的时间长短、次数的设定，要根据棚内温度、光照强弱以及烟叶变化的需要进行安排，随机性较大；原则是确保烟叶两面均能晒黄。

⑤下层烟折进行上移换位时，须待上层烟叶主脉全部干燥撤出后，再将下层烟折移至上层，下层重新进折。依次类推。

（3）折挂、索挂区操作技术要求。

①按常规方法进行分类、划筋、上折、上索。依次隔 2d 或 3d 分批（每一连动转组为一批）进行装烟。

②按 1、3、2、4 层次顺序分批错位确定层次装烟，防止相邻挂杆的烟叶上下移动时偏位而产生相互挨擦。

③从下至上共分4层，其烟叶变化调制过程分别为：底层为变黄前期、二层为变黄中后期、三层为定色期和干筋前期、顶层为主脉干燥期。

④索挂区叶距为6～7cm，叶柄露出绳面4～5cm，先将一端绳索拴紧，依次将绳索拉紧挂在挂钩上，再拴紧绳索的另一端。

注意事项：

①挂烟前挂钩是否变形或脱落。

②挂烟后，检查每组挂杆（折、索）是否水平持度达到一致，层间距离一致。

③链接、升降转动是否正常。

④是否与它组挂杆串搭。

⑤每转组升降到位后即应马上停止，否则会损坏机械或进行反转等。

（4）温湿度控制操作。

控制原则：棚内温度以烟叶耐受能力（不造成杀青）为基本准则，尽量将温度保持到相对较高状态、湿度以满足烟叶变化需要为前提，控制在相对较低状态。

①晴天上午，当棚内温度高于棚外、棚外湿度低于棚内时渐次卷起棚膜；下午当棚外气温呈下降趋势时开始关闭棚膜，以延长棚内保持较高温度的时间。

②天窗开关的大小控制：关棚后，上层湿度仪相对湿度大于75％时应适度开窗排湿；开启大小以维持相对湿度不高于75％为准，否则不需开窗。

③雨天或低温（30℃以下）夜间要进行加温，控温在37～42℃之间，控湿在75％左右。

生火加温前必须对棚内严格进行安全卫生检查，清除场内所有垃圾或易燃物品；火管不得与烟叶、烟架、烟折及其他物品相连，火的大小要掌握好，烧火时要注意自身安全和操作程序，并定时进行巡查。

（5）参试烟农作业人员工作要求。

①接受试验管理人员的指导和培训，服从试验管理人员的工作安排。

②认真按照试验管理人员的指导及其要求进行操作。

③每天进行上、下班登记，以小时为单位进行劳动时间记载。当天作业完成前，申领次日的工作任务。

④有特殊情况需请假时，必须在先天下班前进行口头汇报登记，以便工作人员另行安排。

（6）数据信息记录操作要求。

为确保数据信息的完整性、准确性，对试验数据信息记录操作进行了规定并明确了要求。

按时记录与试验工作有关的数据信息，实地先用纸质本进行笔记，再录入电脑相应表格并定期进行备份。

定时记录棚内层次温、湿度和棚外（常规）温、湿度，定时为：6：00；8：00，11：00，14：00，17：00，22：00 每天 6 次。

5. 烟叶调制期间烟相变化常识性培训

在试验实践初，结合实际、实地进行观察，与参试管理人员共同进行烟叶调制期间烟相变化的常识性培训，提高了工作人员对晒黄烟调制阶段烟相变化辨认的能力，制订了烟相变化规律表。

晒黄烟调制期间为正常天气（晴天为正常天气、阴雨为不良天气、忽略夜间），随调制时间的后延叶片逐步发生的状态变化，一般规律如下：

（1）变黄期。

①（第 1 天）主脉划口发白、现干，叶缘萎垂、发软。

②（第 1～2 天）叶片凋软、略返青，主脉划口稍裂开，索挂叶塌肩。

③（第 2～3 天初）叶片略显黄色、柔软，支脉凋软，裂口增大。

（2）定色期。

①（第 3 天中）叶片变黄 4～5 成，青色为主，主脉发软，裂口继续增大。

②（第 3 天末）叶片变黄 5～6 成，青黄各半，主脉变软；索挂叶卷边。

③（第 3～4 天）叶尖、叶缘卷边，叶面点斑状先干，先干处显青红色，支脉返青。

④（第 5 天初）叶面干块增大，支脉变黄，主脉带青；索挂叶小卷筒。

⑤（第 5 天末）叶片全干，由红稍带青变黄，色较暗，主脉缩小、柔软，主脉尖变黄，索挂叶大卷筒。

（3）干筋期。

①（第 6 天）叶片黄色渐变鲜明，局部带稍深黄色斑点，主脉露出白色肉体，基本干燥。

②（第 7、8 天）主脉全干，裂口全部翻卷，残青消失，叶片黄色鲜明，光反射性增强。

正常天气调制后烟叶色域范围及分布

淡黄	正黄	金黄	深黄	红黄
下部叶	中部叶	中部叶	上二棚	上二棚顶叶

调制期间受不良天气影响烟叶出现的颜色及分布

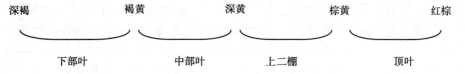

深褐	褐黄	深黄	棕黄	红棕
下部叶	中部叶	上二棚		顶叶

6. 受非正常天气影响程度划分

档次划分：大；较大；较小；小；微等 5 个。

各部位烟叶受不良天气影响后叶面表现的颜色与其影响程度的相关性

①部叶：褐黄深褐

较小　　　　　　　　较大

②中部叶：褐黄棕黄深褐

较小　　　　　　　较大　　　　　　大

③上部叶：红棕棕褐深褐

较小　　　　　　　较大　　　　　　大

注：其影响程度为小～微的不予考虑，其叶面表现的颜色一般在正常或允许色域之间。

（三）研究内容

1. 晒黄烟调制棚的设计和建设

根据项目立项的主要目的，在设计和建设晒黄烟调制试验调制棚方面，一是重点研究了如何在有限的土地上与处理方式的要求相结合设计、建造立体式调制棚，使试验调制棚达到采光效果好，控温、控湿比较灵敏，能顺利地完成项目的主要试验操作；二是通过试验，设计 1～2 个适合宁乡实际情况的调制棚，达到经济实用、简便高效、易于推广的目的（在 2012 年全县试推广单、双层两种晒黄烟调制棚共 50 座，收到了较好的效果，各晒黄烟产区纷纷提出申请，要求继续增加计划）。

2. 调制棚内与棚外温湿度的相关性

晒黄烟调制质量的优劣，基本取决于调制期间天气的温湿度状况是否与当前烟叶变化相协调，其变黄、失水、定色等原理与烤烟大致相同，但因品种类型差异，其体内化学成分与烤烟品种相差很大，对调制环境的要求也有很大的不同之处，如在变黄期和定色期耐低温与高湿能力不如烤烟，而在定色期又比烤烟相对耐高温和低湿，干筋期与烤烟相似，但不需那么高的温度。这方面主要有两大因素：一是品种的调制特性的差异，晒黄烟的调制必须有一定光照的参与才能使其内在化学成分及叶绿素和叶红素（胡萝卜素与类胡萝卜素）得到较充分的降解和转化；二是烤烟调制期间装烟室内有固定的供温排湿系统设备，没有明显的昼夜温湿反差，可以人为自主调控；而晒黄烟的常规调制环境就没有设备进行有力的维持与保障，其实质就是日晒夜晾，从而致使烟叶的含水量在白天失水后，晚上叶片重新从空气中吸湿并自动作水分平衡运动，其含水量绝对值相对增加。因此利用晒黄烟品种的调制特性，研究调制棚内与棚外温湿度的相关性，进行设备调控来较好地满足晒黄烟的调制是十分必要的。

根据试验处理（调制方式）设计，进行不同立体层位和单位面积不同置烟密度进行相互比较，研究比较出不同天气状况下棚外温湿度与棚内温湿的相关性，为科学合理使用调制棚调制晒黄烟提供技术参数。棚内调制为立体置放烟叶2～4层（站立区为2层、折挂区与索挂区为4层、转盘区为2架4层）；每平方米置放烟叶密度16～75片。

3. 棚内最佳温湿度及时间的调控

测定晒黄烟在调制棚内，通过人为控制，分析调制期间烟叶变黄、定色、干筋期所需的最佳温湿度及相应调制时间，是制订晒黄烟棚内调制工艺的科学依据；试验得出各项相关参数与指标，实现调控调制棚内温度、湿度与晒黄烟调制工艺相适应，是制订晒黄烟棚内调制技术操作规程的直接前提。通过成熟的技术与设施的推广应用，最终达到烟农易于掌握、操作方便、能较大幅度提高调制质量的目的。在实施过程中，根据棚内外温湿度变化差异及其规律，对棚内采取相对增温、保温、开天窗排湿的措施，利用现有条件尽量将棚内温湿度靠近或达到当前棚内烟叶所需温湿度范围，以利调制，其调节方法主要是通过南北两侧的棚膜和棚顶天窗的开闭来进行，调节幅度需要根据当前的气象实际情况来确定。

4. 研究不利天气条件下对晒烟的调制处理措施

晒黄烟在调制期间遭遇不利天气后，烟叶会因遭遇的阶段、时间不同产生不同程度的质量损失。在遭遇连续阴雨天的情况下怎样调制晒黄烟，如何控制调制棚内的湿度和相对提高棚内温度、抑控烟叶棕色化反应速度、最大限度减少损失、提高调制质量，是本课题保障晒黄烟调制质量、突破制约晒黄烟生产发展瓶颈的研究重点。连续阴雨天的情况下棚内外温湿度相差很小，有必要对棚内进行辅助加热，弱化不利因素，相对优化棚内温湿度环境，降低调制质量损失。根据气象预报信息，在昼夜温差较大、持续阴雨天气时，关闭棚膜并启用预先安设好的供热设施向棚内进行加热，提高棚内温度。

5. 不同调制方法处理的烟叶化学成分的分析

研究不同调制处理方式对烟叶化学成分的影响，分析其产生的主要原因，根据工业企业对烟叶质量的需求，为今后改进调制方式和制订调制工艺找出理论依据。

（四）调制期间温度、湿度变化情况

1. 宁乡近三年（2010—2012）晒黄烟调制期间气象变化

（1）2010年晒黄烟调制期间气象要素。

宁乡晒黄烟气象要素见表6-13～6-19。

表6-13　2010年7月宁乡气象要素表

日期	气温			降水	日照	湿度
	平均	最高	最低			
1	32	35.8	28.8		13.6	61
2	32.1	35.3	28.9		13.4	58
3	31.9	35.4	28.1		12.5	60
4	32.3	36.3	28.6		12.8	58
5	29.3	33.3	27.2	0.4	2.2	73
6	26.6	27.4	25.8	21.8	0	87
7	27.6	32.4	25.4	5.1	4.4	83
8	30.4	35.5	26		10.5	71
9	26.9	32.4	24.7	6.6	2.5	83
10	29.7	34.1	25.2	1.8	8.9	72
11	26.5	31.5	24.7	8.7	0	84
12	25.1	26.9	24.2	0.2	0	86
13	27.9	34.3	24.5		7.2	79
14	26.9	29.7	25		0	83
15	28.2	33.5	25	18.4	3.9	82
16	29.5	34.9	25.6	0	8.3	74
17	30.6	34.6	27.6		10.7	61
18	31	34.5	27.5		12.5	57
19	31.2	34.3	28	1.2	10.9	59
20	29.5	35.5	25.6	12	7.7	70
21	29.5	36	25.5	0	10.2	72
22	31.2	35.4	26.6		12.6	60
23	29.5	33.8	25	1.8	10.7	67
24	29.9	33.5	27.7		12.1	65
25	29.2	34.2	26.7		3.5	71
26	28.3	32.6	25.9		4.2	77
27	30.1	35.2	26.4	0	9.6	71
28	31.9	36.2	27.9		11.5	64
29	32.4	36.9	28.5		12.4	59
30	32	36.1	27.8		12.8	56
31	31.8	36.3	28.6		12.6	57

表 6 - 14　2010 年 8 月宁乡气象要素表

日期	气温			降水	日照	湿度
	平均	最高	最低			
1	31.8	36.5	28.1		11.7	58
2	32.8	37.6	28.6		12.4	57
3	33.6	38.6	29		12.7	53
4	34.2	39.2	28.9		12.3	52
5	34.2	40.2	28.7		12.3	57
6	27.2	35.2	24.1	80.8	6.2	79
7	28.6	32.8	25		6.5	76
8	29.9	35.3	26.6		7.1	73
9	31.5	36.7	27.6		10.5	69
10	32.6	37.8	28.7		10.8	67
11	33.4	37.9	30		12.2	59
12	33.2	37.5	29.5		12.1	55
13	33	37.4	29.5		12.5	55
14	33.2	37.1	29.9		12	53
15	32.3	37.3	27.7		11	61
16	26.7	32.1	25.3	0.4	0.7	79
17	28.7	33.9	25.5	18.9	8.7	76
18	30.8	35.5	26.6		11.9	65
19	31.9	37.2	26.9		12.1	60
20	26.7	32.8	25.9	0	3.2	76
21	29.6	35.2	24.9		10.9	66
22	31	37.2	26.6		11.3	64
23	26.3	29.4	25.1	0	0	82
24	26.2	30.9	22.7	25.1	7	80
25	22.9	25.9	21.9	0	0	85
26	21	22.3	20.4	1.1	0	87
27	20.6	22.5	19.7	21.8	0	90
28	23.7	29.2	19.6		9	75
29	24.6	30.9	19.9		10.7	72
30	25.2	31.1	19.5		11.2	67
31	25.7	31.2	20.7		10.7	68

表 6 - 15　2011 年 7 月宁乡气象要素表

日期	气温			降水	日照	湿度
	平均	最高	最低			
1	30.0	34	26.8		12.2	61
2	30.7	34.6	27.3		12.8	59
3	31.1	34.9	27.4		12.3	55
4	31.7	35.3	28.2		12.5	57
5	32.1	36.3	28		12.2	55
6	32.3	36.4	28.5		11.8	54
7	28.4	33.1	23.1		4.7	67
8	24.0	29.2	20.7	33	3	72
9	26.4	32.2	20.7		12.3	66
10	29.0	32.5	26.2		8.5	63
11	29.0	32.8	25.3		5.7	63
12	27.1	29.3	25.2		0	71
13	26.6	29.7	24.6	51	0	73
14	26.1	29.7	23.6		0	67
15	27.1	31.4	24.3		0	63
16	27.1	31.8	23.4		8.5	65
17	27.9	32.8	23.3		9.7	62
18	27.7	31.7	24.3		5.3	68
19	28.6	33.1	24.1		8.9	63
20	29.2	34.5	24.2		10.6	63
21	30.3	36.3	25.1		10.3	60
22	31.1	36	28.7		9	62
23	31.9	36.8	27.5		11.1	59
24	33.2	38.3	28.1		12.5	51
25	33.8	39	28.9		12.5	49
26	34.2	38.5	30.2		12	47
27	33.1	36.8	30.4		9.6	51
28	33.1	38.4	29.1		11.5	51
29	33.7	39.2	29.1		11.6	51
30	32.7	36.7	29.3		12	51
31	31.1	37.3	27.6		8.5	58

表 6-16　2011 年 8 月宁乡气象要素表

日期	气温			降水	日照	湿度
	平均	最高	最低			
1	19.8	22.7	18.7	11.2	0.0	2
2	21.8	25.6	18.9	0.1	0.0	75
3	21.8	24.3	20.1	11.4	0.0	82
4	20.5	21.7	19.9	27.5	0.0	88
5	22.2	24.9	20.0	0.3	0.0	82
6	24.1	27.3	22.0	0.9	0.0	84
7	24.4	27.5	23.0	2.1	0.0	82
8	26.0	31.2	22.5		4.3	78
9	29.2	34.5	25.2		8.3	67
10	27.6	31.9	24.4	41.8	2.6	76
11	24.8	27.4	23.5	42.1	0.0	84
12	28.0	33.5	24.5		5.8	60
13	27.5	33.6	21.3		8.9	61
14	28.1	31.6	25.5		0.0	72
15	27.4	31.7	23.5		5.3	66
16	27.6	31.4	24.7		2.5	66
17	27.8	31.7	24.5		6.1	62
18	27.9	32.6	24.1		8.0	61
19	28.0	33.4	23.2		11.1	58
20	28.8	33.8	23.5		10.1	59
21	28.3	32.2	25.2	0	0.0	68
22	28.2	32.3	26.2	0.9	8.6	71
23	25.4	29.3	23.2	0.5	3.0	74
24	26.7	32.3	21.6	0.4	11.7	67
25	27.9	31.6	25.8	12.4	3.1	76
26	26.8	28.9	25.7	18.4	0.0	83
27	25.7	31.1	24.9	34.9	0.0	84
28	26.2	30.0	24.9		0.0	86
29	29.4	34.9	25.4		7.8	73
30	30.5	34.0	26.8		11.1	70
31	31.5	36.7	27.6		10.5	69

表 6-17　2012 年 7 月宁乡气象要素表

日期	气温			降水	日照	湿度
	平均	最高	最低			
1	30.8	34.8	26.9		11.5	63
2	30.9	34.9	26.8		12.2	56
3	31.1	35.4	26.8		12.8	56
4	31.9	35.5	28.7		12.9	51
5	32.2	36.1	28.3		12.8	52
6	32.4	36.7	28.9		12.2	55
7	32.0	35.7	28.5		13.3	53
8	32.0	36.0	28.3		12.7	51
9	32.5	36.0	29.3		12.9	50
10	32.3	36.5	29.0		12.0	53
11	32.3	37.0	28.8		11.7	53
12	33.0	36.4	29.5		11.0	49
13	31.6	35.2	29.7		4.8	56
14	25.6	30.0	23.6	17	0.0	83
15	26.7	30.3	25.1	12.1	0.0	81
16	24.8	25.6	24.1	105	0.0	87
17	25.8	28.3	24.2	77.5	0.0	85
18	26.1	28.2	24.5	6.1	0.0	84
19	26.6	30.0	24.8	0.8	0.0	83
20	29.4	35.3	25.6	25.8	9.0	73
21	30.6	35.6	25.7		11.9	63
22	32.1	37.0	27.8		11.5	62
23	28.0	33.1	25.0	25.6	3.7	77
24	27.9	33.3	25.3	7.2	3.4	78
25	30.8	35.2	26.4		12.5	61
26	30.8	34.6	27.3		12.8	60
27	30.5	35.6	27.1		10.8	63
28	30.0	34.1	26.3		9.0	65
29	31.3	35.1	27.4		11.9	63
30	32.4	36.4	27.9		12.3	60
31	32.4	37.0	28.2		11.7	58

表 6-18 2012 年 8 月宁乡气象要素表

日期	气温			降水	日照	湿度
	平均	最高	最低			
1	29.6	34.7	26.7	1.7	7.6	69
2	29.5	33.5	27.4		8.6	71
3	28.9	32.5	26.8		9.7	62
4	26.4	28.9	24.6	43.2	0.0	79
5	27.4	29.2	25.8	0.2	0.0	77
6	28.1	34.3	24.2		6.2	72
7	29.5	33.1	26.6		10.1	72
8	29.1	32.4	26.4		9.8	68
9	29.1	33.2	26.6		8.0	64
10	29.7	32.9	27.5	0.0	9.4	62
11	29.0	31.7	25.6	0.5	1.5	67
12	28.3	30.7	26.6	0.2	0.0	78
13	29.3	34.1	26.6	0.0	5.3	74
14	27.9	30.7	25.5	2.4	0.5	77
15	28.7	32.7	25.8		6.8	75
16	29.2	33.4	26.9		4.3	75
17	28.7	34.0	25.5	2.5	2.1	78
18	29.8	35.5	24.6		11.0	67
19	32.1	36.6	27.6		11.9	59
20	31.7	36.3	27.6		11.1	62
21	26.8	32.9	24.0	1.4	0.0	75
22	22.2	24.1	21.3	1.1	0.0	81
23	20.6	22.8	19.6	2.3	0.0	84
24	23.4	27.8	20.0	1.1	1.6	75
25	25.5	28.4	23.3		2.0	68
26	27.3	31.8	24.0	0.0	8.5	69
27	26.1	29.7	23.7	0.0	7.3	70
28	27.0	31.7	22.9		6.4	68
29	28.3	34.1	23.0		9.4	63
30	29.1	34.7	23.9		10.0	63
31	29.7	35.7	24.9		9.4	64

表 6 - 19　2010—2012 年 7 月温湿度基本情况统计表

项目	时间/年	样本数	平均值	标准差	变幅	变异系数（%）
温度	2010	31	29.71Aa	2.01	25.1～32.4	6.77
	2011	31	30.00Aa	2.71	24.0～34.2	9.02
	2012	31	30.22Aa	2.46	24.8～33	8.14
湿度	2010	31	69.68ABb	10.08	56～87	14.47
	2011	31	59.70Aa	7.04	47～73	11.80
	2012	31	64.00Bb	12.18	49～87	19.03

从表 6 - 20 中可以看出 2010—2012 年晒黄烟主要调制期间不同年份同一月份之间的气象差异，3 年中：

①2012 年 7 月和 2010 年 8 的平均气温较高，分别为 30.22℃、29.13℃。

②2010 年 7 月和 2011 年 8 的平均气温较低，分别为 29.71℃、26.45℃。

③2011 年 7 月和 2010 年 8 月的平均相对湿度较低，分别为 59.70%、68.26%。

④2011 年 7 月的平均相对湿度最低，为 59.70%，2011 年 8 月的平均相对湿度最高，为 73.23%。

⑤月内日之间平均温度变幅最大的为 2010 年 8 月，为 20.6～34.2℃，变幅达到 13.6℃，变异系数为 13.85%。

⑥月内日之间平均温度变幅最小的为 2010 年 7 月，为 25.1～32.4℃，变幅只有 7.3℃，变异系数为 6.77%。

表 6 - 20　2010—2012 年 8 月温湿度基本情况统计表

项目	时间（年）	样本数	平均值	标准差	变幅	变异系数（%）
温度	2010	31	29.13Aa	4.03	20.6～34.2	13.85
	2011	31	26.45Bb	2.85	19.8～31.5	10.78
	2012	31	28.00ABab	2.46	20.6～32.1	8.79
湿度	2010	31	68.26Ab	10.97	52～90	16.07
	2011	31	73.23Aa	9.20	58～88	12.56
	2012	31	70.58Aab	6.46	59～84	9.16

从表 6 - 21 至表 6 - 26 中可以看出各年度间同一月份中各旬的气象差异，变异系数最大的变幅也就最大。对照 3 年的气象要表，可以得出如下结论：

①其变幅主要是由晴、雨天气相间以及分别持续的时间是长或短等原因形成的。

②刮风下雨持续的时间越长，温度趋低而相对湿度趋高，其间的变幅不大。

③晴朗、多云持续的时间越长，温度趋高而相对湿度趋低，其间的变幅同样不大。

④晴朗、多云持续的时间较长，阵风、下雨持续的时间较短，雨量较少时，温、湿度变幅较小。

⑤晴朗、多云天气与阵风、下雨天气相间，分别持续的时间较长，雨量较多时，温、湿度变幅较大。

表 6 - 21　2010—2012 年 7 月上旬温湿度基本情况统计表

项目	时间（年）	样本数	平均值	标准差	变幅	变异系数（%）
温度	2010	10	29.88Ba	2.23	26.6～32.3	7.47
	2011	10	29.57Ba	2.68	24.0～32.3	9.06
	2012	10	31.81Aa	0.64	30.8～32.5	2.00
湿度	2010	10	70.60Aa	11.09	58～87	15.70
	2011	10	60.73Ba	5.94	54～72	9.78
	2012	10	54.00Bb	3.80	50～63	7.04

表 6 - 22　2010—2012 年 7 月中旬温湿度基本情况统计表

项目	时间（年）	样本数	平均值	标准差	变幅	变异系数（%）
温度	2010	10	28.64Aa	2.06	25.1～31.2	7.21
	2011	10	27.63Bb	1.03	26.1～29.2	3.71
	2012	10	28.19Aa	3.09	24.8～33	10.98
湿度	2010	10	73.50Aa	11.11	57～86	15.11
	2011	10	65.55Aa	3.90	62～73	5.96
	2012	10	73.40Aa	14.86	49～87	20.25

表 6 - 23　2010—2012 年 7 月下旬温湿度基本情况统计表

项目	时间（年）	样本数	平均值	标准差	变幅	变异系数（%）
温度	2010	11	30.53Aa	1.38	28.3～32.4	4.52
	2011	11	32.55Bb	1.28	30.3～34.2	3.92
	2012	11	30.62Aa	1.54	27.9～32.4	5.03
湿度	2010	11	65.36Bb	6.89	56～77	10.54
	2011	11	53.45Aa	53.45	47～62	9.39
	2012	11	64.55Bb	6.68	58～78	10.36

表 6-24　2010—2012 年 8 月上旬温湿度基本情况统计表

项目	时间（年）	样本数	平均值	标准差	变幅	变异系数（%）
温度	2010	10	31.64Aa	2.39	27.2—34.2	7.54
	2011	10	23.74Cc	3.10	19.8—29.2	13.04
	2012	10	28.73Bb	1.09	26.4—29.7	3.81
湿度	2010	10	64.10Bb	9.90	52—79	15.45
	2011	10	80.00Aa	6.16	67—88	7.71
	2012	10	69.60Ab	5.83	62—79	8.38

表 6-25　2010—2012 年 8 月上旬温湿度基本情况统计表

项目	时间（年）	样本数	平均值	标准差	变幅	变异系数（%）
温度	2010	10	30.99Aa	2.67	26.7～33.4	8.62
	2011	10	27.59Bb	1.06	24.8～28.8	3.83
	2012	10	29.47ABa	1.39	27.9～32.1	4.71
湿度	2010	10	63.90Aa	9.70	53～79	15.18
	2011	10	64.90Aa	7.91	58～84	12.19
	2012	10	71.20Aa	6.92	59～78	9.73

表 6-26　2010—2012 年 8 月上旬温湿度基本情况统计表

项目	时间（年）	样本数	平均值	标准差	变幅	变异系数（%）
温度	2010	11	25.16Ab	3.20	20.6～31	12.70
	2011	11	27.87Aa	1.97	25.4～31.5	7.07
	2012	11	26.00Aab	2.87	20.6～29.7	11.05
湿度	2010	11	76.00Aa	9.25	64～90	12.17
	2011	11	74.64Aa	6.79	67～86	9.09
	2012	11	70.91Aa	7.08	63～84	9.98

（2）2012 年各批次烟叶调制期间温湿度环境状况。

2012 年各批次烟叶调制期间温湿度环境状况见表 6 - 27 至表 6 - 40。

表 6 - 27　各批次烟叶调制、棚内外平均温湿度表

批次	调制期平均温度				调制期平均湿度			
	上层	中层	下层	室外	上层	中层	下层	室外
1	37.88	36.32	35.21	32.86	63.61	66.64	71.5	82.32
2	37.31	35.45	34.52	32.28	66.26	69.57	74.25	83.2
3	37.56	35.82	34.79	31.96	65.32	69	74.04	83.17
4	39.7	37.17	35.87	33.14	61.52	64.46	70.22	79.19
5	39.87	37.61	36.46	34.5	59.04	61.88	67.31	75.93
6	39.61	37.43	36.48	34.52	59.91	62.79	67.91	77.02
7	39.43	37.38	36.4	34.19	72.7	64.33	69.02	79.42
8	36.95	34.54	34.64	32.11	69.44	73.57	76.78	85.5
9	37.42	34.31	34.53	31.98	69.06	73.68	72.09	85.27
10	37.65	34	34.31	31.46	69.46	74.32	76.89	85.88
11	37.39	34.29	34.47	31.38	68.47	74.33	77.69	88.02
12	39.18	35.95	35.56	32.63	62.29	68.74	72.72	84.68
13	36.63	34.08	34.15	30.52	67.31	72.97	77.03	88.56

表 6 - 28　第一批次烟叶棚内、室外仪温湿度统计表

指标		样本数	均值	标准差	变幅	变异系数
温度	棚内	6	37.875Aa	4.03	32.33～42.42	10.64
	室外	6	32.860Aa	2.61	29.17～36.08	7.93
	自动仪	6	35.932Aa	4.74	30.17～41.92	13.20
湿度	棚内	6	63.612Ab	13.77	49.58～79.42	21.65
	室外	6	82.320Aab	7.82	72.92～92.42	9.50
	自动仪	6	71.140Aa	13.47	56.08～88.17	18.94

表 6 - 29　第二批次烟叶棚内、室外仪温湿度统计表

指标		样本数	均值	标准差	变幅	变异系数
温度	棚内	6	37.313Aa	3.92	32.25～42.42	10.50
	室外	6	32.275Ab	2.72	29～35.83	8.44
	自动仪	6	34.845Aab	4.37	29.83～41.33	12.54
湿度	棚内	6	66.265Ab	13.27	50.17～80	20.02
	室外	6	83.208Aa	8.14	72.58～92.58	9.78
	自动仪	6	73.775Aab	12.47	56.17～88.17	16.91

表 6 - 30　第三批次烟叶棚内、室外仪温湿度统计表

指标		样本数	均值	标准差	变幅	变异系数
温度	棚内	6	37.560Aa	4.08	31.83～42.17	10.87
	室外	6	31.963Ab	2.59	28.25～34.92	8.09
	自动仪	6	35.428Aab	4.33	30.08～40.83	12.22
湿度	棚内	6	65.318Ab	13.61	50.33～81.42	20.83
	室外	6	83.173Aa	7.68	74.67～94.25	9.23
	自动仪	6	72.842Aab	12.86	56.67～88.42	17.65

表 6 - 31　第四批次烟叶棚内、室外仪温湿度统计表

指标		样本数	均值	标准差	变幅	变异系数
温度	棚内	6	39.703Aa	4.85	33～45.11	12.21
	室外	6	33.137Ab	3.91	28.33～37.89	11.81
	自动仪	6	36.890Aab	5.44	30～43.67	14.74
湿度	棚内	6	61.518Aa	19.12	39.78～85.11	31.09
	室外	6	79.185Aa	12.09	64.89～93.78	15.26
	自动仪	6	67.333Aa	16.53	47.89～87.22	24.55

表 6 - 32　第五批次烟叶棚内、室外仪温湿度统计表

指标		样本数	均值	标准差	变幅	变异系数
温度	棚内	6	39.870Aa	4.74	33.4～44.7	11.90
	室外	6	34.503Aa	3.87	29.1～39.45	11.21
	自动仪	6	38.008Aa	5.56	30.7～44	14.63

（续）

	指标	样本数	均值	标准差	变幅	变异系数
	棚内	6	59.038Aa	19.47	39.2～85.1	32.97
湿度	室外	6	75.933Aa	12.05	60.18～92.2	15.87
	自动仪	6	64.833Aa	17.13	46.7～86.5	26.42

表 6-33　第六批次烟叶棚内、室外仪温湿度统计表

	指标	样本数	均值	标准差	变幅	变异系数
	棚内	6	39.612Aa	4.73	33.36～45	11.93
温度	室外	6	34.520Aa	3.59	29.27～38.82	10.41
	自动仪	6	37.952Aa	5.49	30.82～44.27	14.45
	棚内	6	59.908Aa	18.98	40.09～84.82	31.69
湿度	室外	6	77.017Aa	11.24	62.45～92.36	14.59
	自动仪	6	64.780Aa	16.83	46.36～86	25.98

表 6-34　第七批次烟叶棚内、室外仪温湿度统计表

	指标	样本数	均值	标准差	变幅	变异系数
	棚内	6	39.420Aa	4.78	33.13～44.5	12.12
温度	室外	6	34.192Aa	3.87	29.38～39.38	11.33
	自动仪	6	38.128Aa	5.20	30.88～43.38	13.64
	棚内	6	60.587Aa	18.96	41.88～85.5	31.29
湿度	室外	6	79.420Aa	12.12	61.38～92.75	15.25
	自动仪	6	63.438Aa	17.02	46.38～86.25	26.83

表 6-35　第八批次烟叶棚内、室外仪温湿度统计表

	指标	样本数	均值	标准差	变幅	变异系数
	棚内	6	36.948Aa	3.79	32.56～42	10.25
温度	室外	6	32.107Ab	2.34	28.78～34.67	7.27
	自动仪	6	35.090Aab	3.49	30.78～40.22	9.96
	棚内	6	69.433Ab	13.32	54.44～86.22	19.19
湿度	室外	6	85.502Aa	8.46	75.33～98.11	9.90
	自动仪	6	71.833Aab	12.48	56.67～87.33	17.37

表6-36 第九批次烟叶棚内、室外仪温湿度统计表

指标		样本数	均值	标准差	变幅	变异系数
温度	棚内	6	37.423Aa	2.94	32.73~41.36	7.85
	室外	6	31.975Bb	2.17	28.91~34.09	6.79
	自动仪	6	34.887ABab	3.24	30.64~39.55	9.30
湿度	棚内	6	69.057Ab	12.83	54.27~85.64	18.58
	室外	6	85.270Aa	7.94	75.45~96.36	9.31
	自动仪	6	71.957Aab	11.78	57.45~87.09	16.38

表6-37 第十批次烟叶棚内、室外仪温湿度统计表

指标		样本数	均值	标准差	变幅	变异系数
温度	棚内	6	37.652Aa	2.75	32.89~41.11	7.32
	室外	6	31.462Bb	2.08	28.78~33.78	6.62
	自动仪	6	34.638ABab	3.19	30.56~39.33	9.22
湿度	棚内	6	69.460Ab	12.61	54.67~85.78	18.16
	室外	6	85.878Aa	7.90	76.22~96.78	9.20
	自动仪	6	72.732Aab	11.32	59.33~87.44	15.57

表6-38 第十一批次烟叶棚内、室外仪温湿度统计表

指标		样本数	均值	标准差	变幅	变异系数
温度	棚内	6	37.393Aa	3.39	32.09~41.45	9.07
	室外	6	31.378Bb	2.47	28.82~34.27	7.86
	自动仪	6	35.047ABab	3.55	30.64~39.55	10.14
湿度	棚内	6	68.470Ab	14.86	50.27~85.82	21.70
	室外	6	88.015Aa	9.61	76.36~97.82	10.91
	自动仪	6	71.787Ab	13.10	55.64~87.09	18.24

表6-39　第十二批次烟叶棚内、室外仪温湿度统计表

指标		样本数	均值	标准差	变幅	变异系数
温度	棚内	6	39.178Aa	2.24	36.4~42.3	5.71
	室外	6	32.632Bb	1.90	30~34.9	5.83
	自动仪	6	36.938ABa	3.32	32.1~41	9.00
湿度	棚内	6	62.292Bb	11.72	47.6~80.5	18.81
	室外	6	84.683Aa	6.03	76.3~93.4	7.12
	自动仪	6	66.372Bb	11.13	53.6~83.7	16.77

表6-40　第十三批次烟叶棚内、室外仪温湿度统计表

指标		样本数	均值	标准差	变幅	变异系数
温度	棚内	6	36.632Ab	3.31	30.92~39.31	9.04
	室外	6	30.528Ba	1.99	27.77~32.63	6.52
	自动仪	6	35.322Aa	2.83	31~38.15	8.03
湿度	棚内	6	67.303Bb	11.17	55.46~81.46	16.59
	室外	6	88.560Aa	4.46	83.38~95.15	5.04
	自动仪	6	69.997Bb	9.15	59.92~82.15	13.07

注：表6-26~6-38中字母按平均值最大开始标注，大写字母不同表示处理在 p0.01 水平存在极显著差异，小写字母不同表示处理在 p0.05 水平上存在显著差异。为方便分析，把自动仪温湿度数据带入一起进行了分析。

（3）各部位烟叶调制对环境温湿度要求。

各部位烟叶调制对天气的温度有一定的幅度范围要求，同时对环境的相对湿度也有一定的幅度范围要求，但它们之间又存在着幅度差异。

①下部叶日平均温在 33~39℃，湿度在 59%~65% 范围内，对烟叶外观品质有利，在此范围内，温度适中、湿度趋低外观品质更佳，色度趋强。

②中部叶日平均温在 34~39℃，湿度在 61%~77% 范围内，对烟叶外观品质有利，在此范围内，温度趋高、湿度趋低外观品质更佳，色度趋强。

③上部叶日平均温在 35~39℃，湿度在 60%~65% 范围内，对烟叶外观品质有利，在此范围内，温度趋高、湿度趋低外观品质更佳，色度趋强。

调制期间温度和湿度与试验处理之间烟叶外关品质关系见表6-41。

表6-41　调制期间温度和湿度与试验处理间烟叶间外观品质关系

调制日期	部位	调制天数	平均温度	平均湿度	处理1 转盘式	处理2 折吊式	处理3 索吊式	处理4 站立式	处理5 常规CK	正黄	金黄	深黄	红黄	棕黄	浓	强	中	弱	等级
7.9~7.20	下二	11	37.88	63.61	√	√			√	√							√		中三
	下三	11			√			√	√	√							√		中三
	下三	11				√	√	√	√			√					√		中四
7.21~7.30	中	9	39.87	59.04	√	√	√	√	√			√~					√		中三中四
	中	9					√		√	√~			√+~					√		中三中四
	中	9			√		√		√	√~						√			中二中三
7.31~8.8	中~上	8	36.95	69.43	√	√	√	√	√			√~				√	√		中四上三
	中~上	8			√	√	√	√	√				√~					√		中二中三上二
	中~上	9			√		√		√			√~	√~				√	√		中三上二
8.11~8.22	上二	9	36.94	66.37	√		√		√			√~	√			√	√		中三上一
	上二	10			√		√		√			√~	√~	√				√		上二上三
	上三	9			√		√		√				√~	√				√+		上二上三
	上三	10				√			√				√~	√				√+		上一上三
8.14~8.25	顶叶	11	35.32	70		√	√		√			√~	√				√		上三

- 234 -

三、结果与分析

（一）烟叶调制期间受天气影响造成质量下降的主要成因

各部位、各批次烟叶调制期间受阴雨天气造成的外观品质的影响程度主要取决于其遭遇时期及持续时间的长短。

由于各部位烟叶身份干物质不同（鲜干比不同），亦导致了调制期的长短，且各部位烟叶在调制期间受阴雨天气造成的外观品质影响的程度，主要取决于其遭遇时期及持续时间的长短，这方面是相同的，并有一定的正比规律，即：

①变黄前、中期和干筋期遭遇阴雨的持续时间分别不超过 2d，对烟叶外观品质的影响程度甚微，烟叶颜色在相应较好品级规定色域之内，色度影响也很小，烟叶等级不会降低，但会相对延长调制时间。

②变黄后期和定色前期遭遇阴雨及持续时间不超过 2d，烟叶颜色稍有变深，外观品质的影响程度较小；烟叶颜色仍处在较好品级规定色域之内，色度影响也很小，烟叶等级不会降低，且不会延长调制时间（因持续阴雨时间较短，不良环境持续时间在烟叶耐受能力之内，而之前的温湿度条件较好，一定程度地弥补或掩盖了其影响）。

③变黄中后期和定色期遭遇阴雨及持续时间在 2～3d，烟叶颜色相对变深，外观品质的影响程度较小；但在持续达到 4d 或以上时，棕色化反应严重，随着低温高湿时间的延长，叶片发生霉变甚至主脉腐烂，外观品质的影响程度较大，等级下降；在同等状况下，棚外常规调制的烟叶的品质受影响更大。

④在变黄、定色、干筋期 3 个阶段中分别遭遇间断性短时阵雨、小雨，对棚内调制的烟叶的外观品质几乎没有影响，对棚外常规调制的烟叶的外观品质影响也不大，但要徒增不少搬运烟折的工作。

（二）各部位烟叶在调制期间对不利天气的耐受能力存在一定的差异

晒黄烟在调制期间对不利天气的耐受能力，主要是指定色期烟叶能在逆境下维持较好质量的能力，其鲜叶素质的高低起主要决定作用，这一点与烤烟的耐烤性基本相同，但相比烤烟而言，其中还存在一定的品种差异性。通过多年的栽培与调制经验得出：施肥中，N：K 达到 1：2.5～2.8 以上时，晒黄烟在调制时抗逆境的耐受能力提高，总体调制质量提高，说明晒黄烟合理施放钾肥后，钾元素不仅在起到烟叶内各种酶类的活化作用，同时具有使烟叶化学成分转化协调和质量相对稳定的作用。晒黄烟各部位烟叶在调制时抗逆境的耐受能力一般为：

①下部叶变黄前期和干筋中后期耐高湿和低温的能力较强，变黄中后期和定色期耐高温和低湿的能力较强、耐高湿和低温的能力较弱。

②中部叶变黄前期和干筋期耐中湿和中温的能力较强，变黄中后期和定色期

耐高温和低湿的能力较强，耐高湿和低温的能力中等。

③上部叶变黄前中期耐中湿和中温的能力较强，变黄后期、定色期和干筋期耐高温和低湿的能力较强、耐高湿和低温的能力弱。

（三）在相同气象情况下处理之间外观品质的差异

在相同气象情况下，处理之间外观品质存在一定的差异。棚内4个调制处理和棚外常规对照由于烟叶置放方式与同一单位面积所置放烟叶密度不同，在同等气象环境条件下，因其各处理的相对湿度的小环境存在一定的差异，导致它们的失水速度与烟叶内在化学物质及颜色的变化不一致，调制后烟叶外观颜色的表现如下：站立区、转盘区、折挂区3个处理的基本颜色差别不大，在色度上站立区略好于转盘区，转盘区又略好于折挂区，索挂区的烟叶一般都稍深，色度也相应偏弱。说明在没有添加相应排湿设施的情况下进行调制，在同一单位面积所置放烟叶密度不同的时候，密度从小到大与烟叶的颜色相对由浅变深、色度从强至弱成正相关。从外观质量来看，成熟度、叶片结构、身份、油分、长度与残伤等无明显差距，颜色、色度与含青程度存在一定的差距：站立区颜色正黄、金黄为主，色度强，含青程度轻；转盘区颜色正黄与淡黄为主，色度中，含青程度较少；折挂区颜色淡黄、红黄，色度中，含青程度适轻；索挂区颜色以红黄为主，色度中，但含青较多；对照区变幅较大，批次间因天气变化而涉及的颜色相对要多，从淡黄至深褐几乎都有。与历年的表现相似（表6-42）。

表6-42　棚内各批次、处理烟叶平均温湿度状况及对外观品质的影响程度

批次	处理	烟叶颜色	天气状况	影响阶段	影响程度
1	折挂区	正黄、色度弱	5晴7雨 雨量244.3mm	变黄期 定色期	较大
	索挂区	深黄、色度弱			
	站立区	正黄、色度弱			
2	转盘区	正黄、金黄（色度中）	4晴6雨 雨量244.3mm	定色后期 干筋期	较小
	折挂区	正黄、金黄（色度中）			
	索挂区	正黄、金黄（色度中）			
3	折挂区	正黄、金黄（色度中）	5晴9雨 雨量269.9mm	变黄期 定色期	较大
	索挂区	深黄、色度弱			
	站立区	正黄、金黄（色度中）			
4	折挂区	深黄、红黄（色度中）	5晴4雨 雨量59.4mm	变黄期 定色期	小
	索挂区	深黄、红黄（色度中）			
5	折挂区	金黄～深黄（色度中）	8晴2雨 雨量32.8mm	变黄后期 定色前期	微
	索挂区	金黄～深黄（色度中）			
	站立区	正黄、金黄（色度中）			

（续）

批次	处理	烟叶颜色	天气状况	影响阶段	影响程度
6	转盘区	金黄、色度强	8晴2雨 雨量34.5mm	变黄中期	微
	折挂区	金黄~深黄（色度中）			
	索挂区	深黄~红黄（色度中）			
7	折挂区	金黄~深黄（色度中）	9晴1雨 雨量1.7mm	干筋中后期	无
	索挂区	金黄~深黄（色度中）			
	站立区	金黄~深黄（色度强）			
8	折挂区	深黄~红黄（色度中）	6晴3雨 雨量45.1mm	变黄前期 定色末期	小
	索挂区	深黄~红黄（色度中）			
	站立区	金黄~深黄（色度强）			
9	折挂区	深黄~红黄（色度中）	7晴4雨 雨量45.6mm	定色前中期	中
	索挂区	深黄~红黄（色度中）			
10	转盘区	红黄（色度强）	6晴3雨 雨量43.9mm	变黄中期	微
	折挂区	深黄~红黄（色度中）			
	索挂区	红黄（色度强）			
11	折挂区	红黄（色度弱）	7晴4雨 雨量5.6mm	定色末期 干筋期	小
	索挂区	深黄~棕黄（色度中）			
	站立区	深黄~红黄（色度强）			
12	折挂区	深黄~红黄（色度中）	6晴4雨 雨量5.6mm	变黄期 定色期	中
	索挂区	深黄~红黄（色度中）			
	站立区	深黄~红黄（色度中+）			
13	折挂区	深黄~红黄（色度中）	6晴7雨 雨量16.6	变黄期 定色中期 干筋期	中
	索挂区	深黄~红黄（色度中）			

（四）调制温度条件变化情况

1. 晴朗天气调制温度条件变化情况

从图6-14可看出，晴朗天气条件下棚内外温度在同一天中同一时间存在差异，棚内外温度差异从6:00开始逐渐增大，在14:00左右达到最大，之后逐渐减小。方差分析表明：棚内下层温度在6:00与中层无显著差异，但极显著高于上层及棚外温度；中层与上层亦无显著差异，但二者均极显著高于棚外；棚内中、上层温度在8:00无显著差异，但二者极显著高于下层及棚外温度；下层温度亦极显著高于棚外；棚内中、上层温度在11:00无显著差异，但二者极显著高于下层及棚外温度；下层温度显著高于棚外；棚内中、上层温度在 14：00 和 17：00 无显著差异，但二者极显著高于下层及棚外温度；下层及棚外温度之间无显著差异；棚内下层与中层温度在 22：00 无显著差异，但显著高于上层，中层与上层之间无显著差异；棚外温度极显著低于棚内各部位温度。

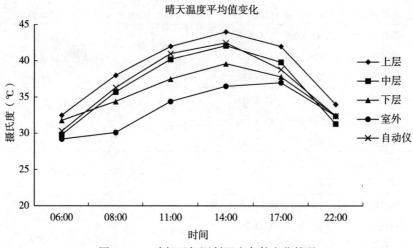

图 6-14　晴朗天气调制温度条件变化情况

2. 阴雨天气调制温度变化情况

在阴雨天的情况下，上层温度一直高于其他位置，但是中下层之间的温度差异很小，而且室外温度一直处于低位状态，且室外和棚内之间差异巨大，不过相比较晴天的温度变化来说，阴雨天气温度变化有着显著的差异见图 6-15。

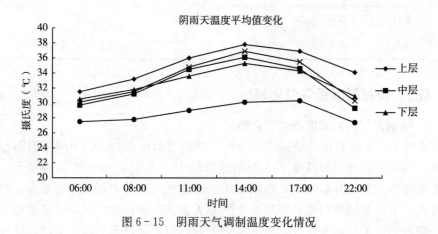

图 6-15　阴雨天气调制温度变化情况

从图 6-14 和图 6-15 可以看出：在炎热的夏季，不论是晴天还是阴雨天，棚内的最高温度时的在 14：00 左右，而棚外则在 17：00 之前，且棚内外最高平均温差可达 8～10℃；最低时也有 1～3℃。

3. 棚内调制其相对湿度变化情况

如图 6-10 所示，在整个试验阶段，正常晴朗天条件下，调制棚内外以及调制棚内不同高度的湿度在一天中的同一时间存在一定的差异。调制棚内外湿度在6：00 达到最大并开始逐步下降，到 14：00 左右达到最低，之后逐步上升。图中曲线表明，棚内外湿度差异从 6：00 开始逐渐增大，在 14：00 左右达到最大，之后逐渐减小。方差分析表明：棚内下层湿度与棚外湿度在 6：00 无显著差异，但二者均极显著大于棚内中层；棚内上层与棚外之间无显著差异但显著低于棚内下层；棚内下层湿度与棚外湿度在 8：00、11：00 均无显著差异，棚内中、上层之间湿度亦无显著差异，但前二者极显著大于后二者；棚内各层湿度在 14：00时极显著小于棚外；棚内中、上层之间无显著差异，但二者极显著低于下层；棚内下层湿度与棚外湿度在 17：00 无显著差异，但极显著大于棚内中、上层；上层湿度显著大于中层；棚外湿度在 22：00 与棚内上层湿度无显著差异，但显著大于棚内下层，极显著大于棚内中层湿度；棚内上层与下层之间湿度差异不显著，中层与下层之间亦无显著差异，但上层极显著大于中层。

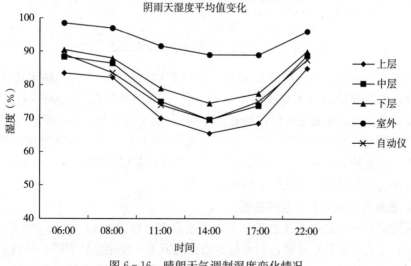

图 6-16　晴朗天气调制湿度变化情况

如图 6-16 所示，晴朗天气大棚内外以及大棚内不同高度的湿度在一天中的同一时间存在一定的差异。大棚内外湿度在 6：00 达到最大并开始逐步下降，在14：00 左右达到最低程度，室外则在 17：00 达到最低，但之后都逐步上升。图中曲线表明，6：00 的湿度高于 22：00。方差分析表明：全天室外湿度一直显著高于室内各个位置的湿度，及时在最低程度也是显著高于其他位置，并且室内中下层之间的湿度相差无几但是都高于上层湿度，在 17：00 点左右有开始逐步上升但相对差异仍然是室外最高，中下层相差不大，上层最小。

如图 6-16 所示，在阴雨情况下，大棚内外湿度在 6：00 达到最大并开始逐步下降，到 14：00 左右达到最低，之后逐步上升。湿度升降趋势与晴天并无差异，但在阴雨天气各时间段湿度变化差异相对于晴天也不太大，且白天棚内的排湿效果明显要高于棚外。并且依旧是室外的湿度大，棚内中下层相差无几，上层最小。

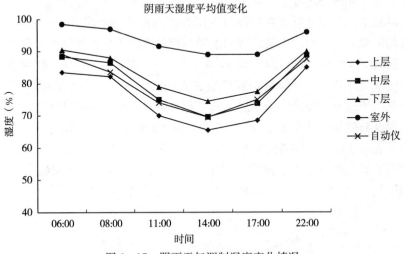

图 6-17　阴雨天气调制湿度变化情况

从图 6-16 和图 6-17 可以看出：在晒黄烟调制期，不论是晴天还是阴雨天，棚内的最低相对湿度时段在 14：00 左右，而棚外则在 14：00~17：00 之间，棚内外的最高相对湿度时段均在 17：00 以后至次日早晨 6：00 之前，且棚内外最高平均相对湿差可达 28%~38%；最低时也有 10%。由此可见，设计适合的专用调制棚，用来进行晒黄烟调制，能增强晒黄烟调制工艺的可控性，对提高晒黄烟的调制质量有较大幅度的保障作用。

4. 各处理区烟叶失水量的关系

不同试验小区的烟叶在上折至下折的过程中，每天在 6：00 和 22：00 对固定样进行 2 次失水称重计量，失水量（重量的减少）变化是呈下降趋势的，并且随着称量次数的增加，下降趋势逐渐平缓。在变黄期中，所有区域失水量下降速度最快，其中站立区下降最早也是最大，折挂区和索挂区几乎可以重合说明两者相差无几，转盘区较之稍慢且平缓，常规区下降程度仅次于站立区，但是其随天气而定，而且又不同程度地吸水；这里有必要加以说明的是：晒黄烟在调制前进行了划筋处理，将完整的主脉用专门的划筋器切划成多条裂缝，破坏了主脉保水能力，与烤烟相比，其变黄期和定色期比烤烟要快要多，也相应抑缓了低温时主脉水分向叶片渗输的速度。在定色期中，各区域下降速度开始减缓，有时各区域的含水量因环境湿度影响还略有回升；干筋后期至下折（调制结束）的这段时间里，各区域的失水量接近于静止。

（五）晒黄烟调制过程中烟相变化描述

晒黄烟在调制过程中烟相变化规律包括 3 个阶段，分别是变黄期、定色期、干筋期。正常天气情况下，下部叶调制所需时间平均为 7d，中部叶需 8d，上部叶为 9d。烟相变化情况如下。

变黄期：调制第 1 天，主脉划口发白、现干，叶缘萎垂、发软；第一天至第二天，叶片凋软、略返青，主脉划口裂开，索挂叶塌肩；第 2~3d，叶片略显黄色、柔软，支脉凋软，主脉青硬，裂口增大。

定色期：第 3 天，叶片变黄 4~6 成，主脉发软，裂口继续增大；第 3~4d，叶尖、叶缘干卷，叶面呈点斑状先干，干处显青红色，支脉返青；第 4 天至第 5d，叶面干块增大，支脉变黄，主脉返青；第 5 天，叶片全干，呈暗红带青，主脉尖（1/4）变黄；第 6 天，叶片由红稍带青变黄，色较暗，主脉缩小、柔软。

干筋期：第 7d，叶片黄色由暗淡变鲜明，带稍深黄色斑点，主脉基本干燥，露出主脉白色肉体；第 8~9d，主脉全干，裂口全部翻卷。

1. 加热对调制棚内温度的影响

随机选取了试验期间在 17：00 采取了加热措施与没有加热措施各 10d 的温度数据进行分析，结果如图 6 - 18 所示，从图中曲线可以看出：与不加热相比，加热可以使棚内平均温度提高 2℃左右。

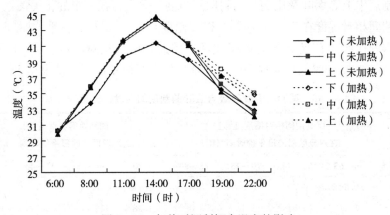

图 6 - 18　加热对调制棚内温度的影响

2. 加热对调制棚内湿度的影响

随机选取了试验期间在 17：00 采取了加热措施与没有加热各 10d 的湿度数据进行分析，结果如图 6 - 19 所示，从图中曲线可以看出：与不加热相比，加热可以使棚内平均湿度降低 8％左右。

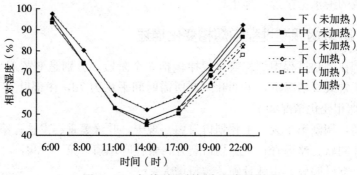

图 6-19 加热对调制棚内湿度的影响

3. 阴雨天调制棚加热对烟叶的影响

连续阴雨天的情况下棚内外温湿度相差很小，有必要对棚内进行辅助加热，弱化不利因素，相对优化棚内温湿度环境，降低调制质量损失。实施过程中，根据气象预报信息，在昼夜温差较大、持续阴雨天气时，关闭棚膜并启用预先安设好的供热设施向棚内进行加热，提高棚内温度。烟叶调制品质与对照相比，在短时间断性阴雨天气内，除对照的烟叶颜色稍变深外，等级质量基本没什么影响；而在阴雨天气持续时间较长的情况下棚内采取升温措施的烟叶等级质量在同部位内比对照明显提高一个等级左右，醌类棕色化反应物质减少，颜色相对要浅，色度较之鲜明。

4. 烟叶等级与烟叶调制期间温度、湿度的关系

调制后中上等烟叶及比例与调制期间温度、湿度存在一定的相关关系，特别是调制期间相对湿度在65%~70%，以及温度在35~40℃的日平均时间对烟叶中上等烟的比例存在极显著的正相关性。因此，延长相对湿度在65%~70%，温度在35~40℃的时间将对提高中上等烟比例有积极的作用，结果见表6-43。

表6-43 调制后烟叶等级与烟叶调制期间温度、湿度的关系

中三与上二及以上比例（%）	调制期间相对湿度（%）在对应区间的日平均时间（h）				调制期间温度（℃）在对应区间的日平均时间（h）			
	60~65	65~70	70~75	75~80	<30	30~35	35~40	>40
34	0.64	0.50	0.86	0.64	1.11	10.71	3.11	9.07
34	1.21	0.54	1.18	0.86	1.68	11.18	3.54	7.61
48	0.88	0.88	1.05	1.93	4.50	9.78	3.55	6.18
50	1.33	0.50	1.17	0.79	1.96	10.75	3.67	7.63
52	1.08	0.85	1.03	1.55	6.20	8.55	3.78	5.48
57	0.97	0.86	0.92	2.00	4.17	9.64	3.78	6.42
67	0.95	0.89	0.89	1.73	3.82	9.80	3.80	6.59

（续）

中三与上二及以上比例（%）	调制期间相对湿度（%）在对应区间的日平均时间（h）				调制期间温度（℃）在对应区间的日平均时间（h）			
	60～65	65～70	70～75	75～80	<30	30～35	35～40	>40
73	0.98	1.00	1.00	1.54	4.12	9.83	3.94	6.12
77	1.32	1.07	1.07	0.82	2.79	10.64	4.00	6.57
78	1.32	1.07	1.07	0.82	2.79	10.64	4.00	6.57
91	1.18	1.07	1.11	0.71	2.79	10.57	4.11	6.54
92	0.91	1.28	1.13	1.84	2.16	10.97	4.19	6.69
相关系数	0.550 7	0.921 7	0.466 8	0.271 7	0.276 4	0.303 8	0.943 5	−0.515 4

注：上表相关系数值表示越接近 1 的，其规律可靠性和可信度越高，否则则相反。

5. 各试验处理烟叶等级质量比较

按湖南省标准对各试验处理烟叶进行等级划分，不同试验处理的中三和上二及以上等级与中四和上三及以下的比例存在差异，其中，中三与上二及以上的比例由大到小的顺序为：索挂区，单折区，转盘区，站立区，对照区，折挂区，详细见表 6-44。

表 6-44 各试验处理烟叶质量比较

试验处理	中三和上二及以上比例（%）	中四与上三及以下比例（%）	中三和上二及以上等级		中四与上三及以下等级	
			5%显著水平	1%显著水平	5%显著水平	1%显著水平
站立区	71.48	28.52	d	D	a	A
转盘区	62.73	37.27	c	C	b	B
折挂区	50.92	49.08	b	B	C	C
索挂区	49.32	50.68	b	B	C	C
对照区	45.18	54.82	a	A	C	C

注：显著水平列标以相同字母表示差异不显著，标以不同字母表示存在相应水平的显著差异。

6. 各试验处理的经济效益分析

试验各处理调制一批烟叶平均用时（d）顺序为：索挂区（9.38）>转盘区（9.00）>站立区（8.67）>对照区（8.60）>折挂区（7.86）；试验各处理平均用时（d）之间无显著差异。试验各处理每平方米可调制折数为（折/m²）为：索挂区（6.67）>折挂区（2.50）>转盘区（2.08）>站立区（1.46）>对照区（1.00），相同面积调制能力最高索挂区为对照区的 11.76 倍，转盘区为 2.30 倍、折挂区为 2.23 倍、站立区为 1.99 倍。按照每个工每天采摘和上折 120～150 之间，调制统一管理，根据劳动强度大小折合到每个处理，按 400 副折调制用工情况为：对照区（5.2）＞站立区（4.4）＞转盘区（3.5）＝折挂区（3.5）＞索挂区（2.7）。根据每批次调制烟叶的等级情况，折算出每50kg的收购效益（含补助），减去劳动用工费用（50元/d），每50kg干烟叶除调制用工后的相对效益为：索挂区（895.81）＞转盘区（858.03）＞折挂区（826.80＞站立区（812.04）＞对照区（786.01）（表6-45）。

表6-45　各试验处理的成本及效益分析

试验处理	每批次烟调叶制平均用时（d）	每平方米可调制折数	每400副折调制劳动用工时间（h）	每50kg烟叶收购效益（元）	每50kg烟叶的相对效益（元）
转盘区	9.00	2.08	3.5	955.16	858.03
折挂区	7.86	2.50	3.5	923.92	826.80
站立区	8.67	1.46	4.4	934.14	812.04
索挂区	9.38	6.67	2.7	970.73	895.81
对照区	8.60	1.00	5.2	930.31	786.01

（六）结论

1. 调制的最佳温度、湿度组合

调制质量等级与调制温度、湿度的组配呈相关性，以相对湿度在65％～70％，温度在35～40℃，为调制的最佳温度、湿度组合。

2. 调制期阴雨天气对烟叶质量的影响性

短时（2d或间断性）阴雨天的出现，对烟叶质量不会有多大影响；定色中后期持续阴雨达2d或以上，会导致对照区烟叶颜色加深；加温后，调制棚内加热后烟叶质量影响相对降低；变黄后期至定色后期持续阴雨超过3d，将影响烟叶的质量，其影响程度随时间的延长而增大。

3. 最佳调制方式

不同调制（处理）方式调制的烟叶外观质量总体情况由优到差的顺序为：站立区相近于转盘区，略优于折挂区，优于索挂区。此外，外观质量与挂放层次数、密度呈负相关。对照区在正常天气下相似于站立区、转盘区，在不利天气下对照区比棚内任意处理的颜色要深。

4. 各处理调制批次用时、调制能力、调制质量与经济效益

①各处理调制一批烟叶平均用时（d）数由多到少的顺序为：索挂区，转盘区，站立区，对照区，折挂区。

②各处理每平方米可调制烟叶数能力由强到弱的顺序为：索挂区，折挂区，转盘区，站立区，对照区；与对照区比较，相同面积调制能力最高的是索挂区，为对照区的11.76倍，转盘区为2.30倍、折挂区为2.23倍、站立区为1.99倍。

③调制用工量由少到多的顺序为：索挂区，折挂区，转盘区，站立区，对照区。

④按照现行的湖南省晒黄烟地方标准及收购价，烟叶质量由优到差的顺序为：站立区，转盘区，折挂区，对照区，索挂区。

⑤索挂区调制占地少，设备成本低，用工少，虽调制后烟叶卷筒，颜色稍深，如工业企业能对该内在质量进行认可，相对效益比较高，此调制方法可值得推广。

第七节　宁乡晒黄烟的调制规程

一、调制棚的建设

调制棚南北两侧膜及棚顶长条形天窗，均安装了卷膜器，可进行任意开关。调制棚规格为 24m×16m，共 384m²；内设 4 个处理单元，每个单元为 12m×8m，每个单元 96m²。棚膜采用长寿无滴膜，可通过侧膜和顶部长条形天窗的开闭进行通风降湿。棚外西端设加热升温煤灶，连接白铁皮输热管，两边对称分布、水平安放在在调制棚内，管下端用石棉布与垫底物隔离（防止向地下传热），距地面 10cm，棚外东端设置拨火排烟烟筒。

二、成熟采收

（一）采收标准

（1）下部叶。叶面茸毛脱落、褪绿转黄，主脉开始变白。

（2）中部叶。叶面茸毛脱落、主体色转为黄色，成熟斑明显，叶耳发黄，主脉和支脉 2/3 变白发亮。

（3）上部叶。叶面主体黄色明显，有突起的黄白色泡状成熟斑，主脉和支脉全白发亮，叶缘下卷，叶耳转黄。

（二）划筋

烟叶采回后，用划筋器将主脉划破，长度为从叶柄到叶尖总长的 3/4～4/5，靠近叶柄一段的主脉较粗，多划几次。用力方法是：从叶尖划向叶柄端时，逐渐加大下压力度，相对保持主脉未划破的厚度一致，使主脉能同时干燥，缩短干筋期（注意：不要划伤叶片，划筋的同时进行烟叶分类）。

（三）烟叶分类

先去掉无调制价值的过熟叶、病叶、生叶；划筋的同时按烟叶部位、成熟度等特征将鲜叶分成3～4类，分堆摆放整齐。确保同折烟叶同质，方便调制操作，提高同折烟叶调制后质量的一致性。

（四）烟叶上折

将一片烟折置于上折架，将主经蒾的青面朝上，将划筋分类后的烟叶叶背朝上，按鱼鳞状摆放在烟折上。同排的叶片不相互遮盖主脉，后一排的烟叶盖住前一排烟叶约1/3长，烟叶将烟折摆满摆匀，四周烟叶可露出烟折边外3～4cm中间不留空隙，以提高烟折利用率。摆满烟叶后，用另一片烟折盖好，将主经蒾的青面朝下，并用4～5根撬棍匀分在烟折上，一正一反将两块烟折锁紧。

由于双层棚调制时，烟叶在变黄期烟折置于底层，湿度较大，以防病菌从伤口侵入而烂烟，所以要对伤口进行消毒，将上好烟叶的烟折搬至当阳坪地，分成若干排列、分别将主脉一侧朝向太阳，利用紫外线照射15min以上，进行主脉伤口消毒，至伤口稍晒干、不流水即可入棚调制。

（五）入棚开晒

1. 单层调制棚烟叶调制工艺操作流程

（1）变黄期当天采叶上折的烟叶15：00点钟后即可入棚进行初晒。避开烈日防止高温杀青，形成篾折青痕或叶片死青。烟折入棚开晒前，将两副烟折组成∧形小棚，∧形小棚成45°夹角站立，烟折棚底不宽于60cm，叶柄朝西，晒叶背，利用侧膜开启和关闭的多少，调节棚内温度和通风量（相对湿度）来控制烟叶失水速度，使烟叶背面划筋口干裂现白、叶面变黄5～6成，翻边晒面进行定色。

（2）定色期翻边晒面进行定色时，两副烟折组成"∧"形小棚，"∧"形小棚成45°夹角站立，烟折棚底不宽于60cm，叶柄朝西，晒叶面，利用侧膜开启和关闭的多少，调节棚内温度和通风量（相对湿度），加快烟叶失水速度，当定色叶面晒至干燥后，将烟折翻边、晒背，进行干筋。

（3）干筋期翻边晒筋时同样要将叶柄朝西，晒叶背，将主脉全部晒至干燥后、残青晒除干净时将烟折运至折烟贮存室内进行下折。翻边晒筋一般选择在午前进行，利用午间温度较高且高温持续时间较长的优势，加快干筋速度。

2. 双层调制棚烟叶调制工艺操作流程

利用上下两层环境差异，分底层变黄、上层定色干筋两层不同采叶日期的烟叶在同一个棚内进行复式调制。原则上要使其两批烟叶的调制质量互相不受影响，均达到应有的最佳品质。

（1）批次采叶的时间间隔原则是：底层烟叶将达变黄末期时，上层烟叶须干筋完毕。前后两批采叶时间相隔一般为3～4d（下中部叶3d、中上部叶4d）如因天气变化而影响，应酌情调整。

（2）双层烟折交替换位方法烟叶调制开始，首批上折烟叶进棚后，变黄期调制方法与单层调制棚烟叶调制工艺操作相同。当该批烟叶至变黄期末需进入定色时，需将本批烟折移至上层，进行定色和干筋，下层进入新采烟折。其新进烟折同样小棚站立，叶柄朝西，但需叶面朝外，先晒叶面。使烟叶正面边失水边变黄。当下层烟叶至变黄期末需进入定色时，先将上层干筋完毕的烟折撤去，将下层烟折移至上层，进行定色和干筋，下层再进入新采烟折。

翻边晒面进行定色时，两副烟折组成 Λ 形小棚，Λ 形小棚成 45°夹角站立，烟折棚底不宽于 60cm，叶柄朝西，晒叶面，利用侧膜开启和关闭的多少，调节棚内温度和通风量（相对湿度），加快烟叶失水速度，当定色叶面晒至干燥后，将烟折翻边、晒背，进行干筋。

翻边晒筋时同样要将叶柄朝西，晒叶背，将主脉全部晒至干燥后、残青晒除干净时将烟折运至折烟贮存室内进行下折。

翻边晒筋一般选择在午前进行，利用午间温度较高且高温持续时间较长的优势，加快干筋速度。

3. 调制技术应用的技巧

晒黄烟调制与烤烟调制最大的区别是没有可靠的环境保障，看天测天采叶、灵活掌握晒烟的技巧尤为重要。

（1）采叶和定色期的天气选择从采叶当日起，第 3～5 天为定色期，需要有较高温度和较低湿度的环境条件来确保烟叶调制质量，所以要把定色期选定在晴天。

（2）调制棚内温湿度调节利用阳光、风量风速对调制棚内温湿度进行调节。调制棚的侧膜可任意定边、定高等多种组合方式进行开启和关闭，用来进行棚内温湿度调节。但必须以不降低烟叶质量为前提，其组合方式、开闭幅度可根据当前烟叶对环境的需要进行操作。

（3）烟叶调制期间各阶段环境控制理论数据参考变黄期前期只要控制叶片温度不超过 39℃、相对湿度不高于 85％时，可关闭侧膜保湿促进变黄；变黄中期温度不超过 41℃、相对湿度不高于 65％时，可开背风的一侧塮保温进行较缓排湿，可促进边干边变黄；在变黄后期可全开背风的一侧、小开或半开当风的一侧，适当保温加大排湿促进失水并充分变黄。

定色期可控制棚内相对湿度在 65％～70％之间、叶片温度不超过 42℃。最大限度地提高棚内温度，也不会影响烟叶质量，还能相对提高烟叶质量和加速定色、缩短调制期（须配备干湿温度计并安放在与烟折顶持平的地方）。

干筋期可最大限度地提高棚内温度，能将相对湿度降至与室外持平为最理想的做法，可以达到最快的干筋速度（但实际中可能要比室外要略高，只有在棚内添加通风设备才有可能做到）。主脉干燥的标准是：清晨能将烟叶主脉折断，烟叶方可下折。

4. 棚膜开启与关闭的操作要求

（1）棚膜开启时间原则是首先满足棚内烟叶当前所需最适温度，继而通过开启的方式，调节至对烟叶品质有利的温湿度环境范围内。

开启时间一般选在晴天 9：00～11：00 之前，采取分次逐步开启的方法（开启后棚内的湿度将有一定幅度的下降而降慢温度上升的速度），在避免温度不够的同时又要防止和高温高湿损坏烟叶。

（2）棚膜关闭时间原则是尽可能维持当天对烟叶品质有利的温湿度环境并延长该状态的时间，降低夜间影响。关闭时间一般选在气温将要下降或离太阳落山前 2h，该时室外的温度较高而湿度较低。采取在短时内分次逐步关闭的方法（因关膜后棚内的温度将有一定幅度的上升）。

（3）操作要求操作时要关注风向，开启通风时要先开启背风的一侧，再开当风的一侧，开启到最大时要注意不超过卷膜设置的高度极限，留出与卡膜槽一定的距离，以免撕破卡膜槽以上的膜边。

在风较大时，当风一侧的开启面不能多于背风的一侧，避免吹倒烟折和吹坏棚膜。

关闭时要先关闭当风的一侧，再关闭背风的一侧，棚内才不会产生旋转风，吹倒烟折和吹损棚膜。

不要在高温时段内使用卷膜器，以免钢管烫坏棚膜；卷膜升降时要正确操作，错误操作和强行使力会减少棚膜和卷膜器的使用寿命。

定色期和干筋期，晴天要将棚膜调节至最佳组合位置，以增强光照和降低湿度，迅速定色、干筋。

棚膜关闭后要用沙袋将四周膜脚靠边压实密封，可延长保温时间、防止潮湿侵入影响烟叶质量。

第七章 晒黄烟分级标准

第一节 烟叶分级的重要性

任何一个烟叶分级标准都是一定历史阶段的产物，反映当时的工农业生产现状。它建立在烟叶的质量观念、农业生产、工业生产及消费者需求的基础上。要了解烟叶的分级标准，进而制定科学合理的分级标准，就要综合考虑这些因素对分级的影响。

烟草是重要的经济作物。其产品烟叶是制烟工业的主要原料，是出口贸易的特殊产品。其副产品亦有多种用途，可制杀虫剂，生产纤维，提取蛋白质烟碱等。卷烟制品与人民生活密切相关，达到了必不可少的程度。烟草又是高税高利作物，在我国的国民经济收入中占有重要的地位。因此必须不断提高烟叶的经济价值。

欲提高烟叶的经济价值，必须提高其品质，而选择优良品种，在气候、土壤、栽培条件适宜的地区种植，采取适宜的栽培措施，并配以理想的调制工艺则是获得优质烟的基础和前提。当然，对已经生产出的优质烟，如不能合理使用也会造成浪费。烟叶质量受品种、土壤、气候、着生部位、栽培措施、烘烤工艺的影响，不同的叶片，无论是外观质量、内在化学成分，还是物理特性都有差异。因此必须从农业生产和经济建设出发，针对某些因素的差异程度和不同性质，进行烟叶的区分归类，按某些外观因素或差异程度制定出等级标准，划分若干等级，以适应农业、工业和对外贸易的需要。

分级的目的是对烟在质量进行优发等级划分，以便充分发挥农业资源的作用，以质论价。而内在质量往往是看不见、摸不着的东西，因而只能通过烟叶所表现出来的外观特征确定烟叶的等级，外观特征往往反映烟叶内在质量的优劣。要做好烟叶商品的统一管理，就必须进行分级，烟叶分级具有下列重要性：

一、有利于合理利用国家资源、充分发挥其资源和经济效益

大田生长的烟叶素质各异，调制后其质量也不同。如不进行分级，优劣混在一起，其使用价值必然降低，质量好的烟叶不能发挥其应有的作用，造成资源浪费。只有按烟叶质量的优劣分清等级才能达到优质优用，劣质低用，使其发挥最

大限度的资源效益和经济效益。

二、满足卷烟工业的需要

烟叶是卷烟工业的主要原料，需经多次加工，科学配方，才能生产出符合消费者要求的、风格不同的卷烟。目前卷烟工业对烟叶的使用以等级为基础，未经分级的烟叶不具备卷烟配方的使用条件。只有经过分级，把不同质量的烟叶区分开来，卷烟工业才能针对各级别烟叶的质量特点，进行科学加工配方，生产出不同类型和不同风格的卷烟，并保持卷烟产品质量的稳定。

三、有利于贯彻以质论价，优质优价的价格政策

不同质量的烟叶具有不同的使用价值，也具有不同的经济价值。只有通过科学分级，才能把不同质量的烟叶区分开，以质论价，优质优价的价格政策才能得到正确的贯彻。

四、有利于促进烟叶生产的发展，提高烟农经济收入

有了科学的分级体系，才能依据以质论价的原则，制定合理的价格政策，利于价值规律的杠杆作用，调动烟农生产优质烟叶的积极性，增加烟农的经济收入，有利于促进"三化"生产水平的提高。同时，分级和价格也为烟农指明了烟叶生产的方向，因此，合理分级有利于促进烟叶生产的发展。

五、有利于商业经营和对外贸易

烟叶分级之后，便于收购部门收购验级、购后复烤、调拨、储运以及各个交接环节的检查验收。外贸部门根据烟叶等级情况承接外商订货，发展对外贸易，为国家积累外汇。

六、合理分级，有利于做好对烟叶副产品的开发利用

目前，烟叶的用途很单一，主要用于制造卷烟。随着人民生活水平的提高，对卷烟产品质量要求越来越高，势必对烟叶质量提出更高的要求，这样就不可避免地造成低质量烟叶过剩，烟农在生产过程中由于技术、自然条件等不同，会生产出卷烟工业不需要的烟叶。通过合理分级，可以加强对这部分烟叶十副产品的开发利用。

第二节　国标的作用及组成

烟叶分级过程实质上是国标的贯彻执行过程。要系统地学好烟叶分级，必须了解国标的作用及组成。国标是一个评定烟叶质量的系统，它作用于烟叶生产至被使用前的全过程。

一、国标的作用

（一）质量导向作用

任何一个国标都体现当时的质量观念，在烤烟标准历史上，15级烤烟国标只能导向烟叶的黄、鲜、净、小、淡、薄。而42级国标相对于国际先进烤烟标准接轨，能够导向国际型的烟叶质量。因为在15级国标中，对高等级的烟叶其外观要求鲜艳、干净，其价格也高，而后来的42级国标却重新规定了高等级烟叶的外观质量。

（二）对烟草农业生产定向栽培的引导作用

国标中体现了当时的烟叶质量观念，对高等级烟叶进行了当时认为较高的规定，且这部分烟叶价格较高，这样，烟农乃至烟草公司就会围绕国标组织生产，以期获得较高的经济效益，无形中，国标就起到了对烟草农业生产定向栽培的引导作用。

（三）对卷烟制品质量的规范作用

国标导向烟叶质量，引导农业生产，奠定了一定历史时期的原料基础，这个原料基础就对卷烟制品质量起到了规范作用。

（四）协调国家、集体、个人三者利益关系的作用

国家通过收购烟叶实现税收，烟草公司通过收购烟叶获得利润，烟农通过交售烟叶获得收益，这些过程均按照国标进行。国标执行的松，在同等质量条件下，烟农收益提高，国家税收增加，烟草公司的经营成本和经营风险提高，给它的经营带来困难；国标执行的严，烟农收入和国家税收减少，烟草公司经营相对容易，但同时会挫伤烟农种植积极性。

（五）连接国际市场的纽带作用

众所周知，ISO是国际标准组织，虽然目前还没有统一的国际烟叶标准，但随着我国加入WTO，如果烟叶标准与国际标准不接轨，等级、符号、标准体

系、质量评价体系就会不同，影响对外交流。历史上的 15 级国标已经证明了这一点，42 级烤烟国标也大量借鉴了国际上先进的烤烟标准。

二、国标的组成

国标由文字标准、实物样品、名词术语、分组、分级因素及档次、验收规格、检验方法、烟叶的包装、运输、保管等主要内容组成。

（一）文字标准

文字标准即国标中对每一个等级所做的文字规定。例如 C1F 成熟度规定成熟；油分多；叶片结构疏松；身份中等；色度浓；叶长≥45cm；残伤≤10%。文字标准是国标的核心，实物样品的制订以文字标准为准。

（二）实物样品

实物样品是按照文字标准而制定的实物标样，它也是国标的重要组成部分。

（三）名词术语

标准中所使用的一切概念、术语均属于国标内容。

（四）分组

分组是分级的前奏，是分级过程中的重要一环，分组属于标准体系的组成部分。

（五）分级因素及档次

国标的重要组成之一是分级因素及档次，它们是界定烟叶等级的重要依据。

（六）验收规格

国标中对水分、纯度允差、砂土率、扎把等指标做出了规定，为确保烟叶商品安全及统一烟叶商品规格，在国标中对验收规格也做出了规定。

（七）检验方法

烟叶的收购及检验目前以感官为主，国标在检验方法中规定了收购、工商交接等烟叶商品流通过程中烟叶的抽取比例，水分、砂土率等标准检验方法。

（八）烟叶的包装、运输、保管

为确保烟叶商品安全，国标中对烟叶的包装、运输、保管都做了具体规定。

第三节 晒黄烟分级技术要求

一、术语和定义

（一）晒黄烟 sun-cured yellow tobacco

烟叶调制以日光照晒为主、调制后呈现深浅不同黄色的烟叶。

（二）折晒 sun-curing with pair of bamboo grates

将采收的烟叶夹在用竹篾等材料编织的烟折内，在阳光照晒下变黄并干燥的调制方法。

（三）索晒 sun-curing with string

将采收的烟叶用绳串起后挂在晒架上，在阳光照晒下变黄并干燥的调制方法。

（四）型 type

把相同的特征和相应的质量、颜色、叶长的晒黄烟划为同一型。

（五）组 group

型的再划分。把相同部位或外观质量特征相近的晒黄烟划为同一组。

1. 正组 positive group
生长发育正常、调制适当的烟叶构成的组别，包括下部组、中部组、上部组。

2. 副组 subgroup
生长发育不良或采收不当或调制失误以及其他原因造成的低质量烟叶构成的组别。

（六）等级 grade

同一组内的烟叶按质量优劣划分成的级别。

（七）部位 position

烟叶在植株上着生的位置。由下而上划分脚叶、下二棚、腰棚、顶叶。

（八）叶片结构 leaf structure

烟叶细胞排列的疏密程度。晒黄烟叶叶片结构分为松、疏松、尚疏松、稍密、密五个档次。

1. 松 porous

细胞排列间隙大，韧性差。泛指脚叶。

2. 疏松 fluffy

细胞排列间隙较大，松弛程度高。多指正常发育的中下部叶。

3. 尚疏松 firm

细胞排列间隙尚大，松弛程度尚高。多指正常发育的中上部叶。

4. 稍密 close

细胞排列间隙较小。多指正常发育的上部叶。

5. 密 tight

细胞间隙小，排列致密，韧性尚好。多指顶叶。

（九）油分 oil

烟叶中的油性物质在烟叶表面的外观特征综合反映。烟叶在适度含水量下，根据感官鉴别有油润枯燥、柔软至硬脆的感觉。晒黄烟叶油分分为多、有、稍有、少4个档次。

1. 多 rich

富油分，表观有油润感。

2. 有 oily

尚有油分，表观尚有油润感。

3. 稍有 slightly

较少油分，表观稍有油润感。

4. 少 lean

缺乏油分，表观无油润感。

（十）身份 body

烟叶厚薄程度、细胞密度或单位面积质量的综合表现，以厚度表示。晒黄烟叶身份分为薄、稍薄、中等、稍厚、厚五个档次。

（十一）颜色 color

烟叶经调制后外观呈现的基本色和非基本色。

（十二）基本色 essential color

发育正常，调制适当的晒黄烟呈现的颜色。包括淡黄、正黄、金黄、深黄、棕黄。

1. 淡黄 light lemon

烟叶表面呈现浅淡的黄色。

2. 正黄 yellow

烟叶表面呈现纯正的黄色。

3. 金黄 bright yellow

烟叶表而呈现以黄色为主，且有明显可见的红色。

4. 深黄 dark yeiiow

烟叶表面呈现较深的黄色，且红色明显。

5. 棕黄 brownish yellow

烟叶表面呈现棕色，且有明显可见的黄色。

（十三）非基本色 blemish

烟叶上出现的基本色以外的其他种颜色。

（十四）光泽 finish

烟叶表面色彩的明亮程度，晒黄烟叶光泽分为亮、中、暗 3 个档次。

1. 亮 clear

颜色均匀，光泽反应强。

2. 中 moderate

颜色较均匀，光泽反应一般。

3. 暗 dingy

颜色不均匀，光泽暗淡。

（十五）长度 length

从叶片主脉柄端至尖端的直线距离，以厘米（cm）表示。

（十六）杂色 variegated

烟叶表面存在非基本色的斑块（青色除外），主要包括由于泅筋、挂灰、潮红、褐片、叶片受污染等造成的斑块。晒黄烟特有的棕黄色斑块（俗称"虎皮斑"）不按杂色处理。

（十七）褐片 dark brown leaf

叶片呈现大面积褐色斑块，光泽暗。

（十八）残伤 waste

叶片受到破坏，受损透过叶背，失去后续加工强度和坚实性的那部分组织，以百分数（％）表示。

（十九）含青度 greenish

烟叶上任何可见的青色面积占整片烟叶的比例，以百分数（％）表示。

（二十）光滑 slick

烟叶组织平滑或僵硬的状态。任何晒黄烟叶片上平滑或僵硬面积达到或超过50％，均列为光滑叶。

（二十一）纯度允差 tolerance of purity

某等级混相邻上、下一级烟叶总和的允许程度，以百分数（％）表示。

（二十二）自然把 crumpled leaf bundle

烟叶调制后自然形态下扎成的把烟。

（二十三）平摊把 fattened leaf bun

烟叶调制后叶片平摊，叶面平展形态下扎成的把烟。

（二十四）非烟物质 non-tobacco related material

混杂在烟叶中肉眼可见的影响卷烟加工和产品质量的物质。

二、分型、分组、分级

（一）型的划分

根据调制后晒黄烟颜色的深浅，将其划分为 Q 型晒黄烟和 S 型晒黄烟。

1. Q 型晒黄烟

即浅色型晒黄烟，多采用折晒的调制方式，调制后颜色以正黄、金黄、深黄为主。

2. S 型晒黄烟

即深色型晒黄烟，多采用索晒的调制方式，调制后颜色以深黄、棕黄为主。

（二）组的划分

根据烟叶着生的部位以及与总体质量密切相关的特征划分为：下部组、中部组、上部组和副组，共 4 组。其部位特征见表 7-1。

表 7 - 1　部位特征

组别	部位	特征		
		脉相	叶形	厚度
下部	脚叶	细平	宽圆，叶尖钝	薄
	下二棚	较细，主脉遮盖	较宽圆，叶尖较钝	稍薄
中部	腰叶	适中，主脉微露	宽，叶尖部较钝	中等
上部	上二棚	较粗，主脉显露	较宽，叶尖部较锐	稍厚
	顶叶	粗，主脉凸出	较窄，叶尖部锐	厚

（三）等级的划分

根据烟叶的颜色、叶片结构、油分、光泽、身份、长度、杂色、残伤含青度等外观质量因素划分为：下部 2 个级，中部 3 个级，上部 3 个级，副组 2 个级，共 10 个级。

三、代号

（一）组别代号

X—下部组；C—中部组；B—上部组；F—副组。

（二）等级代号

下一—X1；下二—X2；中一—C1；中二—C2；中三—C3；上一—B1；上二—B2；上三—B3；副一—F1；副二—F2。

四、技术要求

（一）外观质量因素

1. 品质因素

反映烟叶内在质量的外观因素。包括叶片结构、油分、颜色、光泽、身份、长度。

2. 控制因素

影响烟叶内在质量的外观因素。包括杂色残伤和含青度。

3. 外观因素

外观因素及档次见表 7 - 2。

表 7-2　外观质量因素及其档次

外观质量因素		档次			
		1	2	3	4
品质因素	叶片结构	疏松	尚疏松	稍密	密、松
	油分	多	有	稍有	少
	颜色	金黄	正黄、深黄	淡黄、棕黄	
	光泽	亮	中	暗	
	身份	中等	稍薄、稍厚	薄、厚	
	长度	以厘米（cm）表示			
控制因素	杂色残伤	以百分比（％）控制			
	含青度				

（二）外观质量因素规定

1. Q 型晒黄烟外观质量因素

Q 型晒黄烟各等级的外观质量因素应符合表 7-3 的规定。

表 7-3　Q 型晒黄烟各等级外观质量因素规定

组别	级别	代号	外观质量因素							
			叶片结构	油分	颜色	光泽	身份	长度(cm)	杂色残伤	含青度
正组	下部组 下一	X1	疏松	稍有	正黄、深黄	中	稍薄	30	20	20
	下二	X2	松	少	淡黄、棕黄	暗	薄	25	30	30
	中部组 中一	C1	疏松	多	金黄	亮	中等	45	10	5
	中二	C2	疏松	有	正黄、深黄	亮	中等	40	15	10
	中三	C3	疏松	有	正黄、深黄	中	稍薄	35	20	20
	上部组 上一	B1	尚疏松	多	正黄、深黄	亮	稍厚	45	15	10
	上二	B2	稍密	有	正黄、深黄	中	稍厚	40	20	20
	上三	B3	密	稍有	淡黄、棕黄	暗	厚	30	30	30
副组	副一	F1	稍密	稍有	—	中	稍薄 稍厚	35	40	40
	副二	F2	松、密	少	—	暗	薄、厚	25	50	50

2. S 型晒黄烟外观质量因素

S 型晒黄烟各等级的外观质量因素应符合表 7-4 的规定。

表 7 - 4　S 型晒黄烟各等级外观质量因素规定

组别	级别	代号	外观质量因素							
			叶片结构	油分	颜色	光泽	身份	长度(cm)	杂色残伤	含青度
正组	下部组 下一	X1	疏松	稍有	正黄、深黄	中	稍薄	30	20	20
	下二	X2	松	少	淡黄、棕黄	暗	薄	25	30	30
	中部组 中一	C1	疏松	多	深黄	亮	中等	45	10	5
	中二	C2	疏松	有	深黄	亮	中等	40	15	10
	中三	C3	疏松	有	棕黄	中	稍薄	35	20	20
	上部组 上一	B1	尚疏松	多	深黄	亮	稍厚	45	15	10
	上二	B2	稍密	有	棕黄	中	稍厚	40	20	20
	上三	B3	密	稍有	棕黄	暗	厚	30	30	30
副组	副一	F1	稍密	稍有	—	—	稍薄稍厚	35	40	40
	副二	F2	松、密	少	—	—	薄、厚	25	50	50

（三）小叶品种

小叶品种各等级长度可降低 10cm，其他品质规定参照（2）。

（四）定级原则

烟叶的叶片结构、油分、身份、颜色、光泽、长度均达到某级的规定，杂色残伤、含青度不超过某级允许度时，才定为某级。

（五）最终等级的确定

复检时与已确定之级不符，则原定级无效，以复检结果为准。

（六）特殊情况的处理

（1）当烟叶介于两种颜色的界限上，则视其他质量特征先定色后定级。

（2）当烟叶在两个等级质量界限上，则定较低等级。

（3）假设 B、C 为两相邻等级，B 等级质量优于 C 等级，烟叶品级因素为 B 级，其中一个因素低于 B 级规定则定 C 级；一个或多个因素高于 B 级，仍定 B 级。

（4）中部烟叶品质达不到中部组最低等级质量要求的，允许在下部组定级。

（5）副组一级限于腰叶、上、下二棚部位的烟叶。

（6）光滑叶和褪色叶在副组定级。

（7）每片烟叶的完整度应不低于50%。

（8）烟筋未干或水分超限，砂土率超标的烟叶，不予收购。

（9）青片、糟片、烟杈、霉变、异味等无使用价值的烟叶不予收购。

（七）烟叶的等级纯度允差、自然砂土率和水分

烟叶的等级纯度允差、自然砂土率和水分的规定见表7-5。

表7-5　纯度允差、自然砂土率和水分的规定

级别	砂土百分率（%）	纯度允差（%）	水分百分率（%）
中一（C1）			
中二（C2）	≤1.0		
上一（B1）			
中三（C3）			
上二（B2）			
上三（B3）	≤1.5	≤20	15～18
下一（X1）			
下二（X2）			
副一（F1）	≤2.0		
副二（F2）			

（八）扎把（捆）规定

烟叶可扎成自然把或平摊把，每把20～25片，扎把材料应用同等级烟叶。

扎捆可用细麻绳，在叶基和叶尖1/3处各系一下，扎成8～10kg的烟；把（据）内不得有烟梗烟杈、碎片及非烟物质。

第八章 宁乡晒黄烟工业可用性研究

据中国烟草总公司青州烟草研究所于 1987—1990 年开展的地方晾晒烟的调查研究报告表明，中国地方晾晒烟资源具有潜在的开发优势，晾晒烟中绝大多数可作为混合型卷烟的原料，其中好和较好的样品很多，质量各具特色，风格多样，是发展具有中国特色卷烟的宝贵资源。中国的晒黄烟以广东南雄、湖南宁乡、吉林蛟河、湖北黄冈、江西广丰的品质较好但据笔者 2008—2010 年对全国地方晒晾烟的调查发现，目前中国多数省份地方晒晾烟种植面积逐渐缩小，许多有名的晒晾烟产区已改种烤烟或白肋烟等，部分名优地方晒晾烟已名存实亡。湖南省宁乡县是目前国内少有的几个有规模、有组织生产晒黄烟的地方之一，生产的晒黄烟属淡色晒黄烟，品种为寸三皮。为进一步明确湖南宁乡晒黄烟在卷烟产品中的应用前景，在本研究中将湖南宁乡晒黄烟分别掺配到混合型卷烟、英式烤烟型卷烟和中式烤烟型卷烟中进行应用试验研究，为卷烟企业了解、应用湖南宁乡晒黄烟提供参考依据。

一、材料与方法

（一）试验材料

参试样品为湖南长沙宁乡晒黄烟中二、中三、上二，品种为寸三皮；混合型背景模块 A（混合型卷烟迅牌叶组）、英式烤烟型背景模块 B（出口英式烤烟烟丝"特弗意"叶组）、中式烤烟型背景模块 C（自配）及中式烤烟型背景模块 D（红塔集团某卷烟叶组）。

（二）方法

1. 组配

试验选取混合型背景配方模块 A、英式烤烟型背景模块 B 和中式烤烟型背景模块 C 进行湖南宁乡晒黄烟的配伍性试验。选取中式烤烟型背景模块 D（红塔集团某卷烟叶组）进行湖南晒黄烟与梗丝参配比例试验，采用基于均匀设计原理计算机直接设计方法设计混配试验配方。试验方案见表 8-1 和表 8-2。

表 8-1　不同背景模块与晒黄烟的配伍比例

编号 No.	配方比例（%）Proportion				
	混合型烟丝 A	英式烤烟型烟丝 B	中式烤烟型烟丝 C	晾晒烟中三	晾晒烟上二
对照	100.0			0.0	0.0
XH1	95.0			5.0	5.0
XH2	90.0			10.0	10.0
XH3	80.0			20.0	20.0
XH4	70.0			30.0	30.0
XH5	60.0			40.0	40.0
XH6	50.0			50.0	50.0
XY1		95.0		5.0	5.0
XY2		90.0		10.0	10.0
XY3		80.0		20.0	20.0
XY4		70.0		30.0	30.0
XY5		60.0		40.0	40.0
XY6		50.0		50.0	50.0
XZ1			95.0	5.0	5.0
XZ2			90.0	10.0	10.0
XZ3			80.0	20.0	20.0
XZ4			70.0	30.0	30.0
XZ5			60.0	40.0	40.0
XZ6			50.0	50.0	50.0

注：所列出的是背景模块 A、B、C 3 个叶组在 7 个不同的梯度比例下分别掺配 7 个梯度比例的湖南宁乡晾晒烟中三和湖南宁乡晾晒烟上二，共 6 组 42 个样品的配伍试验配方。

表 8-2　梗丝与晒黄烟参配比例

编号 No.	混配方案与比例（%）		
	D 号叶组 X1	梗丝 X2	晾晒烟中二 X3
N-1 对照	80	20	0
NC1	75	20	5
NC2	70	20	10
NC3	65	20	15
NC4	60	20	20
NC5	65	25	10

（续）

编号	混配方案与比例（%）		
No.	D 号叶组 X1	梗丝 X2	晾晒烟中二 X3
NC6	60	25	15
NC7	55	30	15
NC8	50	30	20

注：所列出的是背景模块 D 叶组在 9 个不同的梯度比例下分别与不同比例的梗丝、湖南宁乡晒晾烟中二的配伍试验配方。

2. 评吸

对配伍试验组配样品烟支进行感官评吸。评吸按本项目自行设计的表格进行评吸打分；梗丝与晒黄烟参配试验样品烟支的评吸按国标 GB5 606.4—2005 进行。

（三）数据处理及建模

项目以混配试验设计中以背景叶组、梗丝、晾晒烟掺配比例数据为自变量，组合样品的品质水平数据为因变量，应用二次多项式逐步回归方法，建立了各组合体与感官香气、总分指标的模型。

二、结果与分析

（一）感官评吸

对湖南宁乡晒黄烟配伍试验及梗丝与湖南宁乡晒黄烟掺配试验的两组样品进行评吸。发现在中式卷烟型烟丝里掺入晒黄烟中三的试验样品较掺入晒黄烟上二的样品评吸结果好，晒黄烟中三掺入量在 10％～20％能增加香气丰满度，增加果香奶甜香，并有生津的效果，整体感觉比对照好；随着晒黄烟比例逐渐增加，香气量及浓度增加，但香气风格改变较大，刺激和劲头增，余味也稍微变差。从初步的试验及评吸结果看，晒黄烟中三样品比晒黄烟上二更易与烤烟香气协调，结果见表 8-3 和表 8-4。

表 8-3　配伍试验评吸结果

样品编号	香型	香气质 (15)	香气量 (15)	杂气 (10)	浓度 (15)	劲头 (10)	刺激性 (10)	余味 (25)	总分
标样 1	混合型	12.3	12.3	7.8	12.3	9.7	7.9	21.4	83.6
标样 2	中式烤烟	12.2	12.1	7.6	12.2	8.8	8.1	21.7	82.7
标样 3	英式烤烟	12.4	12.3	8.1	12.4	7.6	8.3	21.8	82.9
YS01 - XH1	混合型	12.2	12.3	7.7	12.6	7.9	7.5	21.4	81.6
YS01 - XH2		12.4	12.3	7.8	12.4	7.4	7.9	21.6	81.8

（续）

样品编号	香型	香气质 (15)	香气量 (15)	杂气 (10)	浓度 (15)	劲头 (10)	刺激性 (10)	余味 (25)	总分
YS01 – XH3		12.6	12.7	7.9	12.7	8.5	7.8	21.6	83.8
YS01 – XH4		12.4	12.8	7.8	12.7	9.4	7.7	21.6	84.3
YS01 – XH5		12.3	12.8	7.6	12.8	7.8	7.7	21.6	82.6
YS01 – XH6		12.3	12.5	7.8	12.8	7.8	7.6	21.4	82.2
YS01 – XY1	英式	11.9	12.3	7.8	12.6	9.0	7.8	20.3	81.7
YS01 – XY2		11.8	12.3	7.6	12.0	9.3	7.6	21.1	81.7
YS01 – XY3		12.1	12.4	7.8	12.4	9.2	7.6	21.3	82.8
YS01 – XY4		12.2	12.6	7.9	12.5	9.3	7.5	21.2	83.2
YS01 – XY5		12.0	12.3	7.8	12.6	9.2	7.5	21.0	82.4
YS01 – XY6		11.9	12.3	7.8	12.6	9.1	7.6	21.1	82.4
YS02 – XZ1	中式	11.8	12.0	7.6	12.3	9.0	7.6	21.4	81.7
YS02 – XZ2		12.3	12.3	7.8	12.6	9.3	8.5	21.5	84.3
YS02 – XZ3		12.2	12.7	7.8	12.7	8.7	8.4	21.8	84.2
YS02 – XZ4		11.7	12.9	7.5	12.8	7.8	7.3	20.6	80.6
YS02 – XZ5		11.6	12.8	7.3	12.9	8.3	7.6	20.8	81.3
YS02 – XZ6		11.5	12.9	7.4	12.8	8.1	7.5	20.8	81.0
YB02 – XH1	混合型	12.4	12.1	7.8	12.3	8.9	7.7	21.9	83.1
YB02 – XH2		12.2	12.3	7.8	12.5	9.4	7.7	21.6	83.6
YB02 – XH3		12.3	12.6	7.7	12.6	9.3	7.8	21.3	83.7
YB02 – XH4		12.0	12.7	7.7	12.7	9.2	7.7	21.5	83.5
YB02 – XH5		12.4	12.6	7.8	12.6	9.3	7.7	21.3	83.8
YBS02 – XH6		11.8	12.6	7.5	12.7	9.2	7.6	21.3	82.7
YB02 – XY1	英式	12.0	12.5	7.4	12.4	10.0	7.5	21.4	83.1
YB02 – XY2		12.3	12.4	7.8	12.4	9.6	7.8	21.4	83.7
YB02 – XY3		11.9	12.3	7.8	12.6	9.2	7.7	21.4	82.9
YB02 – XY4		12.3	12.3	7.8	12.6	9.2	7.7	21.2	83.1
YB02 – XY5		12.5	12.6	7.9	12.3	10.0	7.7	21.3	84.3
YB02 – XY6		11.6	12.5	7.6	12.5	9.5	7.7	21.1	82.3
YB02 – XZ1	中式	12.0	12.4	7.3	12.3	9.6	7.7	21.3	82.6
YB02 – XZ2		12.3	12.4	7.4	12.2	9.8	7.7	20.6	82.4
YBS02 – XZ3		11.9	12.6	7.6	12.5	9.8	7.6	20.8	82.8
YB02 – XZ4		11.5	12.5	7.6	12.4	10.0	7.6	20.9	82.5
YB02 – XZ5		11.6	12.6	7.5	12.6	9.8	7.5	20.7	82.1
YB02 – XZ6		11.8	12.6	7.5	12.6	9.8	7.5	20.6	82.4

表 8-4 梗丝与晒黄烟参配试验评吸结果

样品号	光泽	香气	谐调	杂气	刺激性	余味	合计
NC1	5.0	28.4	4.6	10.2	17.4	21.3	86.9
NC2	5.0	28.6	4.6	10.3	17.5	21.5	87.5
NC3	5.0	28.7	4.9	10.4	17.6	21.6	88.2
NC4	5.0	28.6	5.0	10.6	17.8	21.8	88.8
NC5	5.0	28.4	4.8	10.1	17.4	21.6	87.4
NC6	5.0	28.5	4.9	10.4	17.4	21.8	88.0
NC7	5.0	27.7	4.7	9.9	16.9	21.3	85.6
NC8	5.0	27.9	4.6	9.9	17.8	21.4	86.6
标样	5.0	28.2	4.8	10.3	17.6	21.6	87.5

晒黄烟中三和上二样品加入英式烤烟型中的两组试验样评吸结果显示能够增加坚果香与可可香气，丰富性也较好，但对余味的影响比较大，带来杂气和苦味，随着掺入量的增加，烟气浓度增加，刺激与劲头也相应加大，而且还带来一些协调上的问题，总体感受较对照稍差。

晒黄烟中三和上二加入混合型中的效果比前两组都好，加入量在10%～30%的样品基本都比对照样香气浓郁，丰富性好，甜韵和坚果香增加，香气量有所提升。刺激稍有增加，余味尚可。其中掺配晒黄烟上二组比掺配晒黄烟中三组的整体效果更佳。

在一定范围内增加梗丝比例的同时适量掺配晒黄烟有较好的增香提质效果，从表8-4可以看出，NC1～NC6的香气比对照样高，而从总分上看NC3、NC4、NC6分别为88.2、88.8、88.0分，均比对照87.5分高。

(二) 模型分析与优化组合

以混配试验设计的背景叶组、梗丝、晾晒烟掺配比例数据建立了各组合体与感官香气、总分指标的模型见表8-5和表8-6。香气与背景叶组、梗丝、晒黄烟掺配的二次多项式逐步方程，P=0.013 3，P<0.050；R=0.997 3接近1，说明模型较可靠；总分与背景叶组、梗丝、晾晒烟掺配的二次多项式逐步方程，P=0.006 8，P<0.050；R=0.998 6接近1，说明模型较可靠。

模型分析和优化组合配比表明，总分指标最高89.047 8时，各个因素的优化组合配比为背景叶组60%、梗丝25%、晒黄烟15%；香气最佳优化组合分28.8时配比为叶组：梗丝：晾晒烟=65%：20%：15%。背景模块D实际的掺梗量为20%，在添加了适宜的宁乡晒黄烟后，梗丝加量从20%提升至25%，利用率提高了25%左右。

表 8-5 香气模型

模型：$Y = 21.9518 + 1.1607X_1 + 53.4464X_2 - 137.1429X_2X_2 - 26.07149X_3X_3 + 45.00009X_2X_3$

$Y' \mid X_1 = 1.1607 + 53.4464X_2 - 137.1429X_2X_2 - 26.0714X_3X_3 + 45.0000X_2X_3$

香气相关系数 r0.9973 偏导数 $Y' \mid X_2 = 1.1607X_1 + 53.4464 - 274.2857X_2 - 26.071429X_3X_3 + 45.0000X_3$

$Y' \mid X_3 = 1.1607X_1 + 53.4464X_2 - 137.1429X_2X_2 - 52.1429X_3 + 45.0000X_2$

74.2667

F 值 $Df = (5, 2)$ 129.4676

P—值 0.0133

Durbin-Watson 统计量 d$d = 2.66865079$

回归模型优化表达式（可修改初始值后再用非线性规划方法进行优化）：

$Y = 21.9519 + 1.1607X_1 + 53.4464X_2 - 137.1429X_2X_2 - 26.0714X_3X_3 + 45.0000X_2X_3$

叶组、梗丝、晾晒烟最佳配比为 65%：20%：15%

表 8-6 总分模型

模型：$Y = 64.7643 + 254.5714X2 - 0.3393X1X1 - 524.6250X2X2 + 8.1964X3X3 - 50.6786X1X2$

$Y' \mid X_1 = 203.8929X_2 - 0.6786X_1 - 524.6250X_2X_2 + 8.1964X_3X_3$

总分相关系数 Y' 0.9986 偏导数 $Y' \mid X_2 = 254.5714 - 0.3393X_1X_1 - 524.6250 \times 2X_2 + 8.1964X_3X_3 - 50.6785X_1$

$Y' \mid X_3 = 254.5714X_2 - 0.3393X_1X_1 - 524.6250X_2X_2 + 16.3929X_3 - 50.6786X_2$

F 值 $Df = (5, 2)$ 146.7556

P—值 0.0068

Durbin-Watson 统计量 d$d = 2.6687$

三、讨论

（1）通过以上的试验及感官评吸结果，认为湖南宁乡晒黄烟在烤烟型卷烟中掺配使用是可行的，特别是对中低档次的卷烟能够较好地提升它们的香气量及香气丰富性，同时所选晒黄烟烟碱和总氮值都不太高，会明显影响产品的劲头。只要掺配量适宜对风格的影响不明显，协调性也很好，相反如果在烤烟型卷烟中晒黄烟的用量比例超过 30% 则会对产品的风格特征有很大改变。可见其在混合型卷烟中的应用效果更佳，用量也可更大些，同时合理掺配晒黄烟可在保质保量的前提下提高梗丝的利用率。

（2）湖南宁乡晒黄烟在混合型卷烟、英式烤烟型卷烟及中式烤烟型卷烟中的配伍试验及梗丝与晒黄烟掺配试验结果表明：①湖南宁乡晒黄烟在混合型卷烟、烤烟型卷烟配方中都可适量配用，感官评吸结果认为可以提高香气丰满度，增加坚果香、奶甜香和烤面包香韵，并有一定的生津效果。②湖南宁乡晒黄烟在中式卷烟中适量应用，在保持原有配方香气质、香气量不降低的基础上可以提高梗丝的利用率，利用率提高了25%。试验研究表明，湖南宁乡晒黄烟在混合型卷烟和烤烟型卷烟中适量掺配，不仅可以起到调香、调味、中和酸碱度和降焦的作用，同时合理配伍还可以提高梗丝利用率，减少烟叶用量，从而降低原料成本。为此认为名优晒晾烟是中国烟草原料中的宝贵资源，可以为发展独具特色的中式卷烟提供广泛的原料资源选择，应该加以更多的扶持开发和应用。

第九章　晒黄烟主要专利技术

第一节　晒黄烟划筋器

一、背景

晒黄烟是一种特殊的烟草类型，在田间种植，成熟采摘后需要及时进行晾晒调制，形成成品，但在调制过程中，由于晒黄烟叶片较大，烟叶的叶脉粗大，在调制过程中，烟叶不易干燥，特别是主脉部分更不容干燥。烟筋的干燥时间要远长于叶片的干燥时间，如果在烟筋不干时将烟叶收存后易造成烟叶霉变，所以农户为了等待将烟筋晒干需将叶片已干燥的烟叶持续地挂在棚内一定时间，但是干燥叶片的烟叶在棚内的挂置时间过长，易造成烟叶颜色变深，等级品质下降。给烟农造成经济损失，所以在传统方式下，烟农一般采用以下的方式对叶脉进行处理，以加速烟叶叶筋的干燥：

烟农在实际操作过程中，会用一定厚度的铁片，在铁片的顶部加工出一定数量的划筋齿，在划筋齿的下方有一定长度的手握部分（图9-1）。烟农用此装置将烟叶的叶筋部分划开，形成若干条状，使叶筋外露的面积增大，加快干燥的速度。但是在使用的过程中存在以下的问题：

①叶脉的大小不等，划筋齿大小、数量相对固定，对烟叶的适应性不强，需要针对不同的烟叶大小制出相应的划筋装置，通用性不强。

②在制造的过程中，为保证制造的精度，需要进行相关夹具的制造或采用线切割的方式，成本较高。

③在使用的过程中，因为保证划筋器的强度，需要一定的厚度，在使用的过程中，易造成划筋器在叶脉上打滑，使用效果较差。

④划筋的深度不好掌握，操作标准化程度不高。

二、实用新型内容

本专利提供一种根据不同的叶脉宽度进行调整划痕数量和划痕深度，且使用过程中不打滑的晒黄烟划筋器。为解决现行划筋器存在的技术问题，本专利提供了一种晒黄烟划筋器，包括划烟器主体，主体由划筋部分与手持部分所组成，其特征在于：主体一端设置划筋部分，另一端设置手持部分，划筋部分末端与手持部分前端连接处设置护套，护套上设置有夹紧调整机构，划筋部分包括划烟筋针以及护叶脉针，划烟筋针数量为多个，且都设置于手持部分前端，多个划烟筋针两侧设置护叶脉针。多个划烟筋针平行设置于手持部分前端，护叶脉针平行对称设置于划烟筋针两端；护叶脉针长度大于划烟筋针长度。

手持部分前端设置有夹针槽，夹针槽内设置划烟筋针与护叶脉针。

划烟筋针数量至少为2个，护叶脉针数量至少为2个。

手持部分形状为圆柱体、长方体中的其中一种。

夹紧调整机构由连接轴与手柄所组成，连接轴为螺栓或铆钉中的其中一种。

连接轴与护套为螺栓连接或铆接。

示意图见图9-2，图9-3。

三、与现有技术相比具有以下有益效果

本实用新型可根据叶脉的大小，在夹针槽内放入不同数量的划烟筋针，同时在针两侧放入各放护叶脉针，其宽度与叶脉的宽度一致，即可进行对叶脉进行划筋处理，同时根据不同的叶脉宽度进行调整划痕数量和划痕深度，且使用过程中不打滑。

四、具体实施方式

本实用新型实施例中的技术方案进行清楚、完整地描述，显然，所描述的实施例仅仅是本实用新型一部分实施例，而不是全部实施例。基于本实用新型中的实施例，本领域普通技术人员在没有做出创造性劳动前提下，所获得的所有其他实施例，都属于本实用新型保护范围。

如图9-1、图9-2和图9-3所示的一种晒黄烟划筋器，包括划烟器主体3，主体3由划筋部分和手持部分7所组成，其特征在于：主体3一端设置划筋部分，另一端设置手持部分7，划筋部分末端与手持部分7前端连接处设置护套5，护套5上设置有夹紧调整机构4，划筋部分7包括划烟筋针6以及护叶脉针8，划烟筋针6数量为多个，且都设置于手持部分7前端，多个划烟筋针6两侧设置护叶脉针8。多个划烟筋针6平行设置于手持部分7前端，护叶脉针8平行对称设置于划烟筋针6两端；护叶脉针8长度大于划烟筋针6长度。手持部分7前端设置有夹针槽9，夹针槽9内设置划烟筋针6与护叶脉针8。划烟筋针6数量至少为2个，护叶脉针8数量至少为2个。手持部分7形状为圆柱体、长方体中的其中一种。夹紧调整机4构由连接轴与手柄所组成，连接轴为螺栓或铆钉中的其中一种。连接轴与护套5为螺栓连接或铆接。

五、附图说明

为了更清楚地说明本实用新型实施例，下面将对实施例中所需要使用的附图做简单的介绍，显而易见地，下面描述中的附图仅仅是本实用新型的一些实施例，对于本领域普通技术人员来讲，在不付出创造性劳动的前提下，还可以根据这些附图获得其他的附图。

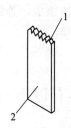

图 9-1　现有技术结构示意图

1. 划筋齿　2. 手握部分

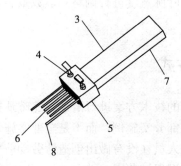

图 9-2　本实用新型结构示意图

3. 划烟器主体　4. 夹紧调整机构　5. 护套　6. 划烟筋针　7. 手持部分　8. 护叶脉针

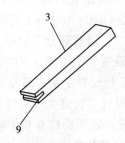

图 9-3　本实用新型中划烟器主体的结构示意图

3. 划烟器主体　9. 夹针槽

第二节　晒黄烟晒制工艺

一、帆式立体晒黄烟调制设施

(一) 背景技术

传统的晒黄烟调制是将成熟后的烟叶破筋后，将其用两烟夹制成约 2 层烟叶的烟簾 (烟筋外露)，烟簾两两相依呈倒 V 型直接放置在空旷的场地上，但是，晒黄烟调制的过程中由于所需要的晒制场地过大，使其难以进行规模化生产，同时烟簾在晒制和收回的过程中需要较多的劳动力，耗时很长；另外，晒黄烟调制过程中受环境的影响较大，如果遇到降雨天气收回不及时，造成淋雨，烟叶的质量就会受到影响，从而降低晒黄烟的使用价值。

(二) 发明内容

本发明是针对现有技术的不足，提供一种占地小、使用高效方便的帆式立体晒黄烟调制设施。帆式立体晒黄烟调制设施包括主体框架，主体框架为长方体结构，由多根脚手架钢管通过脚手架紧固件固定围成，主体框架外侧设有遮雨棚和防雨帘，主体框架的顶端和底端分别纵向设有上导轨和下导轨；上导轨上设有左右对称的上伸缩装置，且左右对称的上伸缩装置之间通过烟簾悬挂装置连接；下导轨上设有左右对称的下伸缩装置；上伸缩装置与下伸缩装置分别通过钢丝绳与牵引装置相连。上伸缩装置包括第一承重轴和设置在第一承重轴两端的上伸缩架和滚轮，滚轮位于上导轨上。下导轨包括对称设置在上伸缩装置下方的左导轨架和右导轨架，左导轨架和右导轨架为脚手架钢管通过螺栓固定连接的长方体框架，左导轨架和右导轨架的两端分别通过脚手架紧固件固定在主体框架上，左导轨架和右导轨架上对称设有下伸缩装置。下伸缩装置包括下伸缩架、第二承重轴及滚轮，第二承重轴穿过下伸缩架，第二承重轴的两端设有滚轮，滚轮位于左导轨架或右导轨架上。第一承重轴、第二承重轴与滚轮的连接端分别开设有卡槽，卡槽内设有卡簧，第一承重轴、第二承重轴通过卡槽内的卡簧分别与滚轮卡接。上伸缩架和下伸缩架结构相同，为多根固定杆螺栓连接成的菱形支架，相邻菱形支架之间开设安装孔，相邻菱形支架的安装孔内穿过第一承重轴或第二承重轴，上伸缩架的对称菱形支架之间连接有烟簾悬挂装置。烟簾悬挂装置对应上伸缩架中第一承重轴的个数包括多个悬挂单元，悬挂单元包括悬挂承重杆、滑轮、拉绳及挂钩，悬挂承重杆横向设置，悬挂承重杆的两端设置在上伸缩架的安装孔内，悬挂承重杆下方固定设有两个滑轮，拉绳穿过上述两个滑轮，拉绳的两头对称设有多个挂钩，挂钩与挂烟簾上的烟簾挂钩配合挂接，且相邻挂钩的距离等于挂烟簾的宽度。牵引装置包括设置在主体框架底端两侧的齿盘、连接两侧齿盘的链条、及设置在主体框架顶端两侧的导向轮，链条上固定连接有四根钢丝绳，四根钢丝绳分别绕过导向轮固定在上伸缩架、下伸缩架最前端的第一承重轴、第二承重轴上。防雨帘的顶部设置主体框架的顶端，且遮挡了遮雨棚的整个出口，防雨帘的底边粘接有钢管，钢管的两端分别固定有升降拉绳，升降拉绳穿过上伸缩架最前端的第一承重轴后自然下垂。遮雨棚通过遮雨棚支撑架覆盖在主体框架外侧，且遮雨棚为透明材质（图9-4，图9-5，图9-6）。

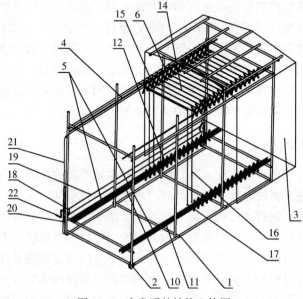

图9-4　本发明的结构立体图

1.主体框架　2.脚手架紧固件　3.遮雨棚　4.上导轨　5.下导轨　6.上伸缩装置　10.左导轨架　11.右导轨架　12.下伸缩装置　14.悬挂承重杆　15.滑轮　16.拉绳　17.挂钩　18.齿盘　19.链条　20.导向轮　21.钢丝绳　22.手柄

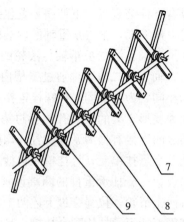

图9-5　本发明的上伸缩装置的局部放大图

7.上伸缩架　8.第一承重轴　9.滚轮

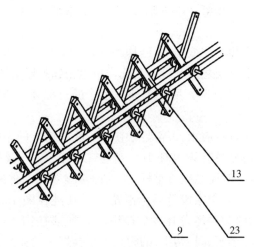

图 9-6　本发明的下伸缩装置的局部放大图
9. 滚轮　13. 下伸缩架　23. 第二承重轴

（三）具体实施方式

下面结合附图对本发明的帆式立体晒黄烟调制设施作以下详细地说明。

其中，在图 9-4 中，未画出防雨帘，与防雨帘相应的钢管和升降拉绳也未画出。

如附图 9-6 所示，本发明的帆式立体晒黄烟调制设施，包括主体框架 1，所述主体框架 1 为长方体结构，由多根脚手架钢管通过脚手架紧固件 2 固定围成。所述主体框架 1 外侧设有遮雨棚 3 和防雨帘，所述主体框架 1 的顶端和底端分别纵向设有上导轨 4 和下导轨 5；所述上导轨 4 上设有左右对称的上伸缩装置 6，且所述左右对称的上伸缩装置 6 之间通过烟簾悬挂装置连接；所述下导轨 5 上设有左右对称的下伸缩装置 12；所述上伸缩装置 6 与下伸缩装置 12 分别通过钢丝绳 21 与牵引装置相连。

所述上伸缩装置 6 包括第一承重轴 8 和设置在第一承重轴 8 两端的上伸缩架 7 和滚轮 9，所述滚轮 9 位于上导轨 4 上。

所述下导轨 5 包括对称设置在上伸缩装置 6 下方的左导轨架 10 和右导轨架 11，所述左导轨架 10 和右导轨架 11 为脚手架钢管通过螺栓固定连接的长方体框架，所述左导轨架 10 和右导轨架 11 的两端分别通过脚手架紧固件 2 固定在主体框架 1 上，所述左导轨架 10 和右导轨架 11 上对称设有下伸缩装置 12。

所述下伸缩装置 12 包括下伸缩架 13、第二承重轴 23 及滚轮 9，所述第二承重轴 23 的两端设有滚轮 9，所述第二承重轴 23 的中间穿过下伸缩架 13，所述第二承重轴 23 两端的滚轮 9 位于左导轨架 10 或右导轨架 11 上。

所述第一承重轴 8、第二承重轴 23 与滚轮 9 的连接端分别开设有卡槽，所述卡槽内设有卡簧，所述第一承重轴 8、第二承重轴 23 通过卡槽内的卡簧分别与滚轮 9 卡接。

所述上伸缩架 7 和下伸缩架 13 结构相同，为多根固定杆螺栓连接成的菱形支架，所述相邻菱形支架之间开设安装孔，所述相邻菱形支架的安装孔内穿过第一承重轴 8 或第二承重轴 23，所述上伸缩架 7 的对称菱形支架之间连接有烟簾悬挂装置。

所述烟簾悬挂装置对应上伸缩架 7 中第一承重轴 8 的个数包括多个悬挂单元，所述悬挂单元包括悬挂承重杆 14、滑轮 15、拉绳 16 及挂钩 17，所述悬挂承重杆 14 横向设置，所述悬挂承重杆 14 的两端设置在上伸缩架 7 的安装孔内，所述悬挂承重杆 14 下方固定设有两个滑轮 15，所述拉绳 16 穿过上述两个滑轮 15，所述拉绳 16 的两头对称设有多个挂钩 17，所述挂钩 17 与挂烟簾上的烟簾挂钩配合挂接，且所述相邻挂钩 17 的距离等于挂烟簾的宽度。

所述牵引装置包括设置在主体框架 1 底端两侧的齿盘 18、连接两侧齿盘 18 的链条 19、及设置在主体框架 1 顶端两侧的导向轮 20，所述链条 19 上固定连接有四根钢丝绳 21，所述的四根钢丝绳 21 分别绕过导向轮 20 固定在上伸缩架 7、下伸缩架 13 最前端的第一承重轴 8、第二承重轴 23 上。

所述防雨帘的顶部设置主体框架 1 的顶端，且遮挡了遮雨棚 3 的整个出口，所述防雨帘的底边粘接有钢管，所述钢管的两端分别固定有升降拉绳，所述升降拉绳穿过上伸缩架 7 最前端的第一承重轴 8 后自然下垂。

所述遮雨棚 3 通过遮雨棚支撑架覆盖在主体框架 1 外侧，且遮雨棚 3 为透明材质。

由于本发明占地面积小，使用方便，有效缓解了晒制场地的紧缺问题，为晒黄烟的规模化生产做好了前提工作。使用过程中，可以根据具体的天气变化，通过操作牵引装置对上伸缩装置 6 和下伸缩装置 12 进行调节，从而将烟簾悬挂装置从遮雨棚 3 中移进移出，并对烟簾的距离进行适当改变，节省了人力，降低了劳动强度，提高了晒制效率，同时，还有效地提高了晒制质量，降低了由于不良天气带来的损耗。

本发明的帆式立体晒黄烟调制设施其加工制作简单方便，按说明书附图所示加工制作即可。

除说明书所述的技术特征外，均为本专业技术人员的已知技术。

（四）所产生的有益效果

设计合理，操作方便，牵引装置通过钢丝绳对上、下伸缩装置进行调节，从而对晒黄烟调制的不同时期进行相应的间距调节，改善晒制质量，降低有不良天气带来的损耗；能缩减晒黄烟调制过程中所需要的场地，降低劳动强度，提高晒制效率，实现规模化生产。

二、晒黄烟烟叶捂黄工艺和调制加工方法

（一）背景技术

晒黄烟在我国有着悠久的种植和应用历史，其具有色泽鲜黄、叶片醇厚、油分足、评吸劲头适中、香气量大、燃烧性强、烟灰白色等特点。由于晾晒烟是我国中式卷烟的重要原料，而卷烟中添加晒黄烟不仅可以降低卷烟焦油含量而且可以增加烟支烟味浓度、劲头和香气，因此，随着消费者健康意识的增强和卷烟降焦压力的增大，卷烟工业对晒黄烟的需求越来越大。

传统晒黄烟的晒制过程是在外界环境中进行的，主要是利用外界光、热等自然资源，协调烟叶的失水速率与颜色变化，从而使烟叶中的化学成分向有利的方向转化。其步骤包括：①制造长 1.8～2.2m，宽 0.6～0.8m 的长方形烟夹，在烟夹的同一长边的两个顶点安装挂钩，将烟叶平铺固定在烟夹上；②制备长方体形状的晒制架，将多片烟夹同时通过挂钩挂在晒制架上进行晒制，在晒制架的一端设置覆膜用作遮雨；③调整烟夹在晒制架上的位置，使烟叶晾晒结合。

通过挂晒使得同等数量的烟叶晒制占用面积大大减少，单个劳动力所管理的烟夹数量增加，在下雨时，只需将烟夹推入晒制架一端覆膜构建的遮雨棚中，处理速度较快，然而，由于其仅进行了晾晒处理，未进行捂黄工艺对光照时间和气象条件要求较高。

目前主要是采用笆晒和棚晒两种捂黄调制方法对晒黄烟进行加工，这两种调制方法烟叶外观质量差异小。由于棚晒和笆晒烟叶的变色、干燥速度均较快，晒制历时短，晒制后烟叶外观质量较好，平均单叶质量较重，化学成分比例较协调，感官质量较优，然而上述加工方法对晒制场地面积要求较高，且竹笆子和棚的成本高，晒制过程操作管理繁杂费工，同时常规的露天晒制方式受天气影响较大，连续的阴雨天气会使烟叶无法正常调制而沤坏发霉，直接影响烟叶的质量。

（二）发明内容

为解决当前晒制过程存在的技术问题，本发明提供了一种晒黄烟烟叶调制加工方法，通过对田间采收的晒黄烟烟叶进行捂黄处理，使烟叶外观性状和内在化学成分向有利于烟叶品质的方向转化，满足了卷烟工业对晒黄烟烟叶原料的需求。

（三）技术方案

本发明提供了一种晒黄烟烟叶捂黄工艺，所述工艺包括：利用麻袋片作为隔层对采收的烟叶进行捂黄处理。利用麻袋片将采收的烟叶进行隔开，以烟叶—麻

袋片或麻袋片—烟叶作为重复单元，该重复单元意指：先铺设烟叶层，再在其上设置麻袋片构成烟叶—麻袋片重复单元，或者先铺设麻袋片，再在其上设置烟叶层构成麻袋片—烟叶重复单元。可以分别采用烟叶—麻袋片或麻袋片—烟叶作为重复单元，也可采用将其组合的设计，具体地可采用烟叶—麻袋片—烟叶—麻袋片这样的循环设计，或者采用麻袋片—烟叶—麻袋片—烟叶这样的循环设计，也可以采用麻袋片—烟叶—麻袋片—烟叶—麻袋片这样的循环设计。发明中所提及的晒黄烟烟叶品种主要来自于：晒 92 414、青梗、泉烟、凤凰黄烟。麻袋片可以采用：1.1m×1.3m 的烟包麻布片，厚度为 0.4cm，也可采用回收的旧麻布片，但是烟叶捂黄过程中用的麻布片必须要干燥的。麻袋片作为隔层对采收的烟叶进行捂黄处理，其相比现有技术，优势主要体现在：麻袋片可以吸收烟堆中的水分，不会使烟堆中水分过高，烟叶发生霉变。用麻袋片隔开烟叶可以使烟堆中水分和温度均匀，有利于烟叶中化学成分的转化。捂黄处理是将采收的烟叶分层放置，每层烟叶用 3～5 层麻袋片隔开，堆放 4～5 层烟叶。捂黄处理是采用了一种立体设计，其主要是将采收的烟叶分层放置，例如将 20～30 片烟叶设置为一层，每层的厚度大约在 15～20cm，在进行堆置时，可以堆放 4～5 层烟叶，或者更多层烟叶，例如 6 层、7 层或 8 层等，然而，烟叶堆置的高度不宜过高，优选控制在 4～5 层，即总高度控制在 0.8～1.0m，如果堆置超过这个高度的话，会使堆内的温度过高，烟叶发生霉变，从而无法保证晒黄烟烟叶品质。

每层烟叶进行间隔时，麻袋片的层数需控制在 3～5 层，即间隔层麻袋片的厚度大约在 1.0～1.5cm。当麻袋片超过该厚度时，会导致烟堆内温湿度不均一，烟叶变黄程度和物质转化程度不均一，而若将麻袋片设置过薄，例如仅采用 1～2 层，厚度在 0.3～0.6cm 时，将会使烟堆内的温湿度过高，烟叶发生霉变。

特对烟叶和麻袋片的厚度进行了创造性的设计，通过控制总厚度以及各层厚度，实现了对堆内温度的有效控制，并有效避免了烟叶发生霉变，使烟叶外观性状和内在化学成分向有利于烟叶品质的方向转化，满足了卷烟工业对晒黄烟烟叶原料的需求。捂黄工艺中，优选采用在采收的烟叶底层和顶层均放置 1～3 层麻袋片，即在具体堆放时，先铺设 1～3 层麻袋片，然后在其上堆置烟叶，再放置麻袋片，如此重复，当最顶层是烟叶时，还需在其上放置 1～3 层麻袋片。

在采收的烟叶底层和顶层均放置麻袋片，主要是考虑烟叶受到地面温度和空气湿度的影响较大，在烟叶底层和顶层放置麻袋片可以减少环境对烟叶捂黄过程的影响。

在捂黄工艺中，采收的烟叶以 20～30 片烟叶为一层，例如以 20 片烟叶为一层、以 21 片烟叶为一层、以 22 片烟叶为一层、以 23 片烟叶为一层、以 24 片烟叶为一层、以 25 片烟叶为一层、以 26 片烟叶为一层、以 27 片烟叶为一层、以 28 片烟叶为一层、以 29 片烟叶为一层或以 30 片烟叶为一层，优选是以 24～26

片烟叶为一层，其优势主要有每层烟叶厚度在该范围内时，烟叶的捂黄效果更好，变黄程度更加均一。在捂黄工艺中，所述采收的烟叶为适熟至完熟时期任意成熟度的烟叶。所谓适熟至完熟时期任意成熟度的烟叶意指烟叶落黄8～9成，主脉发白变亮，支脉退青转白，烟叶表面茸毛部分或大部分脱落，达到工艺成熟标准。在捂黄工艺中，所述采收的烟叶为烟株主茎上的上部叶、中部叶、下部叶或其混合物，例如可以采用烟株主茎上的上部叶、中部叶或下部叶中的任意部分，或者采用烟株主茎上的上部叶和中部叶，或者采用烟株主茎上的上部叶和下部叶，或者采用烟株主茎上的中部叶和下部叶，或者采用烟株主茎上的上部叶、中部叶和下部叶，在此不做特殊限定。

（四）晒黄烟烟叶调制加工方法步骤

采收烟叶；利用麻袋片作为隔层对采收的烟叶进行捂黄处理；对捂黄处理的烟叶进行去筋和切丝；对切丝后的烟丝进行晒制。

采收烟叶：烟叶为适熟至完熟时期任意成熟度的烟叶，捂黄处理是将采收的烟叶分层放置，每层烟叶用3～5层麻袋片隔开，堆放4～5层烟叶，该处理与本发明第一方面所述捂黄处理是相同的。在进行捂黄处理是，需要定期检查堆内烟叶的温湿度，其中对于湿度，应控制在80％～90％。

利用麻袋片作为隔层对采收的烟叶进行捂黄处理：利用麻袋片作为隔层对采收的烟叶进行捂黄处理；烟叶的底层和顶层均放置1～3层麻袋片，该处理与本发明第一方面所述捂黄处理是相同的。采收的烟叶以20～30片烟叶为一层，该处理同本发明第一方面所述的捂黄处理，在此不做赘述。捂黄处理的过程包括捂黄升温阶段和捂黄变黄阶段。捂黄升温阶段为：将烟堆密闭保温捂黄，利用烟叶捂黄产生的热量，使烟堆温度由环境温度升至31～37℃，这个阶段的时间为1～2d。捂黄变黄阶段为：调整烟堆通风排湿，以将烟堆温度控制在32～40℃，使烟叶变黄程度达到90％～100％，这个阶段的时间为1～2d。采用的调整烟堆通风排湿主要是利用翻堆来控制的。捂黄处理的总时间，包括捂黄升温阶段和捂黄变黄阶段，为3～4d。

通过采用上述捂黄工艺，使得捂黄处理的总时间控制在了3～4d以内，其调制时间如此之短，有效解决了调制时需要大面积晒场的问题，同时，解决了天气原因无法晒烟的窘境，无需等到有连续的晴天来调制，只要中间有1d晴天就可以进行，因此，大大缩短了调制周期，提高了烟叶的调制效率，节约了人力、物力，降低了生产成本。

捂黄处理场所可设置在露天晒场或日光温室大棚中。捂黄变黄程度达到90％～100％的烟叶进行去筋和切丝处理，该处理可大大缩短烟丝干燥的时间，使烟叶干燥至含水率为12％～18％，得到外观呈柠檬黄、桔黄、棕黄或黄棕色，具有典型晒黄烟香气风格的烟叶调制产品。

对切丝后的烟丝进行晒制：所述晒制的方式为太阳能干燥法、人工辅助干燥法（浴霸、烘干），或其混合，例如可以采用太阳能干燥法、人工辅助干燥法（浴霸、烘干）中的任意一种，也可以采用太阳能干燥法、人工辅助干燥法（浴霸、烘干）的组合晒制，在此不做特殊限定。晒制的场所设置在露天晒场或日光温室大棚中。调制加工方法制得的晒黄烟烟叶，其晒黄烟具有色泽鲜黄、叶片醇厚、油分足、评吸劲头适中、香气量大、燃烧性强、烟灰白色等特点。

（五）具体实施方式

1. 实施例 1

一种晒黄烟烟叶捂黄工艺，所述工艺包括：

先在底层铺设 2 层麻袋片，然后将 26 片晒黄烟烟叶作为烟叶层放置在该麻袋片上，共堆放 4 层烟叶，每层烟叶用 3 层麻袋片隔开（即间隔层），最上层的烟叶用 2 层麻袋片覆盖。

晒黄烟烟叶来自于晒 92 414 品种，每层麻袋片的厚度为 0.4cm，间隔层麻袋片的厚度为 1.2cm，每层烟叶厚度为 20cm，整个堆置的高度为 85.2cm。

捂黄的工艺条件为：

捂黄升温阶段：烟叶堆放 1d 后，烟堆由环境温度升高到 38℃；捂黄变黄阶段：时常检查烟堆温湿度，将烟堆温度控制在 38℃，2d 后烟叶的变黄程度达到 100％

2. 实施例 2

一种晒黄烟烟叶捂黄工艺，所述工艺包括：

先在底层铺设 1 层麻袋片，然后将 26 片晒黄烟烟叶作为烟叶层放置在该麻袋片上，共堆放 4 层烟叶，每层烟叶用 4 层麻袋片隔开（即间隔层），最上层的烟叶用 1 层麻袋片覆盖。

晒黄烟烟叶来自于青梗品种，每层麻袋片的厚度为 0.3cm，间隔层麻袋片的厚度为 1.2cm，每层烟叶的厚度为 20cm，整个堆置的高度为 84.2cm。

捂黄的工艺条件为：

捂黄升温阶段：烟叶堆放 1d 后，烟堆由环境温度升高到 38℃；捂黄变黄阶段：时常检查烟堆温湿度，将烟堆温度控制在 40℃，3d 后烟叶的变黄程度达到 99％。

3. 实施例 3

一种晒黄烟烟叶捂黄工艺，所述工艺包括：

先在底层铺设 3 层麻袋片，然后将 24 片晒黄烟烟叶作为烟叶层放置在该麻袋片上，共堆放 5 层烟叶，每层烟叶用 5 层麻袋片隔开，最上层的烟叶用 3 层麻袋片覆盖。

晒黄烟烟叶来自于泉烟品种，每层麻袋片的厚度为 0.3cm，间隔层麻袋片的厚度为 1.5cm，每层烟叶的厚度为 18cm，整个堆置的高度为 97.8cm。

捂黄的工艺条件为：

捂黄升温阶段：烟叶堆放 2d 后，烟堆由环境温度升高到 38℃；捂黄变黄阶段：时常检查烟堆温湿度，将烟堆温度控制在 39℃，2d 后烟叶的变黄程度达到 98％

4. 实施例 4

一种晒黄烟烟叶捂黄工艺，所述工艺包括：

先在底层铺设 2 层麻袋片，然后将 30 片晒黄烟烟叶作为烟叶层放置在该麻袋片上，共堆放 4 层烟叶，每层烟叶用 4 层麻袋片隔开（即间隔层），最上层的烟叶用 3 层麻袋片覆盖。

晒黄烟烟叶来自于凤凰黄烟品种，每层麻袋片的厚度为 0.3cm，间隔层麻袋片的厚度为 1.2cm，每层烟叶的厚度为 20cm，整个堆置的高度为 85.1cm。

捂黄的工艺条件为：

捂黄升温阶段：烟叶堆放 2d 后，烟堆由环境温度升高到 38℃；捂黄变黄阶段：时常检查烟堆温湿度，将烟堆温度控制在 40℃，2d 后烟叶的变黄程度达到 95％。

5. 实施例 5

一种晒黄烟烟叶捂黄工艺，所述工艺包括：

先在底层铺设 1 层麻袋片，然后将 28 片晒黄烟烟叶作为烟叶层放置在该麻袋片上，共堆放 5 层烟叶，每层烟叶用 5 层麻袋片隔开，最上层的烟叶用 3 层麻袋片覆盖。

晒黄烟烟叶来自于寸三皮品种，每层麻袋片的厚度为 0.3cm，间隔层麻袋片的厚度为 1.5cm，每层烟叶的厚度为 23cm，整个堆置的高度为 1.22m。

捂黄的工艺条件为：

捂黄升温阶段：烟叶堆放 1d 后，烟堆由环境温度升高到 38℃；捂黄变黄阶段：时常检查烟堆温湿度，将烟堆温度控制在 40℃，3d 后烟叶的变黄程度达到 92％。

6. 实施例 6

一种晒黄烟烟叶调制加工方法，所述方法包括如下步骤：

①采收晒 92 414 成熟度达到完熟的烟叶。

②采用实施例 1 的捂黄工艺进行捂黄处理。

③对捂黄处理的烟叶进行去筋和切丝。

④采用晾晒干燥法对切丝后的烟丝进行晒制。

将变黄程度 90％的烟叶去筋切丝，将烟丝置于晒场上晒制，得到含水率在 12％～18％的以柠檬黄为主的，具有香气质好、香气量充足、刺激性中等、余味纯净的烟叶样品。

7. 实施例 7

一种晒黄烟烟叶调制加工方法，所述方法包括如下步骤：

①采收青梗成熟度达到完熟的烟叶。

②采用实施例 2 的捂黄工艺进行捂黄处理。

③对捂黄处理的烟叶进行去筋和切丝。

④采用晾晒干燥法对切丝后的烟丝进行晒制。

将变黄程度 90％的烟叶去筋切丝，将烟丝置于晒场上晒制，得到含水率在 12％～18％的以柠檬黄为主的，具有香气质好、香气量充足、刺激性中等、余味纯净的烟叶样品。

8. 实施例 8

一种晒黄烟烟叶调制加工方法，所述方法包括如下步骤：

①采收泉烟成熟度达到完熟的烟叶。

②采用实施例 3 的捂黄工艺进行捂黄处理。

③对捂黄处理的烟叶进行去筋和切丝。

④采用晾晒干燥法对切丝后的烟丝进行晒制。

将变黄程度 90％的烟叶去筋切丝，将烟丝置于晒场上晒制，得到含水率在 12％～18％的以柠檬黄为主的，具有香气质好、香气量充足、刺激性中等、余味纯净的烟叶样品。

9. 实施例 9

一种晒黄烟烟叶调制加工方法，所述方法包括如下步骤：

①采收凤凰黄烟成熟度达到适熟的烟叶。

②采用实施例 4 的捂黄工艺进行捂黄处理。

③对捂黄处理的烟叶进行去筋和切丝。

④采用晾晒干燥法对切丝后的烟丝进行晒制。

将变黄程度 90％的烟叶去筋切丝，将烟丝置于晒场上晒制，得到含水率在 12％～18％的以柠檬黄为主的，具有香气质好、香气量充足、刺激性中等、余味纯净的烟叶样品。

10. 实施例 10

一种晒黄烟烟叶调制加工方法，所述方法包括如下步骤：

①采收寸三皮成熟度达到完熟的烟叶。

②采用实施例 5 的捂黄工艺进行捂黄处理。

③对捂黄处理的烟叶进行去筋和切丝。

④采用晾晒干燥法对切丝后的烟丝进行晒制。

将变黄程度 90％的烟叶去筋切丝，将烟丝置于晒场上晒制，得到含水率在 12％～18％的以柠檬黄为主的，具有香气质好、香气量充足、刺激性中等、余味纯净的烟叶样品。

通过上述实施例可以看出，通过采用本发明的捂黄处理以及烟叶调制加工方法，其使烟叶外观性状和内在化学成分向有利于烟叶品质的方向转化，满足了卷烟工业对晒黄烟烟叶原料的需求，提高了晒黄烟烟叶品质，降低了卷烟焦油含量，并增加了烟支烟味浓度、劲头和香气。

（六）与现有技术相比，本发明至少具有以下有益效果

①本发明通过利用麻袋片作为隔层对采收的烟叶进行捂黄处理，使得捂黄处理的总时间控制在3～4d，其调制时间如此之短，有效解决了调制时需要大面积晒场的问题，而且，解决了天气原因无法晒烟的窘境，无需等到有连续的晴天来调制，只要中间有一天晴天就可以进行，因此，大大缩短了调制周期，提高了烟叶的调制效率，并大大节约了人力、物力，降低了生产成本；

②本发明通过对田间采收的晒黄烟烟叶进行捂黄处理，使烟叶外观性状和内在化学成分向有利于烟叶品质的方向转化，满足了卷烟工业对晒黄烟烟叶原料的需求；

本发明通过对捂黄处理的烟叶进行去筋和切丝，缩短了烟丝的晒制时间。

三、晒黄烟的二段式调制方法

（一）背景技术

晒黄烟是我国重要的烟叶类型之一，具有广泛的种植基础，国家烟草专卖局名优晾晒烟名录中重要的烟草资源，传统的晒黄烟调制方法分为：折晒和索晒，都是以太阳晒制为主，使其失去水分，变黄变干，再加以分级使用。但这种以太阳能为主的技术，容易受到天气的影响，在阴雨天气无法顺利调制而造成晒黄烟品质下降甚至霉变、腐烂，或者因太阳光线强度不够而产生青筋、青片等品质下降的问题，影响晒黄烟品质。

（二）发明内容

针对当前晒黄烟晒制中存在的问题，特提供一种晒黄烟的二段式调制方法，该方法采用人工增温设备对烟叶调制过程进行干预，减少晒黄烟调制过程对天气的依赖，提高烟叶调制过程的可控性，降低晒黄烟调制风险，改善烟叶品质。

主要通过以下技术方案来实现的：一种晒黄烟的二段式调制方法，是将传统的晒黄烟晒制工艺分为二段，引入人工增温设施以缩短调制时间，减少对天气的依赖，即在晒黄烟调制过程中采用人工增温设施对烟叶调制过程进行干预，具体调制过程分为两个阶段：

（1）晒制期。按照传统折晒或索晒工艺对烟叶进行调制，以太阳晒制为主，夜晚将烟叶收起至室内或人工增温设施中，此阶段可以不采用人工增温，保持温

度即可，在此阶段遇到连续阴雨天气，则需要使用人工增温设备至 35～38℃ 进行调制，但天气转晴，则继续用晒制。

（2）人工调制期。烟叶叶片变黄后，将烟叶放入人工增温设施中进行调制，温度在 8～12h 内逐渐升至 50～55℃，维持 8～12h 进行定色，至烟叶叶脉基本变黄，后升温至 60～65℃ 温度保持 8～16h，至主脉基本干燥。完成后，如仍有烟叶未完全变黄，仍可进行晒制。

在烤烟种植区，可利用现有的烤烟的调制烤房进行人工增温；非烤烟生产区域也可采用其他增温设备如增温棚等进行增温。

（三）具体实施方式

1. 实施例 1：下部烟的调制

晒黄烟下部烟叶指着生在烟株基部的 4～6 片叶，下部叶片身份较薄，采收后晾干除去烟叶表面水分，用划骨刀划开烟叶主脉，用烟夹夹紧叶片，在太阳下晒制，每天翻晒 2 次，夜晚收至室内，加覆盖物保持温度，继续晒制至叶片变黄，如遇到连续阴雨天气，则需要放进调制设施进行增温至 35～38℃，至叶片变黄，后慢慢升温（升温时间 8～12h）至 50～53℃，持续 8～10h 进行定色，至叶片全黄，升温至 60～65℃ 保持 8～10h 至主脉基本干燥，回潮到适当水分。

2. 实施例 2：中部烟的调制

晒黄烟中部烟叶指着生在烟株中部的 6～8 片叶，中部叶片身份适中，采收后晾干除去烟叶表面水分，用划骨刀划开烟叶主脉，用烟夹夹紧烟叶，在太阳下晒制，每天翻晒 2 次，夜晚收至室内，加覆盖物保持温度，继续晒制至叶片变黄，如遇到连续阴雨天气，则需要放进调制设施进行增温至 35～38℃，至叶片变黄，后慢慢升温（升温时间 8～12h）至（53～55）摄氏度，持续 8～12h 进行定色，至烟叶叶脉完全变黄，升温至 60～65℃ 保持 8～12h 至主脉基本干燥，回潮到适当水分。

3. 实施例 3：上部烟的调制

晒黄烟上部烟叶指着生在烟株上部的 4～6 片叶，上部叶片身份较厚，结构较紧，采收后晾干除去烟叶表面水分，用划骨刀划开烟叶主脉，用烟夹夹紧烟叶，在太阳下晒制，每天翻晒 2 次，夜晚收至室内，加覆盖物保持温度，继续晒制至叶片变黄，如遇到连续阴雨天气，则需要放进调制设施进行增温至 35～38℃，至叶片变黄，后慢慢升温（升温时间 8～12h）至 53～55℃，持续 8～12h 进行定色，至烟叶叶脉完全变黄，升温至 62～65℃ 保持 12～16h 至主脉基本干燥，回潮到适当水分。

（四）相比现有技术的特点及有益效果

该方法可以有效减少晒黄烟调制过程对天气的依赖，显著减少调制周期，也可以减少因太阳光照强度不够造成的烟叶青筋、青片等情况出现，提高晒黄烟调制过程的可控性，有效提高烟叶品质和等级，提高烟农收益，最大限度保持了晒黄烟的风格和特色。本专利申请技术需要在在原传统技术以外，增加人工增温设备，虽会加大一次性投入和成本，但该设施可以重复使用，在烤烟种植区域可借助烤烟调制设施进行调制。

第三节　一种晒黄烟及其制备方法和低焦油卷烟

一、背景技术

随着消费者对吸烟与健康问题的进一步关注，对人体危害较小的低焦油卷烟已成为卷烟发展的必然趋势，面对进口烟品牌的大举进攻和细微渗透，中式卷烟要参与国际竞争，就必须适应现有的"低焦"规则，因此，加大开发低焦油卷烟的力度，既是实现行业"卷烟上水平"的必然要求，也是企业掌握未来卷烟市场发展趋势的手段，更是提升企业卷烟结构与效益的重要契机。但是，在焦油量降低的同时，低焦油卷烟香气质感变弱，卷烟香气量变小，满足感大大降低，与消费者长期以来形成的需求差距较大，如何在保证卷烟降焦的前提下，提升低焦油卷烟的香气和满足感是一个亟待解决的技术难题。

晒黄烟在外形、化学成分以及烟气、吃味等方面均与烤烟相近，其特征烟香与烤烟香的配伍性最好，可有效增加低焦油卷烟的香气，弥补低焦油卷烟余味不足的问题，但是，未经处理的晒黄烟直接在低焦油卷烟中应用会导致卷烟香气优雅度降低，甜香不足，吃味不舒适，并带来烟气刺激和杂气等问题。因此，晒黄烟的制备方法是晒黄烟在低焦油卷烟应用中的关键技术。

二、发明内容

本发明的目的是提供一种晒黄烟及其制备方法和含有该晒黄烟的低焦油卷烟，从而改善晒黄烟的内在品质，提高晒黄烟在低焦油卷烟中的应用比例，提升低焦油卷烟的内在质量。

技术方案如下：

（1）向打叶晒制后的晒黄烟叶中按重量加入 10%～16% 倍重量浓度为 90%～95% 的酒精，在 85～95℃ 回流提取 2～3h，提取后过滤，所得滤液减压浓缩成密度为 0.97～0.99g/cm³ 的浓缩液。

（2）向步骤（1）过滤后得到的晒黄烟中再按重量加入 8～12 倍重量浓度为 65%～75% 的酒精，在 90%～95% 回流提取 2.5～3.5h，提取后过滤。

（3）将步骤（2）过滤后得到的晒黄烟烘干至含水率为 12%～15%，然后喷加步骤（1）得到的浓缩液，并按晒黄烟重量的 0.6％～1％加入添加剂，在 40～60℃烘烤 20～40min，得到晒黄烟，所述添加剂包括果糖、枣酊、苹果美拉德反应物、津巴布韦烟草提取物、柠檬酸和丙二醇中的一种或几种。（所述添加剂为枣酊、苹果美拉德反应物、津巴布韦烟草提取物、柠檬酸的混合物，所述混合物中枣酊、苹果美拉德反应物、津巴布韦烟草提取物、柠檬酸的重量比为 1∶1∶2∶1。）

三、具体实施方式

1. 实施例 1

（1）向打叶晒制后的晒黄烟叶中按重量加入 15 倍重量浓度为 95％的酒精，在 90℃回流提取 2.5h，提取后过滤，所得滤液减压浓缩成密度为 0.98g/cm³ 的浓缩液；

（2）向步骤（1）过滤后得到的晒黄烟中再按重量加入 10 倍重量浓度为 70％的酒精，在 92℃回流提取 3h，提取后过滤；

（3）将步骤（2）过滤后得到的晒黄烟烘干至含水率为 13％，然后喷加步骤（1）得到的浓缩液，并按重量加入 0.8％的添加剂，在 50℃烘烤 30min，得到晒黄烟，所述添加剂为枣酊、苹果美拉德反应物、津巴布韦烟草提取物、柠檬酸的混合物，所述混合物中枣酊、苹果美拉德反应物、津巴布韦烟草提取物、柠檬酸的重量比为 1∶1∶2∶1。将制得的晒黄烟添加到低焦油卷烟中，所述晒黄烟的重量占低焦油卷烟中总烟丝重量的 8％。

2. 实施例 2

（1）向打叶晒制后的晒黄烟叶中按重量加入 10 倍重量浓度为 90％的酒精，在 95℃回流提取 2h，提取后过滤，所得滤液减压浓缩成密度为 0.97g/cm³ 的浓缩液。

（2）向步骤（1）过滤后得到的晒黄烟中再按重量加入 12 倍重量浓度为 65％的酒精，在 95℃回流提取 2.5h，提取后过滤。

（3）将步骤（2）过滤后得到的晒黄烟烘干至含水率为 15％，然后喷加步骤（1）得到的浓缩液，并按晒黄烟重量的 0.6％加入添加剂，在 60℃烘烤 20min，得到晒黄烟，将制得的晒黄烟添加到低焦油卷烟中，所述晒黄烟的重量占低焦油卷烟中总烟丝重量的 10％。

3. 实施例 3

制备步骤如下：

（1）向打叶晒制后的晒黄烟叶中按重量加入 16 倍重量浓度为 95％的酒精，在 85℃回流。

（2）向步骤（1）过滤后得到的晒黄烟中再按重量加入 8 倍重量浓度为 75％的酒精，在 90℃回流提取 3.5h，提取后过滤；

（3）将步骤（2）过滤后得到的晒黄烟烘干至含水率为12%，然后喷加步骤（1）得到的浓缩液，并按晒黄烟重量的1‰加入添加剂，在40℃烘烤40min，得到晒黄烟，所述添加剂为果糖、枣酊和丙二醇，其重量比为2∶1∶1。将制得的晒黄烟添加到低焦油卷烟中，所述晒黄烟的重量占低焦油卷烟中总烟丝重量的15%。

将实施例1~3卷制好的低焦油卷烟分发给13人的评吸小组，以添加了空白晒黄烟（未经处理的晒黄烟）的低焦油卷烟为对照，其评吸结果如表9-1所示。

表 9-1　添加了本发明晒黄烟的低焦油卷烟的评吸效果

试验处理	评吸效果
空白晒黄烟（掺兑比例为8%）	卷烟香气质感较好，香气量尚足，烟气流畅，口腔及鼻腔稍有尖刺，晒黄烟气息显露，余味不舒适
实施例1	卷烟香气质感明显提升，甜香香韵明显，香气量增加，烟气柔和度及流畅性提高，口腔及鼻腔刺激明显降低，余味厚实感和丰富感提高
实施例2	卷烟香气质感提升，具有甜香香韵，香气量增加，烟气柔和度及流畅性提高，口腔及鼻腔刺激降低，余味厚度感和丰富感提高
实施例3	卷烟香气质感提升，具有甜香香韵，香气量增加，烟气柔和度及流畅性提高，口腔及鼻腔刺激降低，余味厚度感和丰富感提高

四、本发明的有益效果

所提供的晒黄烟用于低焦油卷烟时，不仅可以提升卷烟的香气品质，赋予卷烟甜香和焦甜香香韵，而且可以改善低焦油卷烟余味不足的问题，还可以达到改善烟气状态、增加回味舒适度、掩杂、增浓增香的效果，从而提高了晒黄烟在低焦油卷烟中的应用比例，提升了低焦油卷烟的内在质量。

第十章 晒黄烟生产现状及其展望

我国地方晒黄烟种植历史悠久，资源丰富，分布广，品质风格特色明显，以宁乡为代表的晒黄烟可作为我国中式卷烟潜在原料，具有潜在的开发优势。一些青岛、长沙、延边的烟厂，还利用地方名晒晾烟研制开发了低焦油卷烟产品。随着消费者健康意识的增强，中式卷烟降焦减害压力越来越大，随着低焦油烤烟型卷烟品牌的快速发展，工业企业对晒黄烟的需求量将会有所改变。目前种植模式相对粗放，现有种植模式很难确保晒黄烟叶质量稳定性，这就加大了卷烟工业企业对晒黄烟利用的难度。

一、晒黄烟发展现状

（一）晒黄烟生产种植情况

分布：历史上地域较大的种植区有湖南省宁乡县、广西壮族自治区贺州市、广东省南雄市，初步发展晒黄烟种植的区域有贵州剑河县、云南盈江县、腾冲市、云南德宏州芒市。栽培品种：湖南宁乡县主栽品种主要有寸高、寸三皮、87-2-3，其中以寸三皮作为代表性地方品种；云南芒市和盈江县晒黄烟主栽品种主要有公会、小吃味；广东南雄晒黄烟主栽品种主要有青梗、86-21；广西贺州主栽品种主要有公会、张村、丰产、南雄烟、大宁等地方品种。

种植规模：当前湖南省宁乡县晒黄烟种植乡镇 7 个，晒黄烟年产量 300 万 kg左右，成为我国晒黄烟主产区。广西贺州也有晒黄烟种植。其他地方性晒黄烟仅仅进行零星种植。

（二）晒黄烟质量状况

一般认为，淡色晒黄烟颜色金黄至棕黄，接近于烤烟；深色晒黄烟颜色棕黄至浅棕色，介于淡色晒黄烟与晒红烟之间。晒黄烟色泽鲜明或尚鲜明。品质上乘的晒黄烟油分充足，弹性好。一般以腰叶质量最佳。淡色晒黄烟总氮、蛋白质和烟碱含量略低于深色晒黄烟。因此，在化学成分上，淡色晒黄烟接近于烤烟，而深色晒黄烟则接近于晒红烟。晒黄烟烟叶的吃味纯净、劲头适中、微有杂气，稍有刺激性，可作烤烟型、混合型和香料型卷烟的原料。一些地方的晒黄烟香型较显著，香气量较充足，在卷烟配方中可替代香料烟使用。近年，中国农业科学院烟草研究所对广东南雄和连州晒黄烟进行过深入研究。孙福山等认为南雄晒黄烟颜色在金黄—正黄色域，成熟度成熟，油分有一较多，叶片结构尚细致，光泽尚鲜亮—鲜亮，色泽较均匀，身份尚适中—适中。化学成分含量适宜，比例协调。香型似烤烟，香气足，劲头适中，余味舒适，燃烧性较强，灰色白，质量档次较好—好，具有较好的使用价值，适于作"中式卷烟"的优质特色原料。王传义等研究表明，连州晒黄烟具有浓、香、醇的特点，劲头较大，香味浓郁独特，吃味醇和饱满，属地方性深色晒黄烟，介于淡色晒黄烟和晒红烟之间。烟叶香型独特，为晒黄调味型，评吸质量较好，可以作为烤烟型和混合型卷烟的优质原料，在卷烟配方中可起到调香、调味作用。王允白等研究认为，晒黄烟烟叶的总糖、总氮、烟碱与其总微粒物存在着较强的相关性。刘保法等通过对5种不同烟草（烤烟、晒黄烟、晒红烟、香料烟、白肋烟）的焦油致突变性进行研究，结果显示，不同类型烟草燃烧产生的焦油的致突变性差异极显著，依次为烤烟＞晒黄烟≥晒红烟＞香料烟＞白肋烟。这从理论上证明了晒黄烟在烤烟型卷烟"减害"方面有不可替代的作用。

　　总之，晒黄烟是中国独特的烟草资源，吸食质量风格独特，香气量足，香气浓郁，配伍性好，安全性高，可用于烤烟型中式卷烟，未来将会在增加卷烟原香、增加卷烟烟气浓度、提高卷烟安全性方面起到不可替代的作用。

（三）工业利用情况

　　科技工作者们通过研究，证明了晒黄烟在中式烤烟型卷烟中的作用和效果。程向红报道，低档烤烟型卷烟叶组配方中加入一定量的晒黄烟，可提高烟丝的整体填充力和弹性，提高烟丝中烟碱和挥发碱含量，并能弥补卷烟香气浓度的损失及吃味淡、劲头小的不足，同时可适量降低焦油含量，并认为晒黄烟在叶组配方中的最佳比例为4%～6%。朱贵明研究认为，在烤烟型卷烟中用适量的晒黄烟代替部分烤烟，不仅不影响卷烟的烟丝色泽，还能增加烟支的烟味浓度和劲头，香气浓郁，焦油含量降低，能弥补传统的烤烟型卷烟烟味淡、劲头弱和焦油含量高的不足之处。在混合型卷烟中使用适量的晒黄烟，能减弱其生理强度和刺激性，使其吃味醇和，香气浓郁，味香色更加协调。晒黄烟之所以能起到上述品质调节作用，主要是因为晒黄烟具有独特的香型风格，特有的化学成分含量和低焦油的品质特点。在烤烟型卷烟中掺入适量的晒黄烟后，烟支的烟碱适量增加，而总糖含量则适量降低。烟气中的烟碱增加，pH升高，从而有利于烟气中非质子生物碱（游离态碱）的产生和焦油排放量的减少，使烤烟型卷烟的烟味和劲头明显增加，而焦油含量得到降低。在混合型卷烟在中，掺入适量的晒黄烟后，烟支的总糖含量有所增加，而烟碱含量则适量降低，主流烟气中的烟碱相对减少，酸碱更加平衡，因而减弱了混合型卷烟的生理强度和刺激性，使香气增加，吃味醇和而谐调。杨大光认为，与混合型卷烟比较，烤烟型卷烟配方自身存在的某些缺陷致使其香味淡薄、烟味淡、焦油含量高。由于晒烟具有烟碱含量高而含糖量又低、烟味足、产生的焦油比烤烟低得多的特点，适量掺入似烤烟香型的晒黄烟对于发展烤烟型低焦油卷烟作用较为明显。

另外，于建军等研究了不同温湿度发酵条件对晒黄烟中性致香物质的影响，结果表明，6 类中性致香物质存发酵过程中均有不同程度增加，其中赖百当类转化产物增加最多，其次为棕色化反应产物、类胡萝卜素转化产物、类西柏烷类转化产物、苯丙氨酸转化产物，新植二烯略有降低。不同温湿度发酵条件下，以中温高湿的发酵条件存 20～24d 中性致香物质增幅较大，而中温低湿或低温中湿条件下中性致香物质缓慢增加，拉长了发酵时间，高温中湿不利于生成致香物质的积累，同时内含物消耗较多。

（四）晒黄烟栽培调制技术研究

相对烤烟来讲，晒黄烟栽培调制技术研究没有得到足够重视。在农业生产技术日新月异的科技时代，晒黄烟栽培调制技术方面的研究更加缺乏。以往仅有的研究主要集中在品种提纯复壮、施肥技术、采收成熟度、调制技术方面。符云鹏等研究了不同施氮水平对晒黄烟的生长发育规律和产量、品质的影响。结果表明，随着施氮量增加，烟株的株高、茎围、有效叶数增加，而干物质积累量及烟叶的产量、产值在施纯氮 $180kg/hm^2$ 范围内也增大，之后则有所减小，同时认为宁乡晒黄烟以施纯氮量 $180kg/hm^2$ 为宜。雷云青等研究了不同的施肥方法对晒黄烟产量和质量的影响，认为以 50％～70％复合肥作为追肥使用，烟叶产量、外观质量及经济效益较高，化学成分较协调，评吸质量较好，是比较适应南雄土壤、气候条件的一种施肥方法。陈黛等在南雄晒黄烟一文中详细介绍了青梗系、黄壳系、81 - 26 系的栽培调制技术。柯油松通过品种比较试验，筛选出青梗 81 - 26 等优良品种，并对青梗品种进行了提纯复壮；通过施肥量、施肥种类、施肥方法、氮磷钾配比、移栽期、打顶方式、留叶数和采收调制技术等试验研究，对传统技术进行了改革优化，引入了新的技术措施，明确了生产优质晒黄烟的关键技术措施、制定了配套的优质晒黄烟生产技术规范。邢世雄对沙县晒黄烟的轮作制度、育苗、栽培技术、调制技术 4 个方面进行了详细论述。赵立红等以羊角烟、柳叶烟为试验材料，对不同采收成熟度进行研究，结果表明，柳叶烟采收变黄 7～8 成、羊角烟采收 8～9 成的烟叶质量最佳，捂晒调制法（采叶编竿后，按常规统一堆捂变黄 9 成左右，挂在晒烟架上以晒为主，晒晾结合调制）较有利于改善烟叶香吃味。

二、晒黄烟开发存在的问题

（一）对晒黄烟重视不够

20 世纪 90 年代至今，我国总体上对地方晒晾烟的种植和收购缺少规划和管理，除贺州和宁乡两地晒黄烟有烟草公司管理外，地方晒晾烟处于自种自用，分散种植的状态，缺少种植区划，品种混乱，品质退化，栽培调制技术粗放不规范，缺少相应的国家或行业烟叶分级标准，收购价格低，生产收购销售管理混乱，造成晒晾烟面积逐年萎缩，许多名优晒黄烟产区已转型，转向烤烟生产。

（二）晒黄烟的生产模式相对粗放

晒黄烟的种植生产经过长期的生产实践，在育种、育苗、移栽、大田管理、采收、晒制等方面已经积累了比较成熟的技术和丰富的经验。但是，这些技术和经验并没有被系统地整理、提炼和推广过，只是通过一代一代的言传身教和口口相传，在一种自发的无意识的状态下传播和继承。没有形成系统的栽培调制技术标准。

（三）晒黄烟发展抵御自然灾害能力太弱

由于基础设施建设严重不足，加上晒黄烟的调制过程时间长，完全依靠自然光线调制，如遇到连续阴雨天气，产量和质量就会遭受巨大损失，可以说完全是"靠天吃饭"。因此，抵御自然灾害能力十分低下，在一定程度上挫伤了烟农的积极性，也降低了晒黄烟质量的稳定性和工业可用性。这对晒黄烟叶的可持续发展十分不利。

（四）晒黄烟缺乏稳定的政策和收购价格体系

由于工业刚刚开始大量利用晾晒烟，晒黄烟收购价格和调拨价格各地没有现成的标准。特别指出的是晾晒烟由于品种间的品质差异大，这是一个发展晒黄烟十分敏感的问题，制定的价格恰当与否不仅涉及面广，其影响也大。

（五）晒黄烟生产技术和工业利用研究相对滞后

目前，对晒黄烟生产技术的研究相对较少、积累不多。主要表现在，晒黄烟品种比较杂乱，种质资源不稳定；栽培技术规范化程度不高，部分烟叶主要化学成分不够协调；调制技术和调制设施研究有待深入。这些都是制约晒黄烟品质稳定和提高的重要因素。工业利用方面，国内部分中低档卷烟品牌配方中使用一定比例的晒黄烟，但使用比例很低；晒黄烟在高端品牌中可能还没有被使用。2010年11月召开的世界卫生组织烟草控制框架公约第四次缔约方会议通过一项决议：烟草制品中旨在增强吸引力的香料成分应当被管制，要求"禁止"或"限制"使用"增强吸引力的香料成分"，这给烟草行业卷烟降焦减害提出了崭新的和严峻的挑战，使得中式卷烟"降焦而不减香"更加艰难。

三、对晒黄烟开发的展望

(一) 烟草行业应重新认识晒黄烟资源的重要性

从工业企业原料需求层面上，转变传统的烟叶生产和卷烟配方观念，改变长期存在的在卷烟配方和烟草研究只重视烤烟，忽视晒黄烟的状况。加快晒黄烟工业利用研究，在一定程度上可促进烤烟型卷烟配方改革，为减害降焦探索新路子。另外，在烤烟型卷烟配方中使用一定比例的晒黄烟，可在一定程度上弥补因降焦带来的香气量不足，烟味淡等不足，丰富并协调香气、提高烟气浓度，尤其是在中国将践行世界卫生组织烟草公约禁限添加香料决议的大环境下。从国家层面上，在政策、计划、扶持上适当给予倾斜，促进晒黄烟顺利发展。

(二) 开展现代化晒黄烟生产技术研究

我国晒黄烟的粗放式的生产方式已经不适应现代集约化、规模化、专业化、标准化的生产方式。这种种植模式生产的烟叶质量产出单位间、年度间、品种间质量差异很大，化学成分和内在质量稳定性差异明显，不适合工业卷烟配方对烟叶原料的需求。另外，现在晒黄烟的调制方式一般为传统方式，费时耗工，每户劳动力和晒制场所容量只能种植 0.1~0.2hm²。如果不改变这种种植模式和调制模式，规范晒黄烟种植，提高晒黄烟质量均匀性，晒黄烟大规模工业利用就无法实现。因此，开展现代化晒黄烟生产技术研究势在必行。

(三) 工业企业应加强晒黄烟利用研究

晒黄烟工业利用研究，关键是要找出晒黄烟在叶组配方中的合理使用范围和使用技术。若晒黄烟使用量较少，则效果不明显；而使用量过大，那么在抽吸过程中会感受到苦味和烧羽毛的气息。因此，必须要处理好烤烟与晒烟的最佳配比，使其整体谐调，香气融合为一体，保证产品的风格为市场所接受。因此，有必要加强晒黄烟投料方式、处理工艺、配方等方面的研究。

(四) 完善工商交流机制，以工业需求为导向，建立晒黄烟原料生产基地

工业企业是烟叶原料的需求方和使用者，在晒黄烟开发和使用上，肩负向晒黄烟产区发出需求信息、提出晒黄烟质量需求、联合科研部门开展晒黄烟生产技术和使用技术研究的历史使命。工业企业为了得到适合自己卷烟配方、质量稳定、数量充足的晒黄烟烟叶原料，有必要联合晒黄烟产区，共同开发建立晒黄烟原料基地，科研部门开展晒黄烟生科研部门。

参 考 文 献

艾永峰，2006. 不同氮用量和施氮方法对晒黄烟生长发育及品质的影响 [D]. 郑州：河南农业大学.

柴家荣，王毅，谢丽华，等，2013. 晒黄烟品种烟叶质量特点鉴定（英文）[J]. Agricultural Science & Technology，14 (4)：577 - 581.

柴家荣，谢丽华，张晨东，等，2014. 不同晒制方法与晒黄烟质量关系的研究 [J]. 西南农业学报，27 (6)：2654 - 2660.

陈黛，邱妙文，罗慧红，等，2002. 南雄晒黄烟 [J]. 中国烟草科学 (3)：19 - 21.

陈永明，李德强，刘阳，等，2007. 南雄晒黄烟生产发展的优势条件及对策建议 [J]. 广东农业科学 (2)：19 - 21.

成志军，赵光辉，肖军，等，2004. 不同药剂处理对晒黄烟连作田主要病害的防效 [J]. 湖南农业科学 (3)：40 - 41.

程向红，2009. 醇化过程中晒黄烟化学成分及感官质量的变化 [J]. 广西农业科学，40 (10)：1339 - 1341.

程向红，2009. 晒黄烟在烤烟型卷烟配方中的应用 [J]. 农产品加工（创新版） (8)：46 - 47.

初晓鹏，汤朝起，王允白，等，2015. 不同调制方式对晒黄烟质量的影响 [J]. 江苏农业科学，43 (6)：248 - 252.

戴冕，周会光，冯福华，等，1982. 广东晒黄烟资源调查 [J]. 中国烟草 (3)：1 - 7.

董维杰，王允白，汤朝起，等，2015. 不同打顶方式对贺州晒黄烟生长发育及产品质量的影响 [J]. 江苏农业科学，43 (10)：137 - 141.

窦玉青，汤朝起，黄瑾，等，2013. 我国晒黄烟生产现状及其发展刍议 [J]. 中国烟草科学，34 (4)：107 - 111.

符云鹏，艾永峰，王闯，等，2006. 不同氮用量对晒黄烟生长发育及产量品质的影响 [J]. 中国农学通报 (3)：217 - 220.

高歌农，金妍姬，张贵峰，等，2017. 吉林省晒黄烟生产技术 [J]. 安徽农学通报，23 (12)：41 - 43.

何结望，吴风光，王建新，等，2004. 南雄晒黄烟在湖北试种后农艺性状和工艺质量的变化 [J]. 中国烟草学报 (2)：24 - 29，48.

何命军，2007. 晒黄烟生长发育过程中的养分吸收和干物质积累 [C] //广东省烟草学会. 中南片 2007 年烟草学术交流会论文集. 广州：广东省烟草学会，7.

何命军，符云鹏，艾永峰，等，2006. 生长发育过程中晒黄烟的养分吸收和干物质积累 [J]. 烟草科技 (6)：48 - 53.

何声宝，冯晓民，王英元，等，2012. 不同产区晒黄烟化学成分及评吸质量的比较 [J]. 烟草科技（12）：68-71.

霍玉昌，贺晓辉，谢丽华，等，2016. 晒黄烟适宜采收成熟度综合评价［J］. 昆明学院学报，38（6）：16-22.

金妍姬，吴国贺，孙立娟，等，2017. 吉林省晒黄烟主栽品种筛选［J］. 湖南农业科学（9）：20-23.

雷云青，周瑞芳，陈建军，2009. 南雄晒黄烟施肥方法试验研究［J］. 安徽农学通报（上半月刊），15（15）：89-90.

李碧辉，2015. 盈江县晒黄烟标准化漂浮育苗技术［J］. 云南农业（4）：22-23.

李复新，2010. 提升贺州晒黄烟生产服务水平的探讨［C］//广西烟草学会 2010 年学术年会论文集，3.

李琳，2006. 人工发酵温湿度条件对宁乡晒黄烟品质影响的研究［D］. 郑州：河南农业大学.

刘国庆，2004. 晒黄烟调制过程中生理生化变化和调制技术研究［D］. 郑州：河南农业大学.

刘国庆，方明，符云鹏，等，2004. 调制过程中晒黄烟的物理变化和化学变化［J］. 烟草科技（7）：37-39，43.

刘国庆，魏建荣，招启柏，等，2015. 不同调制方法对晒黄烟叶绿素降解和脂氧合酶活性的影响［J］. 中国烟草学报，21（2）：75-78.

刘艳华，向德虎，闫宁，等，2016. 晒黄烟种质资源遗传多样性分析与评价［J］. 植物遗传资源学报，17（2）：252-256.

龙文，熊承飞，李志涛，等，2015. 晒黄烟品种比较试验［J］. 安徽农业科学，43（28）：55-57.

罗国强，2009. 贺州市举办晒黄烟分级技术培训班［N］. 中华合作时报，06-30（D03）.

米其利，钱颖颖，朱洲海，等，2017. 晒黄烟调制期烟叶真菌多样性研究［J］. 中国烟草科学，38（6）：12-19.

莫衍贤，2012. 晒黄烟调制设施及配套调制技术研究评价［C］//广西烟草学会. 广西烟草学会 2012 年学术年会论文集. 广西烟草学会，10.

莫衍贤，2013. 贺州晒黄烟产区种植烤烟评价［A］. 广西烟草学会. 广西烟草学会 2013 年学术年会论文集［C］. 广西烟草学会，3.

莫衍贤，2013. 晒黄烟不同打顶方式对产量质量影响的研究［A］. 广西烟草学会. 广西烟草学会 2013 年学术年会论文集［C］. 广西烟草学会，4.

莫衍贤，2012. 晒黄烟种植除草剂防效对比评价［A］. 广西烟草学会. 广西烟草学会 2012 年学术年会论文集［C］. 广西烟草学会，5.

倪红梅，2015. 云南晒黄烟烟叶调制过程中细菌种群变化研究［D］. 昆明：昆明理工大学.

倪红梅，李雪梅，谢丽华，等，2015. 晒黄烟调制期叶面可培养细菌的多样性研究［J］. 中国烟草学报，21（1）：95-99.

欧阳文，2010. 湖南晒黄烟在卷烟中的应用研究//中国烟草学会工业专业委员会. 中国烟草学会工业专业委员会烟草工艺学术研讨会论文集. 中国烟草学会工业专业委员会，5.

欧阳文，张强，胡红斌，等，2013. 湖南晒黄烟在卷烟配方中的应用研究［J］. 西南农业学报，26（4）：1665-1669.

潘武宁，李复新，首安发，等，2015. 先晒后烤调制方式对贺州晒黄烟质量的影响［J］. 天津农业科学，21（12）：122-125.

盘家红，2007. 公会镇晒黄烟分级服务队创"三赢"［N］. 中华合作时报，12-12（7）.

钱颖颖，谢丽华，李正风，等，2017. 云南德宏晒黄烟新品种比较试验初报［J］. 昆明学院学报，39（6）：28-32.

盛德勋，谢丽华，董华，等，2015. 晒棚通风方式对晒黄烟调制效果影响研究［J］. 昆明学院学报，37（6）：11-17.

孙福山，王传义，刘伟，等，2006. 南雄优质晒黄烟品质评价研究［J］. 中国烟草科学（3）：32-35.

孙福山，2004. 南雄名优晒黄烟品质评价的研究［A］. 中国烟草学会. 中国烟草学会2004年学术年会论文集［C］. 中国烟草学会，5.

孙双，赵兵飞，符云鹏，等，2018. 不同调制措施对晒黄烟调制过程中主要含氮化合物变化规律的影响［J/OL］. 中国农业科技导报：1-7［06-14］. https：//doi. org/10. 13304/j. nykjdb. 2017. 0527.

孙在军，易建华，成志军，等，2003. 晒黄烟调制过程中失水率对呼吸作用的影响［J］. 中国烟草科学（2）：33-35.

唐国强，胡洪波，2011. 湖南晒黄烟成熟度的问题及措施［J］. 中国农技推广，27（6）：30-31.

唐国强，姜水红，2011. 名优晒黄烟品种"寸三皮"的特征特性及栽培技术［J］. 湖南农业科学（7）：28-30.

唐国强，张万良，2011. 成熟度对晒黄烟品质影响的研究［J］. 中国集体经济（3）：152-153.

王宝华，吴帼英，周建，等，1990. 粤、桂边界晒黄烟资源调查报告［J］. 中国烟草（2）：36-40.

王闯，2007. 晒黄烟成熟度与烟叶品质及生理指标的关系［D］. 郑州：河南农业大学.

王传义，孙福山，王卫国，等，2004. 连州晒黄烟［J］. 中国烟草科学（4）：16-18.

王浩雅，王毅，孙力，等，2012. 晒黄烟主要化学成分与致香成分的相关性［J］. 烟草科技（8）：34-39.

王浩雅，杨帅，王理珉，等，2015. 调制技术对晒黄烟烟叶中TSNAs影响的研究进展［J］. 江西农业学报，27（6）：76-79.

王晖，首安发，黄瑾，等，2013. 不同棚内调制方法对晒黄烟等级及外观质量的影响［J］. 西南农业学报，26（6）：2527-2531.

王丽丽，2013. 广西贺州晒黄烟质量分析［D］. 中国农业科学院.

王丽丽，汤朝起，王以慧，等，2013. 贺州晒黄烟主要生物碱含量与其评吸质量的相关性研究［J］. 中国烟草学报，19（3）：23-27.

王毅，兰应海，杨光辉，等，2012. 两种调制方法对晒黄烟质量影响的研究（英文）［J］. Agricultural Science & Technology，13（10）：2097-2100.

王跃平，郑建军，易光辉，等，2005. 宁乡县连作晒黄烟黑胫病的发生与防治［J］. 中国农技推广（3）：40.

韦延荣，2013. 贺州晒黄烟品种筛选研究初报［C］//广西烟草学会．广西烟草学会2013年学术年会论文集．广西烟草学会，9.

韦延荣，2011. 不同肥料配比对晒黄烟生长及产量质量影响的试验研究［C］．广西烟草学会2011年学术年会论文集，14.

吴丽君，周桂园，白晓莉，等，2014. 晒黄烟调制过程中化学成分的变化研究［J］．食品工业，35（7）：265-269.

冼伟洲，2008. 贺州市晒黄烟生产发展存在的问题及对策［C］//广西烟草学会．广西烟草学会2007年度学术年会论文集．广西烟草学会，4.

项波卡，2012. 广西贺州晒黄烟的质量分析及卷烟配方应用研究［D］．中国农业科学院．

邢绍惠，2013. 盈江县晒黄烟产业的发展展望［J］．云南农业（12）：46-47.

邢世雄，1992. 沙县晒黄烟栽培技术浅析［J］．中国烟草，（2）：13-17.

许清孝，覃潇，徐双红，等，2013. 晒黄烟大棚调制技术研究［J］．作物研究，27（2）：143-147.

杨德尚，2004. 晒黄烟——公会镇的"黄金产业"［N］．广西日报，06-08（007）.

叶承思，陈永年，1995. 晒黄烟主要栽培品种对烟蚜感虫性的比较［J］．湖南农学院学报，（1）：45-51.

于建军，杨永锋，李琳，等，2008. 不同温湿度发酵条件对晒黄烟中性致香物质的影响［J］．农业工程学报，24（12）：279-282.

张华述，陈维建，唐义芝，等，2015. 德阳晒黄烟品种"泉烟"生产技术［J］．中国农业信息（21）：8.

张天富，郭玉美，杨世成，等，2013. 盈江县甘蔗套种晒黄烟试验初报［J］．甘蔗糖业（1）：19-22.

张振臣，王建兵，吕永华，等，2017. 广东晒黄烟在烤烟型卷烟配方中的适用性研究［J］．广东农业科学，44（2）：19-24.

张卓，周冀衡，聂铭，等，2013. 大棚调制对宁乡晒黄烟烟叶质量的影响［J］．江苏农业科学，41（1）：273-274.

赵立红，黄学跃，2005. 采收时期、调制方法对两个晒黄烟品种品质的影响［J］．云南农业大学学报（04）：522-526.

周燕，成志军，易有金，等，2005. 晒黄烟内生菌株筛选及对青枯病生物防治［J］．湖南农业大学学报（自然科学版）（5）：42-43.

朱贵明，1996. 论晒黄烟的品质特点及其开发利用［J］．中国烟草（4）：36-40.

朱贵明，李毅军，1990. 宁乡晒黄烟［J］．中国烟草（4）：42-44.

朱荣旺，2015. 歙县晒黄烟生产与晒制技术［J］．现代农业科技（10）：63-65.